高等职业教育改革与创新新形态教材

电子技术

主　编　李　敏
副主编　刘琰玲
参　编　田树钰　尹晓峰　何　莉

机械工业出版社

本书遵循"以学生为主体，以能力为本位"的职教改革思路，结合"电子技术"课程特点，以实用的电子产品为载体，通过典型、可操作的项目将理论知识、项目制作与调试检测有机结合起来，使知识内容更贴近岗位技能的需要。本书所选内容与现代科技的发展相结合，突出新技术、新工艺。

本书共分 8 个项目，主要内容包括识别与检测常用电子元器件、制作与调试放大电路、制作与调试信号产生电路、制作与调试直流稳压电源、制作与调试组合逻辑电路、制作与调试时序逻辑电路、制作与调试救护车警笛模拟电路和组装与调试嵌入式智能小车。学生通过学习制作实用电子产品，渐进式地理解和巩固知识点，可以逐步提高自身的电子技术实际应用能力。

本书可作为高职高专院校机电类、自动化类、计算机类等专业基础课程的教材，也可作为相关工程技术人员和电子技术爱好者的学习和参考用书。

为方便教学，本书配有电子课件、思考与练习答案、模拟试卷及答案等辅助教学资源。凡选用本书作为授课教材的教师可登录机械工业出版社教育服务网（www.cmpedu.com），注册后免费下载，本书咨询电话：010-88379564。

图书在版编目（CIP）数据

电子技术 / 李敏主编 .—北京：机械工业出版社，2023.5（2024.4 重印）
高等职业教育改革与创新新形态教材
ISBN 978-7-111-73161-0

Ⅰ.①电… Ⅱ.①李… Ⅲ.①电子技术 - 高等职业教育 - 教材 Ⅳ.① TN

中国国家版本馆 CIP 数据核字（2023）第 084429 号

机械工业出版社（北京市百万庄大街 22 号 邮政编码 100037）
策划编辑：冯睿娟　　　　　　　责任编辑：冯睿娟　王 荣
责任校对：贾海霞　张 薇　　　封面设计：严娅萍
责任印制：常天培
北京机工印刷厂有限公司印刷
2024 年 4 月第 1 版第 2 次印刷
210mm×285mm · 18.75 印张 · 573 千字
标准书号：ISBN 978-7-111-73161-0
定价：54.00 元

电话服务　　　　　　　　　网络服务
客服电话：010-88361066　　机 工 官 网：www.cmpbook.com
　　　　　010-88379833　　机 工 官 博：weibo.com/cmp1952
　　　　　010-68326294　　金 书 网：www.golden-book.com
封底无防伪标均为盗版　　　机工教育服务网：www.cmpedu.com

前 言

根据党的二十大报告，教育、科技、人才是全面建设社会主义现代化国家的基础性、战略性支撑。在这个信息化、数字化、科技飞速发展的时代，电子技术的应用作为现代一种重要的技术手段，愈发成为人们生产生活中不可或缺的重要组成部分。为适应工业自动化发展的需要，根据高职高专的培养目标，结合世行项目教学改革和课程改革的要求，本着教学内容与职业岗位"接轨"的原则，学校的实训活动与企业的生产活动相对接，学校技能训练标准与行业生产标准相对接，更好地促进学生专业核心技能和核心素养目标的形成，旨在将学生培育成真正意义上的职业人，更重要的是培养学生开创性思维和创新能力，为国家的经济发展和社会进步做出积极贡献。

本书坚持以就业为导向，以学生为主体，以实际生产中的产品为学习载体，体现"做中学，做中教"的职教特色，在每一个工作任务的完成过程中掌握必备理论知识、实践职业技能，养成职业思维习惯。每个项目分为项目剖析、职业岗位目标、任务学习、思考与练习，每个任务采用了"任务导入→任务分析→知识链接→任务实施→创新方案→任务考核→思考与提升→任务小结"的编写模式。在本书的编写中，力求突出以下特色：

1. 面向职场的逆向编写思路

本书紧跟电子技术的发展潮流，对接职业标准，引入企业一线工程技术人员参与设计编写职业能力分析、课程标准、教学大纲，通过联合主体（学校、企业、行业）共同确定典型工作任务，与企业无缝接轨，实现课程教学和职业能力培养双目标，满足学习者职业化的学习需求。

2. 面向学生为主体的编写思路

任务的实现以学生为主体，根据学生的认知能力和特点，通过任务载体创设学习情景，激发学生学习兴趣，使"教、学、做"一体化，完成工作任务和学习相关知识同步进行。在具备了一定的基础知识后，要求学生设计开发相应的项目，将所学的各个知识点有机地结合起来，以达到基本掌握整个知识面的目的。在实现"教学产品"的设计、组装与调试的工作过程中，从工程角度培养学生的工程思维方法和分析解决实际工程问题等的职业能力，进一步提高学生的知识运用能力。

3. 教材结构模块化

围绕专业培养目标，通过对目标岗位群的分析，以能力为主体构建相互独立的最小单元模块，对接实际工作过程，以职业行动为导向，打破传统知识体系的编写思路，重构教学流程，再造课程结构，根据"工作过程或产品"设置内容，以任务替代章节，使学生在结构完整的工作过程中，获得与工作过程相关的知识和技能，进而为学习者的职业能力发展奠定基础。

4. 立德树人改革成果的全面体现

党的二十大报告指出"育人的根本在于立德。全面贯彻党的教育方针，落实立德树人根本任务，培养德智体美劳全面发展的社会主义建设者和接班人。"将专业性职业伦理操守和职业道德教育融为一体，将社会主义核心价值观与行业企业文化有机结合，给予学生正确的价值取向引导。注重强化学生工程伦理教育，增强学生的爱国精神和文化自信，激发学生科技报国的家国情怀和使命担当，全面提升学生的道德素质、素养目标和人文精神。

5. 增加以"嵌入式技术应用开发"赛项设备为教学载体

将比赛的知识和技能转化为课程教学内容，以现实交通情景为模拟模型，贴近实际应用，要求参赛选手在规定时间内焊接、组装、调试智能小车，运用无线通信技术，通过 Android 智能设备在随机生成的路径下自动控制智能小车。主要针对学生自主实践、创新创意开发以及相关科研、学生技能竞赛赛前训练等。

本书由兰州石化职业技术大学李敏担任主编，兰州石化职业技术大学刘琰玲担任副主编，参与编写的有兰州石化职业技术大学田树钰、尹晓峰、何莉。其中，李敏负责编写项目 4 ～ 6 及项目 8，刘琰玲负责编写项目 7、附录、项目 1 ～ 8 的思考与练习及习题解析，田树钰负责编写项目 1，尹晓峰负责编写项目 3，何莉负责编写项目 2。李敏负责全书的组织和统稿工作。

本书在编写过程中得到了兰州石化职业技术大学相关同事和兰州资源环境职业技术大学科技处领导、电力工程学院教师，甘肃华科电工集团有限公司、敦煌大成聚光热电有限公司企业专家的大力支持、指导和帮助，同时也借鉴了一些书籍，获得了很多启发，在此向各位老师、专家及有关资料的作者表示衷心感谢！

由于编者水平有限，书中可能还存在欠妥和考虑不周之处，热忱欢迎读者提出批评与建议，以便进一步修改完善。

编　者

二维码索引

名称	图形	页码	名称	图形	页码
半导体的基本知识		3	分压偏置式放大电路的特点及计算方法		32
杂质半导体		3	差分放大电路工作原理		41
PN结及PN结的单向导电性		4	反馈的概念和反馈类型		49
二极管的特性及电路分析		6	负反馈放大电路的四种组态		50
特殊二极管及应用		7	负反馈对放大电路性能的影响		51
晶体管的电流放大作用		14	理想运放的条件和传输特性		70
晶体管的特性曲线和三种工作状态		15	运放线性应用的条件及分析		77
基本共发射极放大电路工作原理		28	运放的非线性应用及分析		81
基本共发射极放大电路静态分析		30	整流电路		107
基本共发射极放大电路动态分析		31	数制和码制		132

（续）

名称	图形	页码	名称	图形	页码
三种基本的逻辑关系		137	同步 RS 触发器		184
逻辑函数的表示方法		147	边沿 JK 触发器和边沿 D 触发器		188
逻辑代数的基本公式和定律		147	数码寄存器和移位寄存器		196
组合逻辑电路的概念及编码器		154	计数器的分类和功能		198
基本 RS 触发器		182	通用集成计数器的应用		205

目　录

前言

项目1　识别与检测常用电子元器件 ………… 1

任务1.1　识别与检测二极管 ………………… 2

1.1.1　半导体基本知识 …………………… 2

1.1.2　二极管的结构及伏安特性 ………… 4

1.1.3　二极管的应用 ……………………… 6

1.1.4　特殊用途的二极管 ………………… 7

任务1.2　识别与检测晶体管 ……………… 12

1.2.1　晶体管的结构 …………………… 13

1.2.2　晶体管的电流放大作用 ………… 14

1.2.3　晶体管的特性曲线 ……………… 14

1.2.4　晶体管的主要参数 ……………… 16

1.2.5　场效应晶体管 …………………… 16

思考与练习 …………………………………… 23

项目2　制作与调试放大电路 ………… 26

任务2.1　制作与调试电子助听器 ………… 27

2.1.1　放大电路的组成及三种组态 …… 27

2.1.2　共发射极放大电路 ……………… 28

2.1.3　共集电极放大电路 ……………… 34

任务2.2　制作与调试倒车报警电路 ……… 40

2.2.1　零点漂移现象 …………………… 40

2.2.2　差分放大电路 …………………… 41

2.2.3　集成功放电路 …………………… 42

任务2.3　制作与调试电子门铃电路 ……… 47

2.3.1　反馈 ……………………………… 47

2.3.2　负反馈放大电路的四种组态 …… 49

2.3.3　负反馈对放大电路性能的影响 … 51

2.3.4　正反馈放大电路的性能 ………… 53

任务2.4　制作与调试音频功率放大电路 … 57

2.4.1　放大电路的工作状态 …………… 57

2.4.2　甲类功率放大器 ………………… 58

2.4.3　推挽功率放大器 ………………… 59

2.4.4　互补对称功率放大器 …………… 59

思考与练习 …………………………………… 64

项目3　制作与调试信号产生电路 ………… 67

任务3.1　认识与检测集成运算放大器 …… 68

3.1.1　集成运算放大器的基本组成 …… 68

3.1.2　集成运放的图形符号、

引脚排列及特点 ……………… 69

3.1.3　集成运放的主要技术指标 ……… 69

3.1.4　集成运放的理想化条件及传输特性 … 70

3.1.5　集成运算放大器的使用 ………… 72

任务3.2　制作与调试集成运放典型应用电路 … 76

3.2.1　集成运放的线性应用——运算电路 … 77

3.2.2　集成运放的非线性应用——

电压比较器 …………………… 81

任务3.3　制作与调试函数信号发生器 …… 88

3.3.1　非正弦波信号发生器 …………… 88

3.3.2　正弦波振荡电路的产生条件及

电路组成 ……………………… 90

3.3.3　RC 正弦波振荡电路 …………… 91

3.3.4　LC 正弦波振荡电路 …………… 93

3.3.5　石英晶体振荡器 ………………… 94

3.3.6　集成函数发生器8038 …………… 95

思考与练习 …………………………………… 99

项目4　制作与调试直流稳压电源 ………… 102

任务4.1　组装与调试整流滤波电路 ……… 103

4.1.1　单相半波整流电路 ……………… 103

4.1.2　单相桥式整流电路 ·············· 105

4.1.3　电容滤波电路 ·················· 107

4.1.4　电感滤波电路 ·················· 109

4.1.5　复式滤波电路 ·················· 109

4.1.6　整流滤波电路的常见故障 ······· 110

任务 4.2　组装与调试稳压电路 ··········· 113

4.2.1　并联型稳压电路 ················ 114

4.2.2　串联反馈型稳压电路 ············ 115

任务 4.3　设计与制作直流稳压电源 ······· 120

4.3.1　三端集成稳压电路 ·············· 120

4.3.2　小功率直流稳压电源 ············ 123

思考与练习 ··························· 127

项目 5　制作与调试组合逻辑电路 ········· 130

任务 5.1　制作与调试智能声光控节电开关 ······· 131

5.1.1　数字电路基础知识 ·············· 131

5.1.2　基本逻辑门电路 ················ 137

5.1.3　集成逻辑门电路 ················ 141

任务 5.2　制作与调试电子表决器电路 ······· 146

5.2.1　逻辑函数的表示及化简方法 ······· 147

5.2.2　组合逻辑电路的基本知识 ········· 154

任务 5.3　制作与调试简易电梯呼叫系统 ······· 161

5.3.1　加法器 ························ 161

5.3.2　编码器 ························ 163

5.3.3　译码器 ························ 167

5.3.4　数据选择器 ···················· 172

思考与练习 ··························· 178

项目 6　制作与调试时序逻辑电路 ········· 181

任务 6.1　制作与调试竞赛抢答器 ········· 182

6.1.1　RS 触发器 ···················· 182

6.1.2　主从 JK 触发器 ················ 186

6.1.3　D 触发器 ····················· 188

6.1.4　T 触发器和 T′触发器 ··········· 189

任务 6.2　制作与调试流水线计数装置 ······· 194

6.2.1　时序逻辑电路的概述 ············ 194

6.2.2　寄存器 ························ 195

6.2.3　计数器 ························ 198

思考与练习 ··························· 210

项目 7　制作与调试救护车警笛模拟电路 ····· 213

任务 7.1　分析与设计波形产生变换电路 ····· 214

7.1.1　RC 波形变换电路 ·············· 214

7.1.2　脉冲整形电路 ·················· 218

7.1.3　555 集成定时器 ················ 224

7.1.4　常见脉冲整形变换电路应用 ······· 228

任务 7.2　设计基于 555 定时器的数字钟 ······· 239

7.2.1　数字钟电路核心部件简介 ········· 239

7.2.2　数字钟电路各部分电路组成及

设计原理 ···················· 240

任务 7.3　设计与调试救护车警笛模拟电路 ······· 248

思考与练习 ··························· 253

项目 8　组装与调试嵌入式智能小车 ······· 256

任务 8.1　组装与调试交通灯控制电路 ······· 257

8.1.1　电子产品装配工艺 ·············· 257

8.1.2　电子元器件焊接基础知识 ········· 260

8.1.3　电子元器件基础知识 ············ 265

任务 8.2　组装与调试嵌入式智能小车 ······· 272

8.2.1　示波器的使用方法 ·············· 273

8.2.2　嵌入式智能小车 ················ 275

思考与练习 ··························· 283

附录　常用芯片及功能 ·················· 284

参考文献 ····························· 290

项目 1　识别与检测常用电子元器件

项目剖析

　　电子元器件是电子技术中的基本元素。任何一种电子装置，都由这些电子元器件合理、和谐、巧妙地组合而成。特别是近年来，传统电子元器件更新换代，新型元器件层出不穷，客观地说，不了解这些元器件的性能和规格，就难以适应当代电子技术的发展。本项目主要研究半导体二极管和晶体管及其简单测试，场效应晶体管的基本结构、工作原理、特征曲线以及主要参数，为后续课程的学习提供必要的基础知识。

职业岗位目标

1. 知识目标
（1）半导体的基本知识。
（2）二极管、晶体管的结构及主要参数。
（3）使用万用表对二极管、晶体管进行检测和质量判别的方法。

2. 技能目标
（1）会使用万用表检测二极管的质量及判断电极。
（2）会使用万用表检测晶体管的质量及判断电极。

3. 素养目标
（1）在信息收集阶段，能够在教师引导下完成每个任务相关理论知识的学习，并能举一反三。
（2）在任务计划阶段，要总体考虑电路布局与连接规范，使电路美观实用。
（3）在任务实施阶段，要首先具备健康管理能力，即注意安全用电和劳动保护，同时注重 6S（整理、整顿、清扫、清洁、素养和安全）的养成和环境保护。
（4）专心专注、精益求精贯穿任务始终，不惧失败。
（5）小组成员间要做好分工协作，注重沟通和能力训练。

1

任务 1.1　识别与检测二极管

任务导入

我们的生活离不开电子产品，如电视机、计算机、电冰箱、空调、手机、音响设备等，这些电子产品都是由二极管、晶体管以及其他电子元器件构成的。本任务学习识别与检测二极管。

任务分析

二极管是电子线路中最常用的半导体器件，它是由一个 PN 结加上管壳封装而成，具有单向导电性：当外加正向电压时，二极管导通；当外加反向电压时，二极管截止。通过用万用表检测其正、反向电阻值，可以判别出二极管的电极，还可估测出二极管的好坏。本任务要求学生通过查阅电子元器件手册，正确选用二极管。

知识链接

1.1.1　半导体基本知识

自 1948 年第一个晶体管问世以来，半导体技术有了飞跃的发展。半导体器件具有重量轻、体积小、耗电少、寿命长、工作可靠等突出优点，在现代生产与科学技术的各个领域中都得到了广泛应用。半导体器件是构成电子电路的基本元器件，它们所用的材料是经过特殊加工且性能可控的半导体材料。

物体根据导电能力的强弱可分为导体、半导体和绝缘体三大类。凡容易导电的物质（如金、银、铜、铝、铁等金属物质）称为导体；不容易导电的物质（如玻璃、橡胶、塑料、陶瓷等）称为绝缘体；导电能力介于导体和绝缘体之间的物质（如硅、锗、硒等）称为半导体。半导体之所以得到广泛的应用，是因为它具有热敏性、光敏性、掺杂性等特殊性能。

1. 本征半导体

常用的半导体材料是单晶硅（Si）和单晶锗（Ge）。硅原子核外围绕 3 层电子，锗原子核外围绕 4 层电子，它们最外层电子均为 4 个，图 1-1 为硅和锗的原子结构。

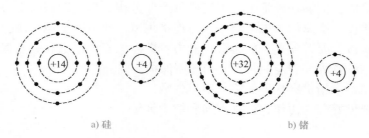

a) 硅　　　　　　　　　　b) 锗

图 1-1　硅和锗的原子结构

纯净无杂质的半导体称为本征半导体。本征半导体晶体结构示意图如图 1-2 所示。由图可见，各原子间整齐而有规则地排列着，使每个原子的 4 个价电子不仅受所属原子核的吸引，而且还受相邻 4 个原子核的吸引，每一个价电子都为相邻原子核所共用，形成了稳定的共价键结构。每个原子核最外层等效有 8 个价电子，由于价电子不易挣脱原子核束缚而成为自由电子，因此，本征半导体导电能力较差。

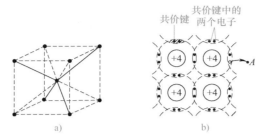

图 1-2　硅晶体结构和共价键结构

本征半导体内，处于共价键上的某些价电子，接受外界能量后，可以脱离共价键的束缚成为自由电子，如图 1-2b 中 A 处所示；这时在该电子所在位置处就会出现一个空位，称为空穴。出现一个空穴，表示原子少了一个电子，丢失电子的原子显正电，分析时可认为空穴是一个带正电的粒子。在本征半导体中，自由电子与空穴是成对出现的，称为电子 - 空穴对。自由电子带负电，空穴带正电，二者电量相等，符号相反。在半导体中，自由电子和空穴都是载运电荷的粒子，称为载流子。本征半导体在温度升高时产生电子 - 空穴对的现象称为本征激发。温度越高，产生的电子 - 空穴对数目就越多，这就是半导体的热敏性。

半导体的基本知识

在半导体中存在着自由电子和空穴两种载流子，而导体中只有自由电子这一种载流子，这是半导体与导体的不同之处。

2. 杂质半导体

为增强半导体的导电性能，可在本征半导体中掺入微量的杂质元素，掺入杂质的半导体称为杂质半导体。根据掺入杂质的不同，杂质半导体可分为 P 型半导体和 N 型半导体两大类。

（1）P 型半导体　P 型半导体是在本征半导体硅（或锗）中掺入微量的 3 价元素（如硼、铟等）而形成的。因杂质原子只有 3 个价电子，它与周围硅原子组成共价键时，缺少 1 个电子，因此在晶体中便产生一个空穴，当相邻共价键上的电子受热激发获得能量时，就有可能填补这个空穴，使硼原子成为不能移动的负离子，而原来硅原子的共价键因缺少了一个电子，便形成了空穴，如图 1-3 所示。

在 P 型半导体中，由于杂质的掺入，使得空穴数目远大于自由电子数目，空穴成为多数载流子（简称多子），而自由电子则为少数载流子（简称少子）。这种以空穴导电为主的半导体称为空穴型半导体或 P 型半导体。

（2）N 型半导体　N 型半导体是在本征半导体硅中掺入微量的 5 价元素（如磷、砷、镓等）而形成的，杂质原子有 5 个价电子，与周围硅原子结合成共价键时，多出 1 个价电子，这个多余的价电子易成为自由电子，如图 1-4 所示。掺入五价元素的半导体，自由电子的数目较空穴数目多，载流子中自由电子占多数，空穴占少数，故称其为电子型半导体或 N 型半导体。

杂质半导体

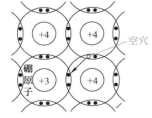

图 1-3　P 型半导体的共价键结构

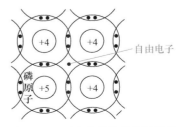

图 1-4　N 型半导体的共价键结构

3. PN 结的形成及特性

一块 P 型半导体或 N 型半导体虽然已有较强的导电能力，但若将它接入电路中，则只能起电阻作用，无多大实用价值。如果把一块 P 型半导体和一块 N 型半导体结合在一起，在它们的结合处就会形成一个特殊的接触面，称为 PN 结。PN 结是构成各种半导体器件的核心部分，PN 结的作用使半导体获得了广泛的应用。

（1）PN 结的形成　在一整块单晶体中，采取一定的工艺措施，使其两边掺入不同的杂质，一边形成 P 型区，另一边形成 N 型区。由于两侧载流子在浓度上存在差异，电子和空穴都要从浓度高的地方向浓度低的地方扩散，如图 1-5a 所示。扩散的结果是在分界处附近的 P 区薄层内留下一些负离子，N 区薄层内留下一些正离子。于是，分界处两侧就出现了一个空间电荷区：方向由 N 区指向 P 区的内电场，如图 1-5b 所示。为区别由浓度差造成的多子扩散运动，把内电场作用下的少子的定向运动称为漂移运动。当达到动态平衡时，即多子的扩散电流等于少子的漂移电流，空间电荷区就相对稳定，形成 PN 结。

（2）PN 结的单向导电性　如果在 PN 结上加正向电压（也称正向偏置），即 P 区接电源正极，N 区接电源负极，如图 1-6a 所示，则这时电源 E 产生的外电场与 PN 结的内电场方向相反，内电场被削弱，使阻挡层变薄，于是多子的扩散运动增加，漂移运动减弱，多子在外电场的作用下顺利通过阻挡层，形成较大的扩散电流——正向电流。此时 PN 结的正向电阻很小，处于正向导通时，外部电源不断向半导体供给电荷，使电流得以维持。

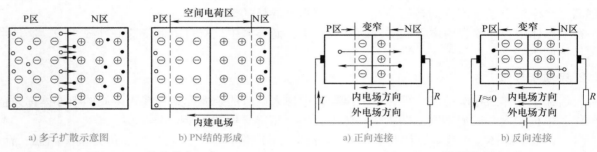

| a) 多子扩散示意图 | b) PN 结的形成 | a) 正向连接 | b) 反向连接 |

图 1-5　PN 结的形成　　　　　　　图 1-6　PN 结的单向导电性

如果给 PN 结加反向电压（又称反向偏置），即 N 区接电源正极，P 区接电源负极，如图 1-6b 所示，则这时外电场与 PN 结内电场方向一致，增强了内电场，使阻挡层变厚，削弱了多子的扩散运动，增强了少子的漂移运动，从而形成微小的漂移电流——反向电流。此时，PN 结呈现很大的电阻，处于反向截止状态。

PN 结及 PN 结的单向导电性

综上所述，PN 结正向偏置时，处于导通状态；反向偏置时，处于截止状态。这就是 PN 结的单向导电性。

1.1.2　二极管的结构及伏安特性

1. 二极管的结构

将 PN 结用玻璃或塑料外壳封装起来，并加上电极引线就构成了晶体二极管，简称二极管。其外形和符号如图 1-7 所示。图形符号中的箭头表示正向电流的方向。按内部结构工艺不同，二极管可分点接触型和面接触型两种。

点接触型二极管结构如图 1-8 所示。由于 PN 结的面积很小，所以不能承受高的反向电压和大电流，但结间电容很小，适用于高频信号的检波及微小电流的整流等。

面接触型二极管结构如图 1-9 所示。由于 PN 结的面积大，所以能承受较大的电流，故适用于整流，但结间电容较大，不适用于高频电路。

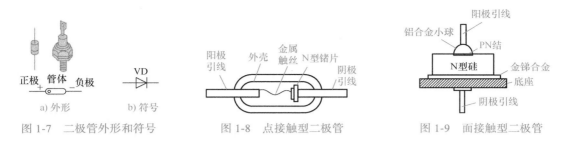

图 1-7　二极管外形和符号　　　图 1-8　点接触型二极管　　　图 1-9　面接触型二极管

2. 二极管的伏安特性和参数

（1）伏安特性　所谓二极管的伏安特性，就是加在二极管两端的电压和流过二极管的电流之间的关系曲线。图 1-10 所示为测量二极管伏安特性的电路。

通过测试电路测出的二极管典型的伏安特性曲线如图 1-11 所示。从伏安特性曲线上可看到，当二极管两端的电压 U 为零时，电流 I 也为零，PN 结为动态平衡状态，所以特性曲线从坐标原点开始。

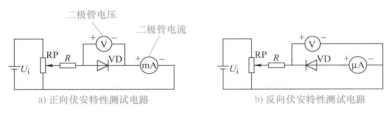

图 1-10　二极管伏安特性测试电路

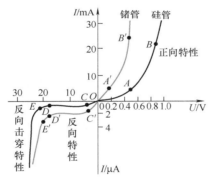

图 1-11　二极管典型的伏安特性曲线

1）正向特性。当二极管接上正向电压，并且电压值很小时，外加电场力也很小，不足以克服 PN 结内电场对扩散电流的阻挡作用，所以这时的正向电流很小，二极管呈现很大的电阻。这个范围称为"死区"，相应的电压称为死区电压。硅管的死区电压为 0 ~ 0.5V（图中 OA 段），锗管为 0 ~ 0.2V（图中 OA′ 段）。当正向电压大于死区电压后，内电场被削弱，电流增加很快，二极管正向导通。这时硅管的正向压降为 0.7V，锗管为 0.3V，见曲线 AB（A′B′）段。此时二极管处于正向导通状态。

2）反向特性。二极管加上反向电压时，少数载流子容易通过 PN 结形成反向电流。反向电流有两个特点：一是它随温度的上升而增长很快，二是在反向电压不超过某一范围时，它的大小基本保持原来的数值不变，如曲线 CD（C′D′）段。这是因为在环境温度一定的条件下，少子的数目几乎一定，反向电流几乎不随反向电压的增大而变化。所以通常把反向电流称为反向饱和电流。一般硅二极管的反向电流只有锗管的几十分之一或几百分之一，因此硅管的温度稳定性比锗管好。

3）反向击穿电压。当反向电压增大到一定数值时，因外电场过强，破坏共价键而把价电子拉出，形成自由电子，引起载流子的数目剧增，造成反向电流猛增，这种现象称为反向击穿。发生击穿时的反向电压叫反向击穿电压，反向击穿如曲线 E（E′）以下的部分。如果二极管的反向电压接近或超过反向击穿电压，而没有适当的限流措施，则将会因电流过大，使管子过热而烧毁，造成永久性的损坏。因此，二极管工作时承受的反向电压应小于其反向击穿电压的一半。

（2）二极管的主要参数

1）最大整流电流。最大整流电流是指长期使用时允许通过二极管的最大正向平均电流。使用时，若电流超过这个允许值，管子将因过热而损坏。

2）最高反向工作电压。最高反向工作电压是指允许加在二极管上的反向电压的最大值。使用时，若超过此值，管子易被击穿。通常规定最高反向工作电压是反向击穿电压的一半。

3）反向饱和电流。反向饱和电流是指二极管加最高反向工作电压时的反向电流值。此值越小越好，这个电流越大，表明二极管的单向导电性越差。

此外，还有其他一些参数，如最高使用温度、最高工作频率、结电容等。这些参数在半导体器件手册中均可查得。

1.1.3 二极管的应用

1. 二极管钳位电路

图 1-12 为二极管钳位电路，此电路利用了二极管正向导通时电压降很小的特性。

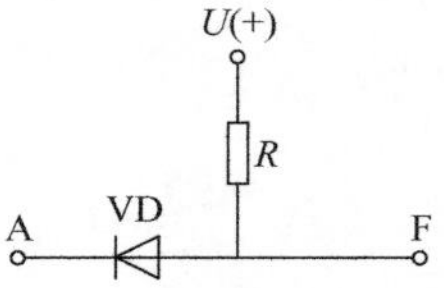

限流电阻的一端与直流电源 $U(+)$ 相连，另一端与二极管阳极相连；二极管阴极连接端子为电路输入端，阳极向外引出的 F 点为电路输出端。当 A 点输入电位为零时，二极管 VD 正向导通，按理想二极管来分析，即二极管正向导通时压降为零，则输出端的电位被钳制在零伏，即 $V \approx 0$；当 A 点输入电位较高时，不能使二极管正向导通时电阻上无电流通过，输出端的电位就被钳制在 $U(+)$。

图 1-12　二极管钳位电路

2. 二极管双向限幅电路

利用二极管正向导通时压降很小且基本不变的特点，可以组成各种限幅电路。如图 1-13a 所示的二极管双向限幅电路，当二极管正向导通时，其正向压降基本保持不变，硅管为 0.7V，锗管为 0.3V。利用这一特性，二极管在电路中作为限幅元器件，可以把信号幅度限制在一定范围内。

【例 1-1】已知二极管限幅电路中输入电压 $u_i = 1.4\sin\omega t$ V，图 1-13a 中，VD_1、VD_2 为硅管，其正向导通压降均为 0.7V。试画出输出电压 u_o 的波形。

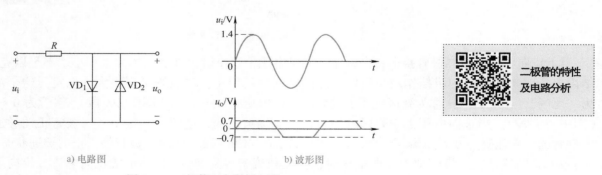

a) 电路图　　　　　　　　　b) 波形图

二极管的特性及电路分析

图 1-13　二极管双向限幅电路

解：由电路图可看出，当 $u_i > U_{VD}$（U_{VD} 为二极管导通电压）时，二极管 VD_1 导通，$u_o = +0.7$V；当 $u_i < U_{VD}$ 时，二极管 VD_2 导通，$u_o = -0.7$V；当 -0.7V $< u_i < +0.7$V 时，两个二极管均不能导通，因此电阻上无电流通过，$u_o = u_i$。

由上述分析结果可画出输出电压波形，如图 1-13b 所示。显然该电路中的二极管起到了将输出电压限幅在 $-0.7 \sim 0.7$V 的作用。

电子工程实用电路中，二极管还应用于整流、检波、元器件保护以及在脉冲与数字电路中用作开关元器件等。总之，二极管的应用非常广泛，在此不一一赘述。

1.1.4　特殊用途的二极管

1. 稳压二极管

稳压二极管是一种特殊的面接触型二极管，由于它在电路中与适当数值的电阻串联后，在一定的电流变化范围内，其两端的电压相对稳定，故称为稳压二极管。

（1）稳压二极管的稳压原理　稳压二极管的文字符号用 VZ（或 VS）表示，外形、符号及伏安特性曲线如图 1-14 所示。由图 1-14c 可知，稳压二极管的正向特性曲线与普通二极管相似，只是反向击穿特性曲线非常陡直。从反向特性曲线上可以看出，当反向电压增大到击穿电压时，反向电流急剧上升。此后，电流虽然在很大范围变化（$I_{Zmin} \sim I_{Zmax}$），但两端的电压变化 ΔU_Z 很小，可以认为稳压二极管两端的电压基本保持不变。可见，稳压二极管能稳定电压正是利用其反向击穿后电流剧变，而二极管两端的电压几乎不变的特性来实现的。

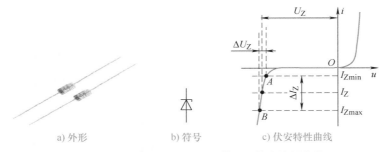

a) 外形　　　　b) 符号　　　　c) 伏安特性曲线

图 1-14　稳压二极管的外形、符号及伏安特性曲线

此外，由击穿转化为稳压，还有一个值得注意的条件，就是要适当限制通过稳压二极管内的反向电流。否则过大的反向电流，如超过 I_{Zmax}，将造成稳压二极管击穿后的永久性损坏（热击穿）。因此，在电路中应将稳压二极管串联适当阻值的限流电阻。

通过以上分析可知，稳压二极管若要实现稳压功能，则必须具备以下两个基本条件。

1）稳压二极管两端需加上一个大于其击穿电压的反向电压。

2）采取适当措施限制击穿后的反向电流值。例如，将稳压二极管与一个适当的电阻串联后，再反向接入电路中，使反向电流和功率损耗均不超过其允许值。

（2）稳压二极管的主要参数

1）稳定电压 U_Z。U_Z 指在正常工作状态下稳压二极管两端的电压值。由于半导体器件参数的离散性，同一型号稳压二极管的 U_Z 值也不相同，使用时应在规定测试电流下测量出每只稳压二极管的稳压值。但就某一只稳压二极管而言，U_Z 应为确定值。

2）动态内阻 r_Z。r_Z 指在稳压范围内，稳压二极管两端电压变化量 ΔU_Z 与对应电流变化量 ΔI_Z 之比，即 $r_Z = \Delta U_Z / \Delta I_Z$。它是衡量稳压性能好坏的指标，$r_Z$ 越小，说明稳压二极管的反向击穿特性曲线越陡，稳压性能越好。一般 r_Z 值很小，为几欧到几十欧。

3）稳定电流 I_Z。稳定电流也称为最小稳压电流 I_{Zmin}，即保证稳压二极管具有正常稳压性能的最小工作电流。稳压二极管的工作电流低于此值时，稳压效果差或不能稳压。

4）最大耗散功率 P_{ZM} 和最大工作电流 I_{ZM}。P_{ZM} 为稳压二极管所允许的最大功耗，I_{ZM} 为稳压二极管允许流过的最大工作电流。超过 P_{ZM} 或 I_{ZM} 时，稳压二极管将因温度过高而损坏。

$$P_{ZM} = U_Z I_{ZM}$$

（1-1）

稳压二极管的极性检测及好坏判别与普通二极管的相同。另外，稳压二极管两端需接大于其击穿电压的反向电压。如果接反，稳压二极管工作于正向导通状态，如图 1-14c 中的正向特性曲线所示，此时相当于普通二极管正向导通的情况，无法起到稳压的作用。

2. 发光二极管

发光二极管是一种能将电能转换成光能的半导体显示器件，简称为 LED。制作发光二极管的半导体中杂质浓度很高，当对管子加正向电压时，多数载流子的扩散运动加强，大量的电子和空穴在空间电荷区复合时释放出的能量大部分转换为光能，从而使发光二极管发光，并可根据不同的化合物材料，发出不同颜色的光。

发光二极管的外形及符号如图 1-15 所示。发光二极管正常工作时应正向偏置。发光二极管的开启电压通常称为正向电压，它的大小取决于制作材料。不同的半导体材料及工艺使发光二极管的颜色、波长、亮度、正向管压降、光功率均不相同。其正向导通（开启）工作电压高于普通二极管，正向压降为 1.5 ～ 2.5V，正向电流一般为几毫安至十几毫安，外加正向电压越大，发光越亮。但使用中应注意，外加正向电压不能使发光二极管超过其最大工作电流，使用时需要串联合适的限流电阻，以免烧坏发光二极管。

发光二极管出厂时，一根引线做得比另一根引线长，通常，较长的引线表示阳极（+），另一根为阴极（-）。若辨别不出引线的长短，则可用辨别普通二极管引脚的方法来辨别其阳极和阴极。发光二极管的正向工作电压一般在 1.5 ～ 3V，允许通过的电流为 2 ～ 20mA，电流的大小决定发光的亮度。

3. 光电二极管

光电二极管是一种将光信号转换为电信号的半导体器件，广泛应用于各种遥控系统、光电开关、光探测器等方面，其外形及符号如图 1-16 所示。光电二极管与普通二极管相比，PN 结面积较大，管壳上开有嵌着玻璃的窗口，以便于光线射入。

| a) 外形 | b) 符号 | a) 外形 | b) 符号 |

图 1-15 发光二极管的外形及符号　　　　图 1-16 光电二极管外形及符号

光电二极管的正常工作状态是反向偏置，当没有光照射时，反向电流很小（约为 0.1μA），称为暗电流。当有光照射时，部分价电子获得能量挣脱共价键的束缚成为电子－空穴对，在反向电压作用下，流过光电二极管的电流明显增大，称为光电流。如果在外电路上接上负载，负载上就获得了电信号，而且这个电信号随着光的变化而变化。

任务实施

1. 设备与元器件

本任务用到的设备与元器件包括指针式万用表、数字式万用表，电工电子实验台，不同规格、类型二极管若干：1N4007、2AP9、2CW53、FG113003、2CU1B 等。

2. 任务实施过程

（1）辨别二极管极性　普通二极管一般为玻璃封装和塑料封装两种，它们的外壳上均印有型号和标记。标记箭头指向为阴极。有的二极管上只有一个色点，有色点的一端为阳极。有的二极管上只有一个色环，靠色环的一端为阴极，二极管极性判别方法见表 1-1。

观察二极管的外形，根据外壳标志或封装形状，区分两个引脚的正、负极性；根据二极管的型号，查阅资料，确定二极管的符号、类型与用途。

表1-1 二极管极性判别方法

判别方法	图示	说明
通过二极管的外形判别	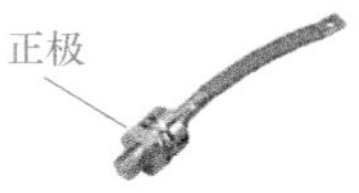 正极	螺栓端为正极
通过二极管的标注判别		在元器件表面标注有二极管极性符号
	 	有色环端为负极，另一端为正极
通过二极管的电极特征判别	 正极	长引脚为正极，短引脚为负极
通过二极管电极管键判别		比电极稍宽的管键为正极，另一端为负极

（2）检测二极管

1）指针式万用表检测。若遇到型号标记不清时，可以借助指针式万用表的电阻档做简单判别。万用表正端（＋）红表笔接表内电池的负极，而负端（－）黑表笔接表内电池的正极。根据PN结正向导通电阻值小、反向截止电阻值大的原理来简单确定二极管的极性。

用指针式万用表测量1N4007整流二极管、2AP9检波二极管。将指针式万用表置于$R \times 100$档，首先假定1N4007的一端为正极，用两表笔分别接触1N4007的两引脚，测量电阻的大小，记录于表1-2中。交换两表笔再次测量并记录测量结果。将指针式万用表置于$R \times 1k$档，重复上述操作。以同样的步骤测试2AP9，测量结果记录于表1-2中。

表1-2 指针式万用表检测二极管的测量结果

二极管型号	万用表档位	正向电阻	反向电阻
1N4007	$R \times 100$		
	$R \times 1k$		
2AP9	$R \times 100$		
	$R \times 1k$		

2）数字式万用表检测。用数字式万用表测量时，把万用表档位置于二极管档，表笔分别接二极管两引脚，若数字式万用表显示屏显示"200～2000"数字时，说明二极管正向导通，显示数字为二极管正向压降（单位为mV），此时红表笔所接为正极，黑表笔所接为负极；若显示为"1"，说明二极管反向偏置，处于截止状态，红表笔所接为负极，黑表笔所接为正极。用数字式万用表测量1N4007整流二极管、2AP9检波二极管。

① 将红表笔插入"V/Ω"插孔，黑表笔插入"COM"插孔。

② 将开关档位置于"二极管和蜂鸣通断"档。

③ 将红、黑表笔分别接二极管的两个电极。若被测二极管正向导通，万用表显示二极管的正向导通电压。

通常，好的硅二极管正向导通电压应为500～800mV（0.5～0.8V），好的锗二极管正向导通电压应为 200 ～ 300mV（0.2 ～ 0.3V）。发光二极管正向导通电压为 1.8 ～ 2.3V。测量结果记录于表 1-3 中。

表 1-3　数字式万用表检测二极管的测量结果

二极管型号	二极管的状态	数字式万用表的显示结果
1N4007	正偏	
	反偏	
2AP9	正偏	
	反偏	

3）二极管质量的判断。

①若正向测量值在正常范围内，而反向显示"1"（或"0L"），则说明二极管性能良好，具有单向导电性。

②若正向、反向测量值都小于 0.1V，则说明二极管已击穿短路，正、反向都导通，二极管已损坏。

③若测得的正向、反向都显示"1"（或"0L"），则说明正向、反向均开路，表明二极管断路，二极管也已损坏。

④如果用指针式万用表电阻档测量时，若正反两次指示的阻值相差很大，说明该二极管单向导电性好；若两次指示的阻值相差很小，说明该二极管已失去单向导电性，二极管已损坏；若两次指示的阻值均很大，则说明该二极管断路，二极管也已损坏。

⑤由教师准备不同型号的二极管 5 只，其中有一部分是性能不正常的二极管（如短路、断路或者性能变坏），由学生运用指针式万用表进行测量，判断二极管的工作情况，并将测量结果和判断结果填入表 1-4 中。

表 1-4　二极管检测表

序号	正向电阻		反向电阻		质量好坏		
	档位	电阻值	档位	电阻值	好	短路	断路
1							
2							
3							
4							
5							

（3）收获与总结　通过本实训任务，你掌握了哪些技能？学会了哪些知识？在实训过程中遇到了什么问题？是怎么处理的？请填写在表 1-5 中。

表 1-5　收获与总结

序号	掌握的技能	学会的知识	出现的问题	处理方法
1				
2				
3				

心得体会：

创新方案

你有更好的思路和做法吗？请给大家分享一下吧。

（1）_____

（2）_____

（3）_____

任务考核

根据表 1-6 所列考核内容和考核标准对本次任务的完成情况开展自我评价与小组评价，将评价结果填入表中。

表 1-6 任务综合评价

任务名称		姓名		组号	
考核内容	考核标准	评分标准		自评得分	组间互评得分
职业素养（20分）	·工具摆放、着装等符合规范（2分） ·操作工位卫生良好，保持整洁（2分） ·严格遵守操作规程，不浪费原材料（4分） ·无元器件损坏（6分） ·无用电事故、无仪器损坏（6分）	·工具摆放不规范，扣1分；着装等不符合规范，扣1分 ·操作工位卫生等不符合要求，扣2分 ·未按操作规程操作，扣2分；浪费原材料，扣2分 ·元器件损坏，每个扣1分，扣完为止 ·因用电事故或操作不当而造成仪器损坏，扣6分 ·人为故意造成用电事故、损坏元器件、损坏仪器或其他事故，本次任务计0分			
元器件识别与检测（60分）	·正确识别二极管和辨别极性（10分） ·正确填写表1-2、表1-3、表1-4检测数据（40分） ·正确判断二极管质量好坏（10分）	·不会使用仪器，扣2分 ·元器件检测方法错误，每次扣1分 ·数据填写错误，每个扣1分			
团队合作（10分）	主动参与，积极配合小组成员，能完成自己的任务（5分）	·参与完成自己的任务，得5分 ·参与未完成自己的任务，得2分 ·未参与未完成自己的任务，得0分			
	能与他人共同交流和探讨，积极思考，能提出问题，能正确评价自己和他人（5分）	·交流能提出问题，正确评价自己和他人，得5分 ·交流未能正确评价自己和他人，得2分 ·未交流未评价，得0分			
创新能力（10分）	能进行合理的创新（10分）	·有合理创新方案或方法，得10分 ·在教师的帮助下有创新方案或方法，得6分 ·无创新方案或方法，得0分			
最终成绩		教师评分			

思考与提升

1. 同型号的整流二极管用不同的档位测出来的电阻值_____（相同 / 不同），说明二极管是_____（线性 / 非线性）器件。

2. 观察表 1-2 的测试数据，无论是整流二极管还是检波二极管，在 $R \times 100$ 或者 $R \times 1k$ 档位，测量结果都是一次测得的电阻值_____，一次测得的电阻值_____。电阻小的那次二极管处于_____（导通 / 截止）状态；电阻大的那次二极管处于_____（导通 / 截止）状态。

3. 用数字式万用表测量整流二极管，当所测的结果为"1"时，说明二极管处于_____状态，此时红表笔接二极管的_____极，黑表笔接二极管的_____极。

任务小结

1. 指针式万用表的红表笔接万用表内部电源负极，黑表笔接万用表内部电源正极。而数字式万用表的红表笔接万用表内部电源正极，黑表笔接万用表内部电源负极。

2. 用数字式万用表测量二极管时，实测的是二极管的正向电压值，而指针式万用表则测的是二极管正、反向电阻的值。

3. 二极管的极性识别

（1）直观法判别极性。若是国产二极管，有色点的一端为正极；若是进口二极管，在靠近负极引线处有标志环；有的二极管上标有二极管极性符号。

（2）万用表判别极性。万用表选 $R \times 100$ 或 $R \times 1k$ 档，用红、黑表笔同时接触二极管的两引线，然后对调表笔重新测量。所测阻值小的一次，黑表笔所接为二极管正极，红表笔所接为二极管负极。

4. 半导体二极管的质量判别

万用表选 $R \times 100$ 或 $R \times 1k$ 档，分别测二极管的正、反向电阻，二者相差越大越好。

5. 半导体二极管的材料判别

万用表选 $R \times 100$ 或 $R \times 1k$ 档，测量二极管的正向电阻。一般锗二极管的正向电阻为几百欧，硅二极管的正向电阻为几千欧。

6. 稳压二极管的判别

用万用表 $R \times 100$ 或 $R \times 1k$ 档测出二极管的正、负引脚，然后将万用表拨至 $R \times 10k$ 档上，黑表笔接二极管的负极，红表笔接二极管的正极。若此时测得的反向阻值变得很小，说明该管为稳压二极管；反之，测得的反向阻值仍旧很大，说明该管为普通二极管。

7. 发光二极管的质量判别

万用表选 $R \times 10k$ 档，测发光二极管正向电阻应为 $100k\Omega$ 左右，并可观察到发光二极管发出微弱的光；发光二极管的反向电阻应非常大，近似为无穷大。

任务 1.2　识别与检测晶体管

任务导入

晶体管是由两个 PN 结所构成的三端器件，是电子线路中最常用的半导体器件之一，它是一种控制器件，具有电流放大的作用，还可以作为一种无触点开关使用，是组成各种电子电路的核心器件，广泛用于电子产品中。

任务分析

通过对晶体管的识别与测试，了解晶体管的结构，掌握晶体管的电流分配关系及放大原理；能查阅电子元器件手册并合理选用晶体管；掌握晶体管的输入、输出特性及应用。

知识链接

1.2.1　晶体管的结构

晶体管是组成放大电路的核心器件，其外形如图 1-17 所示。

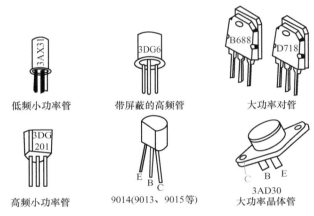

图 1-17　晶体管的外形

晶体管的内部结构比二极管多一层 P 型半导体或 N 型半导体，形成 NPN 型或 PNP 型两种结构，其结构与符号如图 1-18 所示。每个晶体管都有三个不同的导电区域，中间的是基区，两侧分别是发射区和集电区。每个导电区上引出一个电极。基区引出的称为基极，发射区引出的称为发射极，集电区引出的称为集电极。三层半导体在交界面处形成了两个 PN 结。基区与发射区之间的 PN 结称为发射结，基区与集电区之间的 PN 结称为集电结。

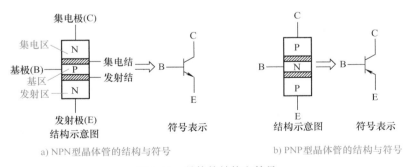

a) NPN型晶体管的结构与符号　　　　　b) PNP型晶体管的结构与符号

图 1-18　晶体管结构和符号

NPN 型和 PNP 型两种晶体管图形符号的区别在于发射极箭头的方向。箭头方向代表 PN 结正向接法时电流的真实方向。它们的工作原理是相似的，只是使用时电源连接的极性不同。但发射极和集电极不能颠倒使用。

1.2.2 晶体管的电流放大作用

晶体管的基区很薄，三个区的杂质也有所不同，发射区浓度最高，基区浓度最低。这使它具备了放大作用的内部条件。下面从内部载流子的运动规律来说明晶体管的电流放大作用。晶体管接成两个电路，即基极回路和集电极回路。发射极是两个回路的公共端，这种接法称为共发射极接法。电源 U_{BB} 接基区（P 区）和发射区（N 区），使发射结加上正向电压（称为正偏）。电源 U_{CC} 接在集电极与发射极之间，$U_{CC}>U_{BB}$，它使集电结得到反向电压（称为反偏）。晶体管内部多数载流子运动的过程如图 1-19 所示。

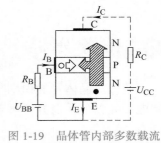

图 1-19　晶体管内部多数载流子运动示意图

（1）发射区向基区发射电子形成发射极电流 I_E　由于发射结加的是正向电压，在外电场作用下削弱了内电场，也就相当于 PN 结变窄，发射区的多数载流子——电子，因浓度高而源源不断地越过 PN 结进入基区，形成发射极电流 I_E。此时基区的多数载流子——空穴，在发射结正向电压作用下也会扩散到发射区，但由于基区的杂质浓度低，故这部分所形成的电流可以忽略不计。因此发射极电流主要是电子流。

（2）电子在基区扩散与复合形成基极电流 I_B　电子到达基区后，使基区中靠近发射结的电子增多，而靠近集电结的电子较少，形成浓度上的差异，因此继续向集电结扩散。在扩散过程中有少量电子与基区的空穴复合，同时电源的正极又不断地从基区拉走电子而提供新的空穴，形成基极电流 I_B。由于基区很薄，且空穴浓度很低，所以 I_B 很小。

（3）电子被集电极收集形成集电极电流 I_C　绝大部分电子扩散到集电结的边缘，由于集电结加的是反向电压，外加电压大大加强了内电场，相当于 PN 结加宽，这就使集电区的多数载流子——电子不能向基区扩散，而从基区扩散到集电结边缘的电子在外电场的作用下很容易被集电极收集，形成集电极电流 I_C。

从以上分析看出：晶体管三个电极间的电流关系符合节点电流定律，即 $I_E=I_B+I_C$，且基极电流很小，即 $I_B \ll I_C$，这就是晶体管的电流放大作用。

设 $I_C/I_B=50$，则当 I_B 变化 $10\mu A$ 时，I_C 相应变化了 $50\times10\mu A=500\mu A$，即基极电流较小的变化，就能引起集电极电流较大的变化。因此通过改变 I_B 就可以控制 I_C。

晶体管的电流放大作用

综上所述：晶体管之所以能有电流放大作用，其内部条件是基区必须做得很薄，掺杂浓度又较低，集电结面积大；外部条件是集电结反偏，发射结正偏。晶体管是一个电流控制器件，电流放大作用的实质是用一个微小电流控制较大电流，放大所需的能量来自外加直流电源。

1.2.3 晶体管的特性曲线

晶体管特性曲线就是晶体管各电极电压和电流之间相互关系的曲线。它是晶体管内两个 PN 结特性的外部表现。从应用的角度来说，了解晶体管特性曲线是很重要的。

1. 输入特性曲线

输入特性是当 U_{CE} 为定值时，基极电流 I_B 和发射结电压 U_{BE} 之间的关系曲线。图 1-20 是测试晶体管特性曲线的电路。图 1-21 所示为晶体管的输入特性曲线。当 $U_{CE}=0$ 时，输入特性曲线的形状与二极管的正向伏安特性曲线相似，相当于集电极与发射极之间短路。I_B 与 U_{BE} 之间的关系，就是发射结和集电结两个正向偏置二极管并联的伏安特性。当 $U_{CE}\geq1V$ 时，集电结已反向偏置，且内电场已足够大，可以把从发射区进入基区的电子绝大部分拉入集电区形成 I_C。与 $U_{CE}=0$ 时相比，即使在相同的 U_{BE} 下，流向基极的电流 I_B 也会减小，即特性曲线右移。实际上，当 U_{CE} 超过一定数值（1V 以后），只要 U_{BE} 不变，则注入基区的电子数一定，而集电结所加的反向电压已能把注入基区的电子中绝大部分拉到集电极，以致于 U_{CE} 再增加，I_B 也不再明显减小，即特性曲线不再右移。

2. 输出特性曲线

输出特性指当基极电流 I_B 为一定值时，集电极电流 I_C 与集电极 – 发射电压 U_{CE} 之间的相互关系曲线。利用图 1-20 所示的电路可测得在不同的 I_B 下，I_C 与 U_{CE} 的一系列关系曲线，如图 1-22 所示。

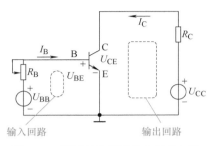

图 1-20　测试晶体管特性曲线的电路

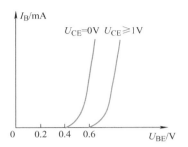

图 1-21　晶体管的输入特性曲线

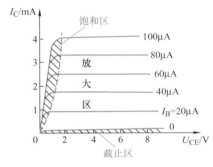

图 1-22　晶体管输出特性曲线

晶体管的输出特性曲线分成三个区域，它们分别与晶体管的三种工作状态，即截止、饱和和放大工作状态相对应。

1）截止区。图 1-22 中 I_B=0 的那条特性曲线以下的区域，称为截止区。截止区的特点是晶体管的 PN 结处于反向偏置，这时集电极与发射极之间相当于断路，无电流放大作用，晶体管处于截止状态。从输出特性曲线上可看出，当 I_B=0 时，I_C 并不为零，而为某一数值。通常把它称为穿透电流，以 I_{CEO} 表示。穿透电流 I_{CEO} 的大小受温度影响很大；温度升高，它将急剧增大，造成晶体管工作稳定性变差。

晶体管的特性曲线和三种工作状态

2）饱和区。当 U_{CE} 很小时，I_C 随 U_{CE} 增加而线性增长。在该区域内，$U_{CE}<U_{BE}$，集电极与发射极之间的电压很小，硅管一般在 0.3V 左右，锗管一般在 0.1V 左右，该电压叫饱和压降，以 U_{CES} 表示。晶体管饱和时的特点是 $I_C \neq \bar{\beta}I_B$，发射结和集电结都处于正偏。

3）放大区。当发射结正向偏置、集电结反向偏置时，输出特性曲线近似水平，该部分是放大区。从曲线上可看出，I_B 变化时，I_C 也变化，而且比 I_B 的变化大得多，I_C 受 I_B 的控制，而基本上与 U_{CE} 的大小无关。这正是晶体管的电流放大作用。

【例 1-2】一个接在电路中，正常工作于放大状态的晶体管，用万用表的直流电压档测得 A、B、C 三个电极对参考点的电位分别是 9V、8.8V、3.6V，判断这只晶体管是什么类型（PNP、NPN）？是硅管还是锗管？三个电极各是什么电极？

解：根据晶体管的工作特点，两个电压差小的电极应该是基极和发射极，当电压差为 0.6V 左右时为硅管，而电压差为 0.2V 左右时为锗管。该晶体管基极和发射极之间电压差为（9-8.8）V=0.2V，所以该晶体管应该是锗管。PNP 型管正常工作时发射极电位最高、基极次之、集电极最低，NPN 型管与其相反，集电极最高、基极次之、发射极最低。所以 B 电极为基极，A 电极为发射极，C 电极为集电极。而发射极电位最高，集电极电位最低，所以该管是 PNP 型。

1.2.4 晶体管的主要参数

1. 电流放大系数

（1）直流电流放大系数 $\bar{\beta}$　直流电流放大系数是指无交流信号输入时，U_{CE} 为规定值，集电极电流 I_C 与基极电流 I_B 的比值，即

$$\bar{\beta} = \frac{I_C}{I_B} \qquad (1\text{-}2)$$

（2）交流电流放大系数 β　交流电流放大系数是指有交流信号输入时，U_{CE} 为规定值，集电极电流的变化量 ΔI_C 与基极电流的变化量 ΔI_B 的比值，即

$$\beta = \frac{\Delta I_C}{\Delta I_B} \qquad (1\text{-}3)$$

通常情况下，晶体管的 β 值为 20 ～ 200，同一个管子 β 比 $\bar{\beta}$ 略小，但良好的管子，其 β 与 $\bar{\beta}$ 很接近，本书后文采用 β 与 $\bar{\beta}$ 同一值。

2. 极间反向电流

（1）集电极 - 基极反向饱和电流 I_{CBO}　集电极 - 基极反向饱和电流是指发射极开路时，集电结反偏时的电流，它的实质就是 PN 结的反向饱和电流。良好的晶体管 I_{CBO} 应该是很小的，一般小功率硅管在 1μA 以下，锗管约为 10μA。它受温度影响较大，是造成管子工作不稳定的主要因素。

（2）穿透电流 I_{CEO}　穿透电流是指基极开路时，流过集电极与发射极之间的电流。由于它好像是从集电极直接穿透管子而到达发射极的，故称为穿透电流。可以证明其值为 $I_{CEO} = (1+\beta) I_{CBO}$。它是衡量晶体管质量好坏的重要参数之一，其值越小越好。

3. 极限参数

（1）集电极最大允许电流 I_{CM}　一般把 β 值下降到规定允许值（例如额定值的 1/2 ～ 2/3）时集电极的最大电流，叫作集电极最大允许电流。使用中若 $I_C > I_{CM}$，不但 β 会显著下降，还会因过热而损坏晶体管。

（2）集电极 - 发射极反向击穿电压 U_{CEO}　集电极 - 发射极反向击穿电压是指当基极开路时，加在集电极与发射极之间的最大允许电压。由于 U_{CEO} 较小，使用时在通常情况下应避免先断开基极，否则，将导致晶体管被击穿。

（3）集电极最大允许功率损耗 P_{CM}　集电极最大允许功率损耗是指晶体管正常工作时，所允许的最大集电极耗散功率。使用时应满足 $I_C U_{CE} < P_{CM}$，以确保管子安全工作。

1.2.5 场效应晶体管

场效应晶体管（简称 FET）是利用输入电压产生的电场效应来控制输出电流的，所以又称为电压控制型器件。它工作时只有一种载流子（多数载流子）参与导电，故也叫单极型半导体晶体管。而前面介绍的晶体管为双极型晶体管。因它具有很高的输入电阻，能满足高内阻信号源对放大电路的要求，所以是较理想的前置输入级器件。它还具有热稳定性好、功耗低、噪声低、制造工艺简单、便于集成等优点，因而得到了广泛的应用。

根据结构不同，场效应晶体管可以分为结型场效应晶体管（JFET）和绝缘栅型场效应晶体管（IGFET，或称 MOS 型场效应晶体管）两大类。根据场效应晶体管制造工艺和材料的不同，又可分为 N 沟道场效应晶体管和 P 沟道场效应晶体管。按工作方式又分为增强型和耗尽型两种。本节讨论 N

沟道增强型 MOS 场效应晶体管。

1. N 沟道增强型 MOS 场效应晶体管

（1）结构和电路符号 N 沟道增强型 MOS 场效应晶体管（也称增强型 NMOS 管）的结构示意如图 1-23a 所示，图形符号如图 1-23b 所示。它是用一块低掺杂浓度的 P 型硅片作衬底（B），在其上制作出两个高掺杂浓度的 N^+ 区并引出两个电极，分别称为源极（S）和漏极（D）。P 型硅表面上覆盖 SiO_2 绝缘层，在漏源两极间的绝缘层上再制作一层金属铝，称为栅极（G）。衬底（B）通常与源极（S）相连接。

（2）工作原理 从图 1-23 可见，增强型管原始状态在漏、源极之间存在两个背向连接的 PN 结，所以，只要 $u_{GS}=0$，就不存在导电沟道。此时无论电压 u_{DS} 的极性如何，都有一个 PN 结反偏，也就不会有电流存在，即 $i_D=0$。

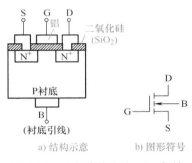

图 1-23 N 沟道增强型 MOS 场效应晶体管的结构和图形符号

如图 1-24 所示电路，在栅、源极之间加正向电压 u_{GS}，则产生一个垂直于 P 型衬底的纵向电场。该电场将排斥 P 型衬底中的空穴而吸引电子到衬底与 SiO_2 交界的表面，形成耗尽层。这个耗尽层的宽度随 u_{GS} 的增大而加宽，当 u_{GS} 增加到一定值时，衬底中的电子在 P 型材料中形成了 N 型层，称为反型层。反型层构成了漏、源极之间的导电沟道。随着 u_{GS} 的增大，反型层中电子增多，反型层加宽，导电沟道的电阻将减小。导电沟道形成后，若在漏、源极间加正向电压 u_{DS}，电子便从源区经 N 型沟道（反型层）向漏区漂移，形成了漏极电流 i_D。在漏源电压 u_{DS} 作用下，开始形成漏极电流 i_D 的栅源电压 u_{GS}，该电压称为开启电压 $U_{GS(th)}$。

u_{GS} 对导电沟道即 i_D 起控制作用。$u_{GS}=0$，$i_D=0$，只有在 $u_{GS} \geq U_{GS(th)}$ 时，才能形成导电沟道，而且随着 u_{GS} 增大，i_D 也增大（故称为增强型 MOS 管）。

u_{DS} 对导电有一定的影响。反型层的形状是楔形的，这是电压 u_{DS} 使沟道内电场分布不均匀造成的。当 u_{DS} 较小，使 $u_{GD}>U_{GS(th)}$ 时，i_D 随 u_{DS} 线性增加，当 u_{DS} 较大，使 $u_{GD}=U_{GS(th)}$ 时，在 D 极处沟道消失称预夹断，u_{DS} 再增大使 $u_{GD}<U_{GS(th)}$，夹断区向左延伸，此时 i_D 具有恒流特性。

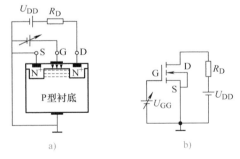

图 1-24 增强型 NMOS 管工作原理图

（3）特性曲线

1）转移特性关系式为

$$I_D = f(U_{GS})\big|_{U_{DS}=常数}$$

由图 1-25 所示的转移特性曲线可见，当 $u_{GS}<U_{GS(th)}$ 时，导电沟道没有形成，$i_D=0$。当 $u_{GS} \geq U_{GS(th)}$ 时，开始形成导电沟道，并随着 u_{GS} 的增大，导电沟道变宽，沟道电阻变小，电流 i_D 增大。

2）漏极特性曲线如图 1-26 所示，反映栅 - 源电压 U_{GS} 为常量时，漏极电流 I_D 与漏 - 源电压 U_{DS} 之间的函数关系。

$$I_D = f(U_{DS})\big|_{U_{GS}=常数}$$

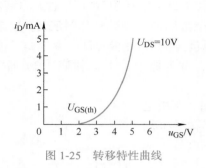

图 1-25　转移特性曲线　　　　　　　　　　　　图 1-26　漏极特性曲线

可以看出，场效应晶体管工作时，也分为以下三个区域：

① 可变电阻区。场效应晶体管工作在这个区域，其导电沟道畅通，漏 - 源电极间相当于一个受栅 - 源电压控制的电阻。

② 恒流区（饱和区）。场效应晶体管工作在这个区域，只要栅 - 源电压保持一定，漏 - 源极间的电压即使有较大数值的改变，漏极电流几乎不变。在这个区域内，漏极电流只受栅 - 源电压的控制。这里应注意和晶体管特性相区别。晶体管的饱和区相似于这里的变阻区，而它的放大区相当于这里的饱和区；场效应晶体管在作为放大器应用时应工作在饱和区，只有这个区才能有效地放大信号。

③ 夹断区。当电压 $u_{GS} < U_{GS(th)}$ 时，导电沟道被夹断，漏极电流几乎为零（通常不大于 5μA）。

④ 击穿区。如果 U_{DS} 增加到一定值时，则和晶体管相似，反偏的 PN 结将被击穿，这时 I_D 迅速增加，如无限流措施，管子就会被损坏。

P 沟道增强型 MOS 管，它的基本结构是以低掺杂浓度的 N 型硅片为衬底，在其上制作两个高掺杂浓度的 P^+ 区。工作原理与特性曲线与 N 沟道增强型 MOS 管相类似，但在使用时应注意，P 沟道增强型 MOS 的外加电压 u_{DS}、u_{GS} 的极性和漏极电流 i_D 的方向与 N 沟道增强型 MOS 管完全相反。

N 沟道耗尽型 MOS 管的结构与增强型 MOS 管基本相同，只是在制造时已在 SiO_2 绝缘层中掺入大量的正离子，在由它所产生的纵向电场作用下，即使是在 $u_{GS}=0$ 时也建立了 N 型导电沟道（出现反型层）。

2. 场效应晶体管的主要参数

1）低频跨导 g_m 是表示栅极电压对漏极电流的控制作用及场效应晶体管放大作用的参数，单位为西门子，即

$$g_m = \frac{\Delta I_D}{\Delta U_{GS}} \quad 或 \quad g_m = \frac{dI_D}{dU_{GS}} \tag{1-4}$$

g_m 也就是转移特性曲线的斜率，它是表征场效应晶体管放大能力的一个重要参数。

2）开启电压 $U_{GS(th)}$ 或夹断电压 $U_{GS(off)}$ 指漏 - 源电压为某一定值，开始出现微小漏极电流所需的栅 - 源极间电压之值。对于增强型场效应晶体管称为开启电压，对于耗尽型场效应晶体管称为夹断电压。

3）输入电阻 R_{GS} 指在一定栅压 U_{GS} 下，栅 - 源之间的直流电阻。由于场效应晶体管几乎不存在栅流。所以这个电阻很大，甚至超过 $10^{10}\Omega$。

4）最大漏极电流 I_{DM} 指场效应晶体管工作时允许的最大电流值。

5）耗散功率 P_{DM} 指管子工作时，通过管子的电流 I_D 与电压 U_{DS} 的乘积，其值受管子最高工作温度限制。

6）漏极击穿电压 $u_{DS(BR)}$ 和栅极击穿电压 $U_{GS(BR)}$ 指漏－源和栅－源极间能承受的最大电压。管子工作时应按相应规定的值使用。

3. 场效应晶体管的特点

将场效应晶体管和晶体管做比较，可发现以下特点：

1）场效应晶体管是电压控制器件，对前级信号源没有多大分流作用，故对信号源的负荷很轻。晶体管则不然，它是电流控制器件，用于信号源有足够电流输出的场合。

2）场效应晶体管的转移特性受环境温度的影响较小，要是 U_{GS} 选得合适，I_D 受温度的影响可以极小，而晶体管的特性受温度的影响则较大。

3）有些场效应晶体管的漏、源极可以互换使用，灵活性比晶体管强。

4）场效应晶体管可以在很低的电压和电流条件下工作，比较经济。

5）场效应晶体管的内部噪声比晶体管小，可用于高灵敏的接收装置中。

随着电子技术的发展，在生产岗位上除了需要大量的通用仪表外，还需要各种特殊仪表。万用表、示波器、信号发生器是最为常见的仪表，也是大多数生产企业包括研发部门以及科研、教学、维修等部门不可缺少的仪表。

任 务 实 施

1. 设备与元器件

本任务用到的设备与元器件包括指针式万用表、数字式万用表，3DG6、3DD03、3AX31、3AG1、3DG56、9013、9015、2SC3089 和 2SD1426 等不同规格晶体管。

2. 任务实施过程

（1）识读晶体管的型号及常见晶体管的引脚分布规律　图 1-27 所示为常见晶体管的引脚分布。

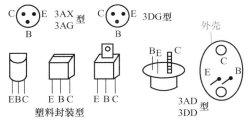

图 1-27　常见晶体管的引脚分布

根据晶体管上面标注的型号、封装外形，通过目测识别常见类型的晶体管引脚位置。借助资料，查找 3DG6A、3AX31、9012、9013 型晶体管的主要参数（如标识内容、封装类型、引脚位置等），并记录如下：

3DG6A　_____

3AX31　_____

9012　_____

9013　_____

（2）指针式万用表的检测

1）基极的判别。如图 1-28 所示，在测量 PNP 或 NPN 型管的极间电阻时，都可看成是反向串联的两个 PN 结，它们的反向电阻都很大，正向电阻都很小。用万用表的电阻档测试时，可以任意假设一个极是基极，将任何一支表笔接在基极，另一支表笔分别接到其余两个引脚上。若阻值都很大或都很小，然后将表笔对调，把另外一支表笔接到假设基极上，再用原先接在假设基极上的那支表笔分别去接触其余两个引脚。若测量阻值都很小或都很大，则假设的基极是正确的。如果测得的阻值是一大一小，则需要换一个引脚当作"基极"去测试，直到符合上面的结果为止。

2）集电极和发射极的判别。确定基极后，假设余下引脚之一为集电极（C），另一为发射极（E）。用手指分别捏住假设的 C 极与 B 极的同时，将万用表两表笔分别与 C、E 接触。若被测管为 NPN 型，则用黑表笔接触假设的 C 极、用红表笔接假设的 E 极（PNP 型管相反），观察指针偏转角度；然后再设另一引脚为 C 极，重复以上过程，比较两次测量指针的偏转角度，指针偏转大的一次表明 I_C 大，管子处于放大状态，相应假设的 C、E 极正确，如图 1-29 所示。

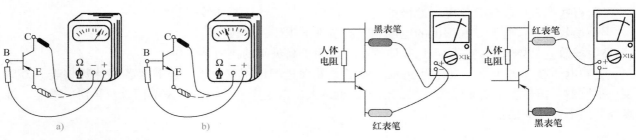

图 1-28　基极的判别　　　　　　　　　　　　　图 1-29　集电极的判别

（3）数字式万用表的检测

1）判别晶体管的基极。将档位调至"二极管和蜂鸣通断"档，先将一表笔接在某一认定的引脚上，另外一表笔则先后接到其余两个引脚上，如果这样测得两次均导通或均不导通，然后对换两表笔再测，两次均不导通或均导通，则可以确定该认定的引脚就是晶体管的基极。

若用红表笔（插入标有"+"号的插孔）接在基极，黑表笔（插入标有"-"号的插孔）分别接在另外两极均导通，则说明该晶体管是 NPN 型；反之，则为 PNP 型。

用上述方法既判定了晶体管的基极，又判别了晶体管的类型。

【注意】数字式万用表的红表笔接万用表内部正电源。

2）判别晶体管发射极和集电极。将数字式万用表置于 h_{FE} 档，NPN 型晶体管使用 NPN 插孔（PNP 型晶体管使用 PNP 插孔），把基极（B）插入 B 孔，剩余两个引脚分别插入 C 孔和 E 孔中。若测出的 h_{FE} 值为几十到几百，说明管子属于正常接法，放大能力强，此时 C 孔插的是集电极（C），E 孔插的是发射极（E）；若测出的 h_{FE} 值只有几或十几，则表明被测晶体管的集电极（C）与发射极（E）插反了，这时 C 孔插的是发射极（E），E 孔插的是集电极（C）。为了使测试结果更可靠，可将基极（B）固定插在 B 孔，把集电极（C）与发射极（E）调换，重复测试两次，以显示值大的一次为准，C 孔插的引脚即是集电极（C），E 孔插的引脚则是发射极（E）。同时，也得到了该晶体管的电流放大倍数（数值大的那次）。

3）判断晶体管的性能情况。由教师准备不同管型、不同封装的晶体管若干，其中有一部分是性能不正常的晶体管（如短路、断路或者性能变坏），由学生运用指针式万用表测量极间阻值，并将测试结果和判断结果填入表 1-7 中。

表 1-7　晶体管的识别与检测

1.5	B、E 极间阻值		B、C 极间阻值		C、E 极间阻值		判断晶体管的管型、材料及好坏
	正向	反向	正向	反向	正向	反向	
3DG6A							
3AX31							
9012							
9013							

（4）晶体管各极电流关系的验证　按图1-30所示连接电路，图中可调电阻RP为680kΩ，R_C为2kΩ，调节RP，使I_B分别为20μA、40μA、60μA。对应测量I_C、I_E的值，填入表1-8中，验证晶体管的电流关系，并将表中数据进行比较、分析、讨论，各小组做记录。

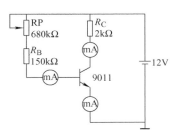

图1-30　晶体管电流测量图

表1-8　晶体管各极电流测量表

I_B/μA	I_C/mA	I_E/mA
20		
40		
60		

由以上数据得出：I_E、I_C、I_B的关系为_____；晶体管β值为_____

（5）收获与总结　通过本实训任务，你掌握了哪些技能？学会了哪些知识？在实训过程中遇到了什么问题？是怎么处理的？请填写在表1-9中。

表1-9　收获与总结

序号	掌握的技能	学会的知识	出现的问题	处理方法
1				
2				
3				

心得体会：

创新方案

你有更好的思路和做法吗？请给大家分享一下吧。

（1）_____

（2）_____

（3）_____

任务考核

根据表 1-10 所列考核内容和考核标准对本次任务的完成情况开展自我评价与小组评价，将评价结果填入表中。

表 1-10　任务综合评价

任务名称		姓名		组号	
考核内容	考核标准	评分标准		自评得分	组间互评得分
职业素养（20分）	·工具摆放、着装等符合规范（2分） ·操作工位卫生良好，保持整洁（2分） ·严格遵守操作规程，不浪费原材料（4分） ·无元器件损坏（6分） ·无用电事故、无仪器损坏（6分）	·工具摆放不规范，扣1分；着装等不符合规范，扣1分 ·操作工位卫生等不符合要求，扣2分 ·未按操作规程操作，扣2分；浪费原材料，扣2分 ·元器件损坏，每个扣1分，扣完为止 ·因用电事故或操作不当而造成仪器损坏，扣6分 ·人为故意造成用电事故、损坏元器件、损坏仪器或其他事故，本次任务计0分			
元器件识别与检测（60分）	·正确识别晶体管和辨别引脚（10分） ·正确填写表1-7、表1-8数据（40分） ·正确填写晶体管的各参数（10分）	·不会使用仪器，扣2分 ·元器件检测方法错误，每次扣1分 ·数据填写错误，每个扣1分			
团队合作（10分）	主动参与，积极配合小组成员，能完成自己的任务（5分）	·参与完成自己的任务，得5分 ·参与未完成自己的任务，得2分 ·未参与未完成自己的任务，得0分			
	能与他人共同交流和探讨，积极思考，能提出问题，能正确评价自己和他人（5分）	·交流能提出问题，正确评价自己和他人，得5分 ·交流未能正确评价自己和他人，得2分 ·未交流未评价，得0分			
创新能力（10分）	能进行合理的创新（10分）	·有合理创新方案或方法，得10分 ·在教师的帮助下有创新方案或方法，得6分 ·无创新方案或方法，得0分			
最终成绩		教师评分			

思考与提升

1. 根据表 1-7 的测试结果可以得出，晶体管的基极电流_____（远大于 / 约等于 / 远小于）集电极和发射极电流，集电极电流_____（远大于 / 约等于 / 远小于）发射极电流。三个电流之间的关系符合_____（基尔霍夫电流定律 / 基尔霍夫电压定律）。

2. 分析图 1-30 所示测试电路以及表 1-8 的测试结果可以看出，要使晶体管能起正常的放大作用，发射结必须加_____（正向 / 反向）偏置，集电结必须加_____（正向 / 反向）偏置。

3. 用万用表的 $R \times 100$、$R \times 1k$ 档测晶体管的正向 PN 结电阻时，为什么测得阻值不同？

任务小结

1. 晶体管的电流控制关系体现在基极电流对集电极电流的控制作用，即基极电流变化，集电极电流立即随之发生变化，但是，集电极电流对基极电流没有控制作用，即不能通过改变集电极电流来达到改变基极电流的目的。

2. 在实际应用中，除了上面的测量方法外，万用表中常常还带有专门用于判断晶体管引脚极性的插孔，将晶体管插入专用孔内即可判断引脚极性。请查阅相关资料，说明该插孔的使用方法，并实际应用验证。

3. 硅管和锗管的判别。目前市场上锗管大多为 PNP 型，硅管多为 NPN 型。用万用表 $R \times 1k$ 档测量晶体管发射结的正反向电阻大小（对 NPN 型管，黑表笔接基极，红表笔接发射极；对 PNP 型管，则黑、红表笔对调）。若测得阻值为 $3 \sim 10k\Omega$，说明是硅管；若测得阻值为 $500 \sim 1000k\Omega$，则说明是锗管。

4. 晶体管好坏的检测。用万用表的电阻档（$R \times 100$ 或 $R \times 1k$）测量晶体管两个 PN 结的正、反向电阻的大小，根据测量结果，判断晶体管的好坏。

5. 判断晶体管引脚时，不要让被测的发射极与集电极直接相碰。

思考与练习

1-1 填空题

1. 半导体中有_____和_____两种载流子参与导电。

2. PN 结具有_____导电性，_____偏置时导通，_____偏置时截止。温度升高时，二极管的反向饱和电流将_____，正向压降将_____。

3. 二极管的主要特性是具有_____性。硅二极管的死区电压约为_____V，锗二极管的死区电压约为_____V，硅二极管导通时的正向管压降约为_____V，锗二极管导通时的正向管压降约为_____V。

4. 用指针式万用表检测二极管极性时，需选电阻档的_____档位，检测中若指针偏转较大，可判断与红表笔相接触的电极是二极管的_____极；与黑表笔相接触的电极是二极管的_____极。检测二极管好坏时，若两表笔位置调换前后万用表指针偏转都很大，说明二极管已经被_____；若两表笔位置调换前后万用表指针偏转都很小，说明该二极管已经_____。

5. 发光二极管是一种半导体显示器件，它能将_____能转变为_____能。它工作于_____状态。

6. 双极型晶体管内部有_____区、_____区和_____区，有_____结和_____结及向外引出的_____极、_____极和_____极三个铝电极。

7. 稳压二极管正常工作应在_____区；发光二极管正常工作应在_____区；光电二极管正常工作应在_____区。

1-2 单项选择题

1. 单极型半导体器件是（　　　）。

A. 二极管　　　　　　　B. 双极型晶体管　　　　C. 场效应晶体管　　　　D. 稳压管

2. P 型半导体是在本征半导体中加入微量的（　　　）元素构成的。

A. 三价　　　　　　　　B. 四价　　　　　　　　C. 五价　　　　　　　　D. 六价

3. 在掺杂半导体中，多子的深度主要取决于（　　　）。

A. 温度   B. 掺杂浓度   C. 掺杂工艺   D. 晶体缺陷

4. 稳压二极管正常工作区是（   ）。

A. 死区   B. 正向导通区   C. 反向截止区   D. 反向击穿区

5. PN 结两端加正向电压时，其正向电流是（   ）而成。

A. 多子扩散   B. 少子扩散   C. 多子漂移   D. 少子漂移

6. 测得 NPN 型晶体管上各电极对地电位分别为 $V_E=2.1V$，$V_B=2.8V$，$V_C=4.4V$，说明此晶体管处在（   ）。

A. 放大区   B. 饱和区   C. 截止区   D. 反向击穿区

7. 绝缘栅型场效应晶体管的输入电流（   ）。

A. 较大   B. 较小   C. 为零   D. 无法判断

8. 当 PN 结未加外部电压时，扩散电流（   ）漂移电流。

A. 大于   B. 小于   C. 等于   D. 负于

9. 晶体管超过（   ）所示极限参数时，必定被损坏。

A. 集电极最大允许电流 I_{CM} B. 集 - 射极间反向击穿电压 $U_{(BR)CEO}$

C. 集电极最大允许耗散功率 P_{CM} D. 管子的电流放大倍数

10. 若使晶体管具有电流放大能力，必须满足的外部条件是（   ）。

A. 发射结正偏、集电结正偏   B. 发射结反偏、集电结反偏

C. 发射结正偏、集电结反偏   D. 发射结反偏、集电结正偏

1-3   判断题

1. P 型半导体中定域的杂质离子呈负电，说明 P 型半导体带负电。   （   ）

2. 双极型晶体管和场效应晶体管一样，都是两种载流子同时参与导电。   （   ）

3. 用万用表测试晶体管好坏和极性时，应选择电阻档 $R \times 10k$ 档位。   （   ）

4. 温度升高时，本征半导体内自由电子和空穴数目都增多，且增量相等。   （   ）

5. 无论任何情况下，晶体管都具有电流放大能力。   （   ）

6. 只要在二极管两端加正向电压，二极管就一定会导通。   （   ）

7. 二极管只要工作在反向击穿区，一定会被击穿而造成永久损坏。   （   ）

8. 在 N 型半导体中如果掺入足够量的三价元素，可改变成 P 型半导体。   （   ）

9. 双极型晶体管的集电极和发射极类型相同，因此可以互换使用。   （   ）

10. MOS 管形成导电沟道时，总是有两种载流子同时参与导电。   （   ）

1-4   什么叫本征半导体？什么叫杂质半导体？各有何特性？

1-5   P 型半导体和 N 型半导体的多子各是什么？

1-6   N 型半导体中的多子是带负电的自由电子载流子，P 型半导体中的多子是带正电的空穴载流子，因此说 N 型半导体带负电，P 型半导体带正电。上述说法对吗？为什么？

1-7   怎样将 PN 结正向偏置、反向偏置？

1-8   PN 结正向偏置时为什么会产生较大的正向电流？PN 结反向偏置时为什么产生的反向电流却很小？

1-9   反向电流为什么会随环境温度而变化？

1-10   有人在测量一个二极管的反向电阻时，为了使测试笔和管子接触良好，用两只手捏紧去测量，但发现管子反向电阻值较小，认为不合格，然而用在设备上却工作正常。这是为什么？

1-11   二极管的伏安特性曲线上能反映出二极管的哪些参数？在曲线上标出这些参数。

1-12   有 A、B、C 三个二极管，测得它们的反向电流分别是 2μA、0.5μA 和 5μA，在外加相同的电压时，电流分别是 10mA、30mA 和 15mA。比较而言，哪个二极管的性能最好？

1-13   某人用测电位的方法测出晶体管三个引脚的对地电位分别为引脚① 12V、引脚② 3V、引脚③ 3.7V，试判断管子的类型以及各引脚所属电极。

1-14　半导体二极管由一个 PN 结构成，晶体管则由两个 PN 结构成，那么，能否将两个二极管背靠背地连接在一起构成一个晶体管？如不能，说说为什么？

1-15　由理想二极管组成的电路如图 1-31 所示，试求图中电压 U 及电流 I 的大小。

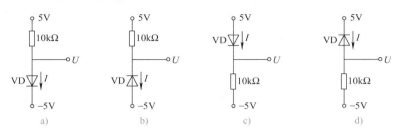

图 1-31　题 1-15 图

1-16　叙述晶体管各区、结、极的名称，分别画出 PNP 型和 NPN 型晶体管的图形符号。

1-17　晶体管电流的放大条件是什么？放大的实质是什么？

1-18　晶体管有哪几种工作状态？处于每一种状态的条件是什么？特征是什么？

1-19　已知 NPN 型晶体管的输入、输出特性曲线如图 1-32 所示。

（1）$U_{BE}=0.7V$，$U_{CE}=6V$，$I_C=?$

（2）$I_B=50\mu A$，$U_{CE}=5V$，$I_C=?$

（3）$U_{CE}=6V$，U_{BE} 从 0.7V 变到 0.75V 时，求 I_B 和 I_C 的变化量，此时的 $\beta=?$

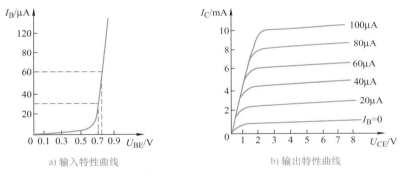

图 1-32　题 1-19 图

1-20　晶体管的各极电位如图 1-33 所示，试判断各管的工作状态（截止、放大或饱和）。

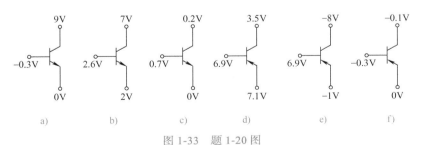

图 1-33　题 1-20 图

项目 2　制作与调试放大电路

项目剖析

本项目学习放大器的基础知识，典型的分立元器件放大电路的基本原理和分析方法，以及指标参数等，为了加强学生与实际生活的联系，运用典型放大电路构成了一些实用的电子电路。

职业岗位目标

1.知识目标

（1）共发射极放大电路的基本原理、静态工作点稳定的放大电路分压式偏置电路的基本原理。

（2）共集电极放大电路和共基极放大电路的基本原理、差分放大电路的作用及原理。

（3）反馈的概念及应用、功率放大电路的种类及作用。

2.技能目标

（1）能够制作电子助听器电路并调试。

（2）能够制作倒车报警电路并调试。

（3）能够制作电子门铃电路并调试。

（4）能够制作音频功率放大电路并调试。

3.素养目标

（1）在信息收集阶段，了解电子产业的基本方针、政策和法规，具备信息获取、处理的方法技能，自主学习电子电路的基本理论和实验技能，具备分析和设计电子设备的基本能力。

（2）在任务计划阶段，要总体考虑电路布局与连接规范，使电路美观实用。

（3）在任务实施阶段，具备健康管理能力，即注意安全用电和劳动保护，同时注重 6S 的养成和环境保护。

（4）具备严谨的思维习惯和规范的操作安全意识。

（5）具有分析问题和解决问题的能力，小组成员间要做好分工协作，注重沟通和能力训练。

任务 2.1　制作与调试电子助听器

任务导入

助听器是一个小型扬声器，把原本听不到的声音加以扩大，再利用听障者的残余听力，使声音能送到大脑听觉中枢，从而获取到声音，为听障者带来很大便利。

任务分析

电子助听器电路是要将人说话的微弱声音信号转换成随声音强弱变化的电信号，再送入放大电路进行放大，最后通过扬声器，使人在耳机中听到放大后的洪亮声音。

知识链接

2.1.1　放大电路的组成及三种组态

人们在生产和技术工作中，需要通过放大器对微弱的信号加以放大，以便进行有效的观察、测量和利用。基本放大电路是构成多种多级放大器的单元电路。放大器的作用就是把微弱的电信号不失真地加以放大。所谓失真就是输入信号经放大器输出后，发生了波形畸变。

为了达到一定的输出功率，放大器往往由多级放大电路组成。放大器一般可分为电压放大器和功率放大器两部分。图 2-1 所示为放大电路的组成框图，图中传感器把物理量的变化转换成电压的变化，如送话器把声波转换为交流电压，热敏电阻把温度的变化转换为电压的变化；电压放大器的作用主要是把信号电压加以放大，功率放大器除了要求输出有一定的电压外，还要求输出较大的电流；执行元器件把电信号转换成其他形式的能量，执行所需工作任务；直流电源提供放大器工作所需的电功率、工作电压及工作电流。

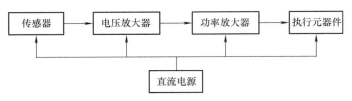

图 2-1　放大电路的组成框图

晶体管基本放大电路按结构，可分为三种组态，有共发射极、共基极和共集电极三种，如图 2-2 所示。图 2-2a 中，输入信号加在发射极与基极之间，输出信号取自集电极与发射极之间，信号的公共端是发射极，称为共发射极放大电路（简称共射）；图 2-2b 中，输入信号加在发射极与基极之间，输出信号取自基极与集电极之间，信号的公共端是基极，称为共基极放大电路（简称共基）；图 2-2c 中，输入信号加在基极与集电极之间，输出信号取自发射极与集电极之间，信号的公共端是集电极，称为共集电极放大电路（简称共集）。

27

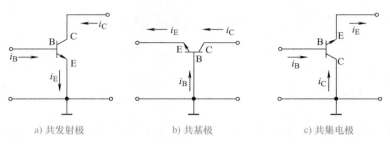

a) 共发射极   b) 共基极   c) 共集电极

图 2-2　基本放大电路的三种组态

放大电路的目的是让输入的微小信号通过放大电路后，输出信号幅度显著增强。

2.1.2　共发射极放大电路

1. 共发射极放大电路的组成及工作原理

（1）电路的组成　在三种组态放大电路中，共发射极放大电路应用更为普遍。下面就以 NPN 型晶体管构成的共发射极放大电路为例来进行探讨。

图 2-3 所示是共发射极放大电路原理图。

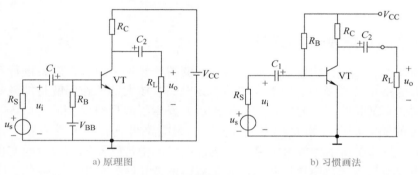

a) 原理图   b) 习惯画法

图 2-3　共发射极放大电路

在图 2-3 所示电路中，各元器件的作用概括如下。

1）电阻 R_B 串接在 V_{CC} 和基极之间，称为基极电阻，因为它的大小与基极电流、集电极电流和晶体管的电压偏置有密切的关系，所以又称偏置电阻。

2）R_C 串接在 V_{CC} 和集电极之间，称为集电极电阻，当放大了的电流经过 R_C 时，R_C 上就产生了电压降，从而把放大了的电流转化为放大了的电压输出，所以又称转换电阻或集电极负载电阻。

3）电容 C_1 和 C_2 具有通交流、隔直流的作用。交流信号在放大器之间的传递称为耦合，C_1 和 C_2 正是起到这种作用，所以称为耦合电容。因为 C_1 在输入端，因此称为输入耦合电容，C_2 在输出端，因此称为输出耦合电容；因为有 C_1 和 C_2，使放大电路的直流电压和直流电流不会受到信号源和输出负载的影响，综上所述，C_1 和 C_2 统称为隔直流耦合电容。

4）晶体管 VT 具有放大作用，是放大电路的核心，能够将基极的小电流放大为集电极的大电流。不同的晶体管有不同的放大性能，产生放大作用的外部条件是发射结为正向电压偏置，集电结为反向电压偏置。

5）电源 V_{CC} 为放大电路提供工作时所需要的能量。

（2）放大电路中电流电压符号的使用规定

1）用大写字母带大写下标表示直流分量，如 U_{CE}、I_C。

2）用小写字母带小写下标表示交流分量，如 u_{ce}、i_c。

3）用小写字母带大写下标表示交直流分量的叠加，如 u_{CE}、i_C。

（3）工作原理　在图 2-3 中，只要选取的元器件 R_B、R_C 适当，直流电

基本共发射极放大电路工作原理

源 V_{CC} 适当，晶体管就可以工作在放大状态。因此，在输入回路中

$$\Delta i_B = \frac{\Delta u_{BE}}{r_{be}} \tag{2-1}$$

式中，r_{be} 是晶体管的基极等效动态电阻，设未加输入信号，则 $i_B=I_B$；当加上交流信号后，由于电容 C_1 的隔直流作用，原来的 I_B 保持不变，此时又叠加了交流部分，有

$$i_B = I_B + i_b \tag{2-2}$$

电路中输入电压 u_i 和输入电流 i_B 如图 2-4 所示。在输出回路中，由于晶体管工作在放大状态，所以

$$i_C \approx \beta i_B = \beta I_B + \beta i_b \tag{2-3}$$

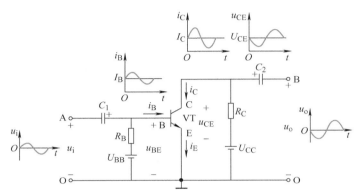

图 2-4　共发射极放大电路电压、电流波形

在输出回路中，根据基尔霍夫电压定律（KVL），可得

$$U_{CC} = u_{CE} + i_C R_C \tag{2-4}$$

电路的输出电压

$$u_o = u_{ce} = -\beta i_b R_C = -i_c R_C \tag{2-5}$$

其中，电路的输出电压和输出电流的波形如图 2-4 所示。比较输入电压和输出电压，会发现输出与输入信号相反，即该电路具有反相的作用。

结合上面工作过程的分析，可得放大电路的工作原理：u_i 经过耦合电容 C_1 与 u_{BE} 叠加后加到晶体管的输入端，使基极电流 i_B 发生变化，i_B 又使集电极电流 i_C 发生变化；i_C 在 R_C 上产生的电压降使晶体管输出端电压发生变化，最后经过电容 C_2 输出交流电压 u_o。共发射极放大电路的放大原理实质是用微弱的信号电压 u_i 通过晶体管的控制作用，去控制晶体管集电极的电流 i_C，i_C 又在 R_C 的作用下转换成电压 u_o 输出。

2. 直流通路和静态工作点

（1）静态工作点　静态是指无交流信号输入时电路的工作状态，即电路在直流电源作用下的工作状态。静态工作点通常可用基极电流 I_B、集电极电流 I_C、集电极 – 发射极电压 U_{CE} 三个参数来表征，这三个参数在晶体管的输入特性曲线（I_B、U_{BE}）、输出特性曲线（I_C、U_{CE}）上各确定了一个点，称之为静态工作点，用 Q 表示，如图 2-5 所示。共发射极放大电路各静态参数如图 2-6 所示。

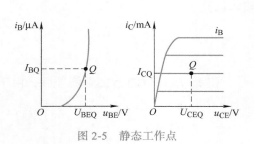

图 2-5 静态工作点

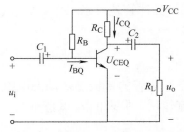

图 2-6 共发射极放大电路各静态参数

（2）设置静态工作点的意义

1）I_{BQ} 对电路的影响。当 I_{BQ} 太小时，交流信号电压 u_i 的负半波的全部或部分会使晶体管的发射结进入"死区"，电路处于截止状态，失去对负半波的正常放大作用，如图 2-7a 所示。相反，I_{BQ} 太大，除了增加功率损耗外，更严重的是，当输入信号正半波到来时，晶体管会进入饱和区，i_B 对 i_C 失去控制作用，同样不能正常放大，如图 2-7b 所示。I_{BQ} 的值对放大电路工作好坏起着十分重要的作用。

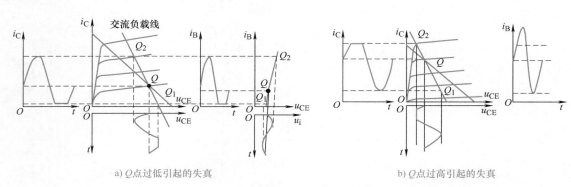

a) Q点过低引起的失真   b) Q点过高引起的失真

图 2-7 静态工作点分析

2）U_{CEQ} 和 I_{CQ} 对放大电路的影响。理想的 Q 点应该处在放大区，并且当外加信号 u_i 到来时，i_B 与 U_{BE} 呈线性变化，在 i_B 的变化范围内，输出特性曲线间隔均匀，当然也不能脱离安全工作区。

（3）静态工作点的求解 首先需要画出共发射极放大电路的直流通路，如图 2-8 所示。

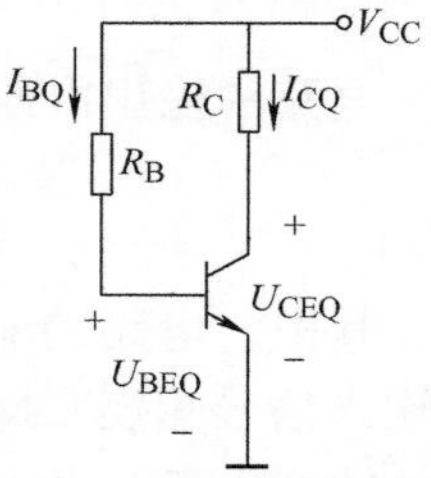

由图 2-8 可得
$$I_{BQ} = \frac{V_{CC} - U_{BEQ}}{R_B} \qquad (2\text{-}6)$$

由于 U_{BEQ} 近似等于二极管的正向导通电压值，即对应小功率晶体管有

图 2-8 直流通路

$$U_{BEQ} \approx \begin{cases} 0.3V\ （锗管） \\ 0.7V\ （硅管） \end{cases}$$

$$I_{CQ} = \beta I_{BQ} \qquad (2\text{-}7)$$

$$U_{CEQ} = V_{CC} - I_{CQ}R_C \qquad (2\text{-}8)$$

基本共发射极放大电路静态分析

【例 2-1】电路如图 2-9 所示，试求其静态工作点。

解：
$$I_{BQ} = \frac{V_{CC} - U_{BEQ}}{R_B} \approx \frac{12V - 0.7V}{300k\Omega} = 0.04mA$$

$$I_{CQ} = \beta I_{BQ} = 80 \times 0.04\text{mA} = 3.2\text{mA}$$

$$U_{CEQ} = V_{CC} - I_{CQ}R_C = 12\text{V} - 3.2\text{mA} \times 2\text{k}\Omega = 5.6\text{V}$$

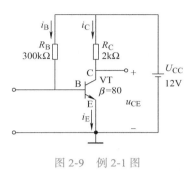

图2-9 例2-1图

【注意】上述方式求得的静态工作点是假定工作在放大状态的，如果按此方法求出U_{CEQ}太小，说明集电结不能够反向偏置，晶体管此时接近饱和或已经是饱和状态，这时晶体管无放大作用，只能是$I_{CQ} \approx V_{CC}/R_C$，$U_{CEQ} \approx 0$。

影响Q点的因素有很多，如电源电压波动、元器件的老化等，不过最主要的影响因素则是环境温度的变化。晶体管是一个对温度非常敏感的器件，随着温度的变化，晶体管参数会受到影响，如温度每升高$10℃$，反向饱和电流I_{CEO}将增加1倍；温度每升高$1℃$，β值增大$0.5\% \sim 1\%$，U_{BE}下降$2 \sim 2.5\text{mV}$。这些都将使I_C值发生变化，导致静态工作点变动。

固定偏置的放大电路存在很大的不足，它无法有效地抑制温度对静态工作点的影响，将造成放大电路中的各参量随之发生变化，如温度$T \uparrow \rightarrow Q \uparrow \rightarrow I_C \uparrow \rightarrow U_{CE} \downarrow$（$\uparrow$表示增，$\downarrow$表示减）。

如果$U_C < U_B$，则集电结就会由反偏变为正偏，当两个PN结均正偏时，电路出现"饱和失真"。为了不失真地传输信号，实用中需对固定偏置放大电路进行改造。分压式偏置的共发射极放大电路可通过反馈环节有效地稳定静态工作点。

3. 性能指标的分析

在图2-6所示电路中，由于C_1、C_2的容量都比较大，对交流信号可视为短路，直流电压源V_{CC}对交流信号也可视为短路，由此，便得到图2-10a所示交流通路，然后将晶体管用小信号等效模型代替，得到放大电路的小信号等效电路，如图2-10b所示，由图可得放大电路的性能指标关系式。

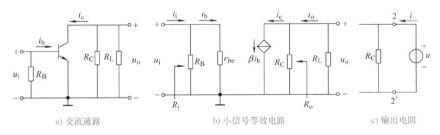

a) 交流通路　　　　　　b) 小信号等效电路　　　　　　c) 输出电阻

图2-10 共发射极放大电路的小信号等效电路分析

（1）晶体管的输入电阻 晶体管的输入电阻指晶体管的B极与E极之间的等效电阻，用r_{be}表示。估算公式为

$$r_{be} = r_{bb}' + (1+\beta)\frac{26\text{mV}}{I_{EQ}(\text{mA})} \quad (2\text{-}9)$$

式中，r_{bb}'为晶体管的基区体电阻，一般可取200Ω。

（2）电压放大倍数

$$u_o = -\beta i_b(R_C // R_L) = -\beta i_b R_L'$$

所以，放大电路的电压放大倍数为

$$A_u = \frac{u_o}{u_i} = \frac{-\beta i_b R_L'}{i_b r_{be}} = \frac{-\beta R_L'}{r_{be}} \quad (2\text{-}10)$$

（3）输入电阻

$$R_{i} = \frac{u_{i}}{i_{i}} = R_{B} // r_{be} \tag{2-11}$$

（4）输出电阻 由图2-10b可见，当$u_{i}=0$时，$i_{b}=0$，则βi_{b}开路，所以，放大电路输出端断开R_{L}，接入信号源电压u，如图2-10c所示，可得$i = \frac{u}{R_{C}}$，因此放大电路的输出电阻等于

$$R_{o} = \frac{u}{i} = R_{C} \tag{2-12}$$

【例2-2】放大电路如图2-11所示，已知$\beta=45$，$r_{bb}' = 300\Omega$，$U_{BEQ}=0.7V$，$R_{B}=500k\Omega$，$R_{C}=6.8k\Omega$，$R_{L}=6.8k\Omega$，$V_{CC}=20V$。试求：（1）静态工作点；（2）电压放大倍数；（3）输入电阻、输出电阻。

解：（1）$I_{BQ} = \dfrac{V_{CC} - U_{BEQ}}{R_{B}} = \dfrac{20V - 0.7V}{500k\Omega} \approx 0.04mA$

$I_{CQ} = \beta I_{BQ} = 45 \times 0.04mA = 1.8mA$

$U_{CEQ} = V_{CC} - I_{CQ}R_{C} = (20 - 1.8 \times 6.8)V = 7.76V$

（2）$r_{be} = r_{bb}' + (1+\beta)\dfrac{26mV}{I_{EQ}(mA)} = \left(300 + 46 \times \dfrac{26}{1.84}\right)\Omega = 950\Omega$

$R_{L}' = R_{C} // R_{L} = 6.8k\Omega // 6.8k\Omega = 3.4k\Omega$

$A_{u} = \dfrac{-\beta R_{L}'}{r_{be}} = \dfrac{-45 \times 3.4 \times 1000}{950} \approx -161$

（3）$R_{i} = R_{B} // r_{be} = (500 // 0.95)k\Omega \approx 948\Omega$

$R_{o} = R_{C} = 6.8k\Omega$

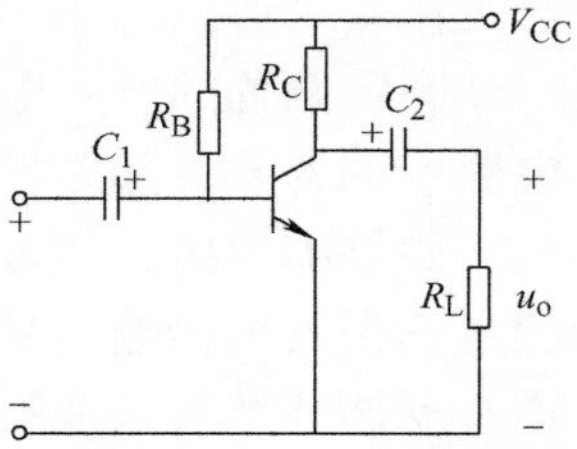

图2-11 例2-2图

4. 稳定静态工作点的放大电路

（1）静态工作点 将图2-12a所示电路中所有电容均断开即得到放大电路的直流通路，如图2-12b所示，晶体管的基极偏置电压由直流电源V_{CC}经过R_{B1}、R_{B2}的分压而获得，所以，图2-12a所示电路又称为"分压偏置式工作点稳定电路"。

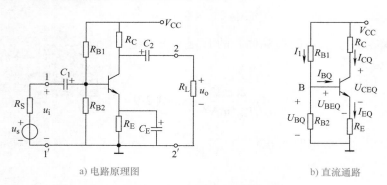

a) 电路原理图　　　　　　　　　　　　b) 直流通路

图2-12 分压偏置式放大电路

分压偏置电路既能提供静态电流，又能稳定静态工作点。图2-12a中，当流过R_{B1}、R_{B2}的直流电流I_{1}远大于基极电流I_{BQ}时，可得到晶体管基极直流电压U_{BQ}为

$$U_{BQ} \approx \frac{R_{B2}}{R_{B1} + R_{B2}} V_{CC} \qquad (2-13)$$

$$I_{EQ} \approx \frac{U_{BQ} - U_{BEQ}}{R_E} \qquad (2-14)$$

$$I_{CQ} \approx I_{EQ} \qquad (2-15)$$

$$I_{BQ} = \frac{I_{CQ}}{\beta} \approx \frac{I_{EQ}}{\beta} \qquad (2-16)$$

$$U_{CEQ} = V_{CC} - I_{CQ}R_C - I_{EQ}R_E = V_{CC} - I_{CQ}(R_C + R_E) \qquad (2-17)$$

分压偏置电路稳定静态工作点的过程如下：假设温度升高，根据晶体管的温度特性可知，I_{CQ}（或 I_{EQ}）随温度升高而增大，则 U_{EQ} 也增大，而 U_{BQ} 几乎不随温度的变化而变化，可认为恒定不变，根据 $U_{BQ} = U_{BEQ} + U_{EQ}$ 可知，U_{BEQ} 减小，可使 I_{BQ}、I_{CQ} 减小，从而使 I_{EQ}、I_{CQ} 基本稳定。这个自动调节过程可表示如下：

$$T \uparrow \rightarrow I_{CQ}(I_{EQ}) \uparrow \rightarrow U_{EQ} \uparrow \rightarrow U_{BEQ} \downarrow$$
$$\downarrow$$
$$I_{CQ}(I_{EQ}) \downarrow \longleftarrow I_{BQ} \downarrow$$

反之亦然。由上述分析可知分压偏置电路稳定工作点的实质是：先稳定 U_{BQ}，然后通过 R_E 把输出量（I_{CQ}）的变化引回到输入端，使输出量变化减小。

（2）性能指标分析　将图 2-12a 中的电容和直流电压源均短路，得到如图 2-13a 所示的交流通路，然后将晶体管用小信号等效模型代替，便得到放大电路的小信号等效电路，如图 2-13b 所示，由图可求得放大电路的性能指标关系。

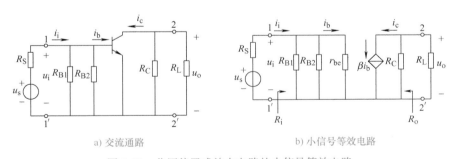

a) 交流通路　　　　　　　　　　　　　b) 小信号等效电路

图 2-13　分压偏置式放大电路的小信号等效电路

1）电压放大倍数

$$A_u = \frac{u_o}{u_i} = \frac{-\beta i_b (R_L /\!/ R_C)}{i_b r_{be}} = \frac{-\beta (R_L /\!/ R_C)}{r_{be}} \qquad (2-18)$$

2）输入电阻

$$R_i = \frac{u_i}{i_i} = R_{B1} /\!/ R_{B2} /\!/ r_{be} \qquad (2-19)$$

3）输出电阻

$$R_{\text{o}} = \frac{u}{i} = R_{\text{C}} \tag{2-20}$$

5. 共发射极放大电路的特点及应用

共发射极放大电路的输出电压 u_{o} 与输入电压 u_{i} 反相，输入电阻 R_{i} 和输出电阻 R_{o} 大小适中。由于共发射极放大电路的电压、电流、功率增益都比较大，因而应用广泛，适用于一般放大或多级放大电路的中间级。

2.1.3 共集电极放大电路

1. 共集电极放大电路

共集电极放大电路的原理图如图 2-14a 所示。

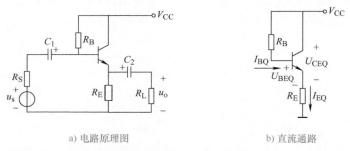

a) 电路原理图　　　　　　　b) 直流通路

图 2-14　共集电极放大电路

（1）静态工作点　共集电极放大电路的直流通路如图 2-14b 所示，根据图中输入回路可得

$$I_{\text{BQ}} = \frac{V_{\text{CC}} - U_{\text{BEQ}}}{R_{\text{B}} + (1+\beta)R_{\text{E}}} \tag{2-21}$$

$$I_{\text{CQ}} = \beta I_{\text{BQ}} \tag{2-22}$$

$$U_{\text{CEQ}} = V_{\text{CC}} - I_{\text{EQ}}R_{\text{E}} \tag{2-23}$$

（2）性能指标分析　根据图 2-15a 所示的交流通路可画出小信号等效电路如图 2-15b 所示。

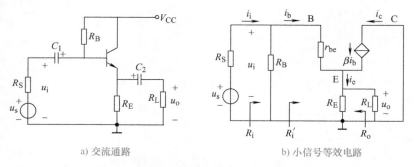

a) 交流通路　　　　　　　　b) 小信号等效电路

图 2-15　共集电极放大电路小信号等效电路

1）电压放大倍数

$$A_u = \frac{u_{\text{o}}}{u_{\text{i}}} = \frac{(1+\beta)R'_{\text{L}}}{r_{\text{be}} + (1+\beta)R'_{\text{L}}} \tag{2-24}$$

一般 $(1+\beta)R'_L \gg r_{be}$，因此共集电极放大电路又称为"射极跟随器"。

2）输入电阻

$$R_i = \frac{u_i}{i_i} = R_B // \left[r_{be} + (1+\beta)R'_L \right] \qquad （2-25）$$

3）输出电阻

$$R_o = \frac{u}{i} = R_E // \left(\frac{r_{be} + R_S // R_B}{1+\beta} \right) \qquad （2-26）$$

共集电极放大电路是同相放大器，放大倍数小于 1 而近似为 1，无电压放大作用，但具有一定的电流放大和功率放大作用，具有输入电阻大、输出电阻小等特点。

2. 共基极放大电路

共基极放大电路如图 2-16a 所示。

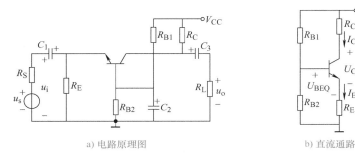

a) 电路原理图　　　　　　　b) 直流通路

图 2-16　共基极放大电路

（1）静态工作点

$$U_{BQ} \approx \frac{R_{B2}}{R_{B1} + R_{B2}} V_{CC} \qquad （2-27）$$

$$I_{BQ} \approx \frac{U_{BQ} - U_{BEQ}}{R_E} \qquad （2-28）$$

$$I_{CQ} \approx I_{EQ}, \quad I_{BQ} \approx \frac{I_{EQ}}{\beta} \qquad （2-29）$$

$$U_{CEQ} = V_{CC} - I_{CQ}R_C - I_{EQ}R_E \approx V_{CC} - I_{CQ}(R_C + R_E) \qquad （2-30）$$

（2）性能指标分析　图 2-17a 所示为交流通路，图 2-17b 所示为小信号等效电路。

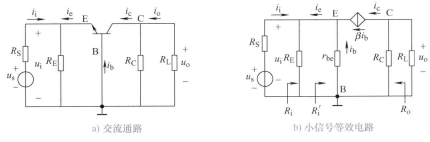

a) 交流通路　　　　　　　　b) 小信号等效电路

图 2-17　共基极放大电路小信号等效电路

1）电压放大倍数

$$A_u = \frac{u_o}{u_i} = \frac{-i_c(R_C // R_L)}{-i_b r_{be}} = \frac{\beta i_b R'_L}{i_b r_{be}} = \frac{\beta R'_L}{r_{be}} \qquad (2\text{-}31)$$

2）输入电阻

$$R_i = \frac{u_i}{i_i} = R_E // R'_L = R_E // (\frac{r_{be}}{1+\beta}) \qquad (2\text{-}32)$$

3）输出电阻

$$R_o = \frac{u}{i} = R_C \qquad (2\text{-}33)$$

由以上分析可知，共基极放大电路是同相放大器，其放大能力与共发射极放大电路相同，都具有较大的电压放大倍数，但是该电路的输入电阻小，会使输入信号严重衰减，不适合用作电压放大器。但是它的频带很宽，常用于高频电路。

 **任 务 实 施**

1. 设备与元器件

本任务用到的设备包括直流稳压电源、数字式万用表等。

组装电路所用元器件见表 2-1。

表 2-1　元器件明细表

序号	元器件	名称	型号规格	数量
1	$VT_1 \sim VT_4$	晶体管	9015	4
2	R_1	电阻	2.2kΩ	1
3	R_2	电阻	51kΩ	1
4	R_3、R_5、R_8	电阻	1.5kΩ	3
5	R_4	电阻	47kΩ	1
6	R_6	电阻	270kΩ	1
7	R_7	电阻	33kΩ	1
8	R_9	电阻	100kΩ	1
9	R_{10}	电阻	39kΩ	1
10	C_1	电解电容	1μF/16V	1
11	C_2	电解电容	100μF/16V	1
12	C_3、C_4、C_5	电解电容	10μF/16V	3
13	BE	耳机	8Ω	1
14	其他		BM 驻极体送话器 / 电池 1.5V/ 屏蔽线 / 印制电路板	

2. 电路分析

图 2-18 为电子助听器电路原理图。

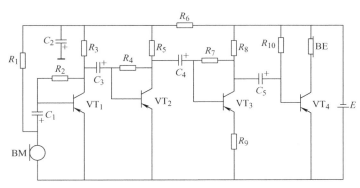

图 2-18　电子助听器电路原理图

在电路中，$VT_1 \sim VT_4$ 组成四级放大电路，各级之间用阻容耦合方式连接。前三级为集电极－基极偏置放大电路，能够稳定电路的静态工作点，第四级为固定偏置放大电路。电路中的送话器 BM 能够把人说话的微弱声音信号转换成随声音强弱变化的电信号，再送入电压放大器进行四级连续放大，最后耳机中就能听到放大后的洪亮声音，可起到助听的作用。

3. 任务实施过程

（1）核对元器件　按照表 2-1 所示元器件明细核对元器件。

（2）检测元器件

1）晶体管的检测。参照项目 1 中学到的方法，使用万用表进行检测。

2）电阻阻值的测量。使用万用表，选择适当的档位进行测量。

3）驻极体送话器的检测。将万用表拨到 20kΩ 电阻档，用红表笔接驻极体送话器的输出端引脚、黑表笔接送话器接地引脚，此时，万用表显示一定的读数。然后对送话器吹气，如果万用表的显示值发生变化，变化越大，送话器的灵敏度就越高；若显示值不变或变化很小，则不能使用；若万用表显示值为零，说明送话器内部短路；若显示为无穷大（显示"1"），说明送话器内部开路；如果无反应，则该送话器漏电。如果直接测试送话器引线无电阻，则说明送话器内部可能开路；如果阻值为零，则送话器内部短路。

（3）元器件安装与接线　根据给定的面包板，对元器件进行布局、安装以及接线。

1）发放元器件、面包板与导线等。学生根据电路图，仔细核对。

2）布局。学生根据电路原理图，将元器件在面包板上进行合理布局。

3）连线。各元器件在保证放置合理的情况下，进行连线。

在安装和接线过程中，应注意以下几点：

① 判别晶体管 9015 C、B、E 三个极，然后再安装到相应位置。

② 在元器件布局时，尽量保证用的导线量少一些，导线的长度适宜，不要过长，以免对电路性能造成影响。

③ 使用面包板，可将最上面一排插孔作为公共电源接 V_{CC} 端，最下面一排插孔作为公共接地端。

（4）调试与检测

1）检查电路。检查元器件及连线安装正确无误后接通电源，并试听检查电路工作是否正常。

2）检测整机电流。用万用表测电源回路中的电流。

3）各级电流检测。将万用表电流档分别串于 VT_4、VT_3、VT_2、VT_1 的集电极，并分别调整对应的偏置电阻 R_{10}、R_7、R_4、R_2 的阻值，使其电流分别为 5mA、0.5mA、0.45mA、0.4mA 左右，由后向前逐级调整。

4）检测晶体管的各极电压。判定其工作状态。

5）记录检测结果。将结果记录在表 2-2 中。

表2-2　电路测量记录

检测点	偏置电阻的阻值	晶体管各极电压		
I_{C4}=5mA 时	R_{10}	VT$_4$：U_{E4}=	U_{B4}=	U_{C4}=
I_{C3}=0.5mA 时	R_7	VT$_3$：U_{E3}=	U_{B3}=	U_{C3}=
I_{C2}=0.45mA 时	R_4	VT$_2$：U_{E2}=	U_{B2}=	U_{C2}=
I_{C1}=0.4mA 时	R_2	VT$_1$：U_{E1}=	U_{B1}=	U_{C1}=
整机电流 /mA				

（5）故障分析　根据表2-3所述故障现象，分析产生故障的原因，采取相应办法进行解决，完成表格中相应内容的填写，若有其他故障现象及分析可在表格下面补充。

表2-3　故障分析汇总及反馈

故障现象	可能原因	解决办法	是否解决
声音小，有噪声			是 否
没有声音			是 否

（6）收获与总结　通过本实训任务，你掌握了哪些技能？学会了哪些知识？在实训过程中遇到了什么问题？是怎么处理的？请填写在表2-4中。

表2-4　收获与总结

序号	掌握的技能	学会的知识	出现的问题	处理方法
1				
2				
3				
心得体会：				

创新方案

你有更好的思路和做法吗？请给大家分享一下吧。

（1）电路装接时按照先低后高的顺序，装接效果更好。

（2）合理改变元器件参数，使助听器效果更好。

（3）_____

任务考核

根据表 2-5 所列考核内容和考核标准对本次任务的完成情况开展自我评价与小组评价，将评价结果填入表中。

表 2-5　任务综合评价

任务名称		姓名		组号	
考核内容	考核标准	评分标准		自评得分	组间互评得分
职业素养（20分）	·工具摆放、着装等符合规范（2分） ·操作工位卫生良好，保持整洁（2分） ·严格遵守操作规程，不浪费原材料（4分） ·无元器件损坏（6分） ·无用电事故、无仪器损坏（6分）	·工具摆放不规范，扣1分；着装等不符合规范，扣1分 ·操作工位卫生等不符合要求，扣2分 ·未按操作规程操作，扣2分；浪费原材料，扣2分 ·元器件损坏，每个扣1分，扣完为止 ·因用电事故或操作不当而造成仪器损坏，扣6分 ·人为故意造成用电事故、损坏元器件、损坏仪器或其他事故，本次任务计0分			
元器件检测（10分）	·能使用仪表正确检测元器件（5分） ·正确填写表2-2数据（5分）	·不会使用仪器，扣2分 ·元器件检测方法错误，每次扣1分 ·数据填写错误，每个扣0.5分			
装配（20分）	·元器件布局合理、美观（10分） ·布线合理、美观，层次分明（10分）	·元器件布局不合理、不美观，扣1～5分 ·布线不合理、不美观，层次不分明，扣1～5分 ·布线有断路，每处扣1分；布线有短路，扣5分			
调试（30分）	能使用仪器仪表检测，能正确填写表2-3，并排除故障，达到预期的效果（30分）	·一次调试成功，数据填写正确，得30分 ·填写数据不正确，每处扣1分 ·在老师的帮助下调试成功，扣5分；调试不成功，得0分			
团队合作（10分）	主动参与，积极配合小组成员，能完成自己的任务（5分）	·参与完成自己的任务，得5分 ·参与未完成自己的任务，得2分 ·未参与未完成自己的任务，得0分			
	能与他人共同交流和探讨，积极思考，能提出问题，能正确评价自己和他人（5分）	·交流能提出问题，正确评价自己和他人，得5分 ·交流未能正确评价自己和他人，得2分 ·未交流未评价，得0分			
创新能力（10分）	能进行合理的创新（10分）	·有合理创新方案或方法，得10分 ·在教师的帮助下有创新方案或方法，得6分 ·无创新方案或方法，得0分			
最终成绩		教师评分			

思考与提升

1.断开 R_6，对着送话器喊话，观察现象，并用万用表检测各级直流供电电压，分析原因。

2.短接 VT_3 的 B、E 极，对着送话器喊话，观察现象，测量各管的 E、B、C 极电压，并与正常值比较，分析原因。

3. 驻极体送话器有极性吗？连接时应当注意什么问题？

4. 采用直接耦合方式，每级放大器的工作点会逐渐提高，最终导致电路无法正常工作，如何从电路结构上解决这个问题？

5. 在晶体管电压放大电路中，偏置电阻选择不合适对电路有什么影响？

任 务 小 结

1. 连接电路时，整流二极管极性不能接错，以免损坏元器件，甚至烧毁电路。

2. 电解电容是有极性的元器件，安装时需注意其正、负极性。

3. 晶体管一定要用万用表检测，并判断出 E、B、C 极后，在印制电路板上进行正确安装。

4. 安装过程中，直接相连的元器件，可利用其引脚做连接，避免使用过多的导线。

5. 连接好电路之后，才可通电，不能带电改装电路。

任务 2.2　制作与调试倒车报警电路

任 务 导 入

在日常生活中，我们总是会看到一些车在倒车的时候，发出提示音"倒车，请注意！倒车，请注意！"。这次的任务就是制作一个倒车报警电路。

任 务 分 析

倒车报警电路是要将汽车蓄电池电压转换为该电路所需的电压，用语音集成电路来实现提示音的发出，另外通过放大器将语音信号放大并输出。

知 识 链 接

2.2.1　零点漂移现象

1. 零点漂移

零点漂移简称为零漂，是直接耦合放大电路存在的一个特殊问题。所谓零点漂移是指放大电路在输入端短路（即没有输入信号输入）时用灵敏的直流表测量输出端，也会有变化缓慢的输出电压产生的现象。

2. 产生的原因

产生零点漂移的原因很多，主要有三个方面：一是电源电压的波动，将造成输出电压漂移；二是电路元器件的老化，也将造成输出电压的漂移；三是半导体器件随温度变化而产生变化，也将造成输出电压的漂移。前两个因素造成零点漂移较小，实践证明，温度变化是产生零点漂移的主要原因，也是很难克服的因素，这是由于半导体器件的导电性对温度非常敏感，而温度又很难维持恒定造成的。

3. 采取的措施

1）选用高质量的硅管。另外晶体管的制造工艺也很重要，即使是同一种类型的晶体管，如工艺不够严格、半导体表面不干净，将会使漂移程度增加。所以必须严格挑选合格的半导体器件。

2）在电路中引入直流负反馈，稳定静态工作点。

3）采用温度补偿的方法，利用热敏元器件来抵消放大管的变化。

4）采用温度补偿法的方法，利用两只型号和特性都相同的晶体管来进行补偿，可收到较好的抑制零点漂移的效果，这就是差分放大电路。

2.2.2　差分放大电路

1. 差分放大电路的组成及工作原理

（1）电路组成　差分放大电路能够抑制由电源波动和温度变化所引起的零点漂移。图 2-19 是基本差分放大电路，该电路由两个完全相同的共发射极放大电路组成，电路中对应元器件的基本参数一致。

（2）抑制零点漂移的原理　因左右两部分放大电路是完全对称的，所以在输入信号 $u_i=0$ 时，$u_{o1}=u_{o2}$，因此输出电压 $u_o=u_{o1}-u_{o2}=0$，即表明差动放大器具有在零输入时零输出的特点。当温度变化或电源电压波动时，左右两个晶体管的输出电压 u_{o1}、u_{o2} 都要发生变化，但由于电路对称，两管的输出变化量相同，即 $\Delta u_{o1}=\Delta u_{o2}$，所以 $u_o=0$。可见两管的零漂在输出端相抵消，从而有效地抑制了零漂。

差分放大电路工作原理

2. 差分放大电路的电压放大能力

（1）差模信号及差模电压放大倍数　在差分放大电路的两个输入端接入幅度相等而极性相反的一对信号，即 $u_{i1}=-u_{i2}$，这种输入方式称为差模输入方式，总输入信号 $u_{id}=u_{i1}-u_{i2}$，称为差模输入信号。加入差模输入信号时的电压放大倍数称为差模电压放大倍数，用 A_{ud} 表示。电路如图 2-20 所示。

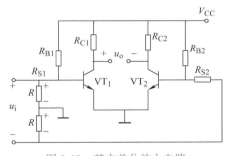

图 2-19　基本差分放大电路

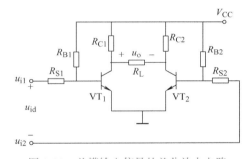

图 2-20　差模输入信号的差分放大电路

差模电压放大倍数为

$$A_{ud}=\frac{u_o}{u_{id}}=\frac{A_u(u_{o1}-u_{o2})}{u_{i1}-u_{i2}} \tag{2-34}$$

由式（2-34）可知，差分放大电路的差模电压放大倍数和共发射极放大电路的电压放大倍数相同。

（2）共模信号及共模电压放大倍数　在差分放大电路的两个输入端接入幅度相等而极性相同的一对信号，即 $u_{i1}=u_{i2}$，这种输入方式称为共模输入方式，总输入信号 $u_{ic}=u_{i1}=u_{i2}$，称为共模输入信号。加入共模输入信号时的电压放大倍数称为共模电压放大倍数，用 A_{uc} 表示。

共模电压放大倍数为

$$A_{uc}=\frac{u_o}{u_{ic}}=\frac{u_{o1}-u_{o2}}{u_{ic}} \tag{2-35}$$

（3）共模抑制比　差分放大电路的共模抑制比定义为差模电压放大倍数与共模电压放大倍数之比，一般用对数表示，单位为分贝，即

$$K_{CMR} = 20 \lg \left| \frac{A_{ud}}{A_{uc}} \right| \tag{2-36}$$

共模抑制比反映差动放大电路抑制共模能力的大小。共模抑制比越大，说明电路抑制零漂的能力越强，放大电路的性能越好。

3. 差分放大电路的四种接法

差分放大电路的输入端可采用双端输入和单端输入，输出端也可以采用双端输出和单端输出的方式。具体如图 2-21 所示的四种接法。

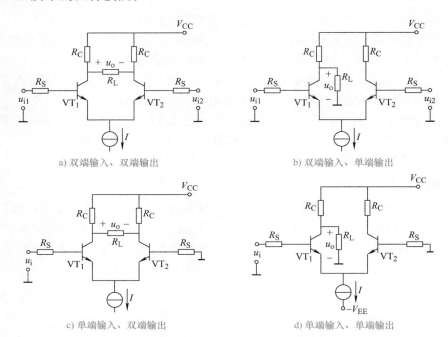

a) 双端输入、双端输出　　　　　　b) 双端输入、单端输出

c) 单端输入、双端输出　　　　　　d) 单端输入、单端输出

图 2-21　差分放大电路的四种接法

4. 差分放大电路的应用

差分放大电路利用电路参数的对称性和负反馈作用，有效地稳定静态工作点，以放大差模信号抑制共模信号为显著特征，广泛应用于直接耦合电路和测量电路的输入级，另外，还可作为集成运算的输入级和中间级，可以抑制由外界条件的变化带给电路的影响，如温度噪声等。

2.2.3　集成功放电路

集成电路就是在一块几平方毫米的极其微小的半导体晶片上，将成千上万的晶体管、电阻、电容以及连接线集成在一起，而形成的具有一定功能的器件。集成功率放大器简称集成功放，常见的有两种，分别是 LM386 和 LA4100。下面分别简要介绍。

1. LM386

（1）特点及典型参数　LM386 是一种音频集成功放，具有自身功耗低、电压增益可调整、电源电压范围大、外接元器件少和总谐波失真小等优点，广泛应用于录音机和收音机电路之中。其典型参数为：直流电源电压范围为 4 ～ 12V；常温下最大允许管耗为 660mW；输出功率典型值为数百毫瓦，最大可达数瓦；静态电源电流为 4mA；电压放大倍数为 20 ～ 200 可调；带宽为 300kHz（引脚 1 和 8 之间开路时）；输入阻抗为 50kΩ。

（2）LM386 外形及引脚排列　如图 2-22 所示，引脚 2 为反相输入端；引脚 3 为同相输入端；引脚 5 为输出端；引脚 6 和 4 分别为电源和地；引脚 1 和 8 为电压增益调节端；使用时在引脚 7 和地之间接旁路电容，可消除通电和断电时的噪声，旁路电容通常取 10μF。

2. LA4100

LA4100 为双列直插式，有 14 个引脚，自带散热片的产品。如图 2-23 所示，引脚 1 为输出端；引脚 2、3 接电源负极或接地（GND）；引脚 4、5 起消振作用，防止放大器产生高频自激振荡；引脚 6 外接电阻、电容，与外电路构成负反馈，提高放大倍数；引脚 7、8、11 为空引脚；引脚 9 为信号输入端；引脚 10 外接去耦电容，滤除纹波，保证放大器的偏置电流稳定；引脚 12 供前级电源，一般接电源滤波电容；引脚 13 为自举端口，外接自举电容，使输出管的动态范围增大，消除波形顶部失真，并可提高功放电路的输出功率；引脚 14 为正电源端（V_{CC}）。

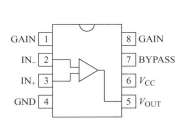

图 2-22　LM386 外形及引脚排列

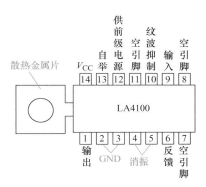

图 2-23　LA4100 外形及引脚排列

任务实施

1. 设备与元器件

本任务用到的设备包括直流稳压电源、数字式万用表等。

组装电路所用元器件见表 2-6。

表 2-6　元器件明细表

序号	元器件	名称	型号规格	数量
1	$VD_1 \sim VD_4$	二极管	1N4007	4
2	R_1	电阻	390Ω	1
3	R_2	电阻	330kΩ	1
4	R_3	电阻	1kΩ	1
5	R_4	电阻	10kΩ	1
6	IC_1	语音集成电路	HFC5209	1
7	IC_2	功放集成电路	LM386	1
8	BL	扬声器	8Ω	1
9	C_1	涤纶电容	51pF	1
10	C_2	涤纶电容	0.022pF	1
11	C_3、C_4	电解电容	10μF/16V	2
12	C_5、C_6	电解电容	100μF/16V	2

2. 电路分析

图 2-24 为倒车报警电路原理图。

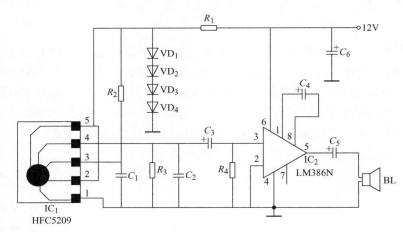

图 2-24　倒车报警电路原理图

在电路中，语音集成电路 HFC5209 有"请注意，倒车"和"滴，嘟，倒车"两种语音。工作电压最小为 2.4V，最大为 5V。它有 5 个引脚，引脚 1、5 为电源；引脚 2 为触发端，与引脚 5 接一起处于常触发状态，电源接通则工作，R_2、C_1 为振荡元器件，其参数的改变影响语调和语速；引脚 4 为语音信号输出端，其输出的语音信号经 C_3 送至音频功放电路 LM386N 的同相输入端引脚 3。LM386N 采用双列直插式 8 脚结构，内部电路如图 2-22 所示。在其引脚 1、8 接入电容 C_4 可使增益较大，工作电压最大为 15V。汽油内燃机车蓄电池电压为 12V，可直接供其工作，而 HFC5209 的工作电压为 2.4 ~ 5V。电路采取了二极管稳压电路，电阻 R_1 为限流电阻，由 4 只 1N4007 二极管的正向电压串联得到约 2.8V 左右的电压供语音集成电路工作。蓄电池电压为 24V，可直接接入直流 24V 电源供给该电路。

3. 任务实施过程

（1）核对元器件　按照表 2-6 所示元器件明细核对元器件。

（2）检测与测量元器件

1）二极管的检测。参照项目 1 中学到的方法，使用万用表进行检测。

2）电阻阻值的测量。使用万用表，选择适当的档位进行测量。

3）扬声器的检测方法。将万用表拨到蜂鸣器档，用一支表笔与扬声器一个引脚相接，另一支表笔断续触碰扬声器的另一个引脚，此时扬声器便可发出"喀喀"声，表明扬声器是好的。如扬声器没有声音，表明扬声器有故障。

4）电容的测量。涤纶电容，将万用表档位拨到电容档，选择适当的量程，红、黑表笔分别接电容的两个引脚，表头显示的读数即为容量值；电解电容，元器件体上标有容量值、耐压值，可直接读取容量大小，另外，正负极可通过外观来判断，方法一是元器件体标有负号的一侧对应引脚为负极，方法二是根据引脚长度来判断，引脚长的为正极、短的为负极。

（3）元器件安装与接线　根据给定的面包板，对元器件进行布局、安装以及接线。

1）发放元器件、面包板与导线等。学生根据电路图，仔细核对。

2）布局。学生根据电路原理图，将元器件在面包板上进行合理布局。

3）接线。LM386N 放置后要认真检查引脚对应位置，无误后再接线。

4）连线。各元器件在保证放置合理的情况下，进行连线。

在安装和接线过程中，应注意：

① 在元器件布局时，尽量保证用的导线量少一些，导线的长度适宜，不要过长，以免对电路性

能造成影响。

②使用面包板，可将最上面一排插孔作为公共接 V_{CC} 端，最下面一排插孔作为公共接地端。

（4）调试与检测电路　调试电路检查无误后可通电测试。$V_{CC}=12V$，正常时扬声器发出清晰洪亮的报警声。此时检测两集成电路的引脚电压，填入表 2-7 中。

表 2-7　集成电路引脚电压测试记录

器件	引脚号							
	1	2	3	4	5	6	7	8
IC$_1$								
IC$_2$								

（5）故障分析　根据表 2-8 所述故障现象，分析产生故障的原因，采取相应办法进行解决，完成表格中相应内容的填写，若有其他故障现象及分析可在表格下面补充。

表 2-8　故障分析汇总及反馈

故障现象	可能原因	解决办法	是否解决
无报警声			是否
语速过快或过慢			是否

（6）收获与总结　通过本实训任务，你掌握了哪些技能？学会了哪些知识？在实训过程中遇到了什么问题？是怎么处理的？请填写在表 2-9 中。

表 2-9　收获与总结

序号	掌握的技能	学会的知识	出现的问题	处理方法
1				
2				
3				
心得体会：				

创新方案

你有更好的思路和做法吗？请给大家分享一下吧。

（1）合理改变元器件参数，使语速和语调效果更好。

（2）

（3）

任务考核

根据表2-10所列考核内容和考核标准对本次任务的完成情况开展自我评价与小组评价，将评价结果填入表中。

表2-10　任务综合评价

任务名称		姓名		组号	
考核内容	考核标准	评分标准		自评得分	组间互评得分
职业素养（20分）	· 工具摆放、着装等符合规范（2分） · 操作工位卫生良好，保持整洁（2分） · 严格遵守操作规程，不浪费原材料（4分） · 无元器件损坏（6分） · 无用电事故、无仪器损坏（6分）	· 工具摆放不规范，扣1分；着装等不符合规范，扣1分 · 操作工位卫生等不符合要求，扣2分 · 未按操作规程操作，扣2分；浪费原材料，扣2分 · 元器件损坏，每个扣1分，扣完为止 · 因用电事故或操作不当而造成仪器损坏，扣6分 · 人为故意造成用电事故、损坏元器件、损坏仪器或其他事故，本次任务计0分			
元器件检测（10分）	· 能使用仪表正确检测元器件（5分） · 正确填写表2-7检测数据（5分）	· 不会使用仪器，扣2分 · 元器件检测方法错误，每次扣1分 · 数据填写错误，每个扣1分			
装配（20分）	· 元器件布局合理、美观（10分） · 布线合理、美观，层次分明（10分）	· 元器件布局不合理、不美观，扣1～5分 · 布线不合理、不美观，层次不分明，扣1～5分 · 布线有断路，每处扣1分；布线有短路，每处扣5分			
调试（30分）	能使用仪器仪表检测，能正确填写表2-8，并排除故障，达到预期的效果（30分）	· 一次调试成功，数据填写正确，得30分 · 填写数据不正确，每处扣1分 · 在教师的帮助下调试成功，扣5分；调试不成功，得0分			
团队合作（10分）	主动参与，积极配合小组成员，能完成自己的任务（5分）	· 参与完成自己的任务，得5分 · 参与未完成自己的任务，得2分 · 未参与未完成自己的任务，得0分			
	能与他人共同交流和探讨，积极思考，能提出问题，能正确评价自己和他人（5分）	· 交流能提出问题，正确评价自己和他人，得5分 · 交流未能正确评价自己和他人，得2分 · 未交流未评价，得0分			
创新能力（10分）	能进行合理的创新（10分）	· 有合理创新方案或方法，得10分 · 在教师的帮助下有创新方案或方法，得6分 · 无创新方案或方法，得0分			
最终成绩		教师评分			

思考与提升

1. 该倒车报警电路应如何接入汽车电路中？
2. 制作集成功放电路图。
3. 电解电容接反可能出现什么问题？

任务小结

1. 不论是分立元器件的 OTL（无输出变压器）、OCL（无输出电容）功放还是集成电路，在检测功放电路故障时，中点电压是一个关键点，如本制作中 LM386N 的引脚 5 为中点，其电位应是电源电压的 1/2。

2. 常见故障及现象及排查故障方法

（1）无报警声：首先检查直流供电及稳压电路，正常时 IC_1 的引脚 5 应为 2.8V 左右，IC_2 的引脚 6 应为 12V 左右。当供电正常时，可利用干扰法检查，用螺钉旋具碰触 IC_2 的引脚 3，扬声器若发出"咔咔"声，说明 IC_2 正常，问题可能在 IC_1。此时，先检查外围元器件，无错误的情况下可替换语音集成电路试一试。

（2）语速过快或过慢：连在语音 IC_1 的引脚 1、3 上的阻容元器件影响着语音的频率和音调。电容越大，语速和音调越低，可以针对情况进行调整。

任务 2.3 制作与调试电子门铃电路

任务导入

随着科学技术的发展，越来越多的科技成果应用于人们的日常生活。我们去好朋友家做客，如果只是敲门，有可能声音太小，没有被听到，要是在门上安装有电子门铃，就会起到事半功倍的作用。这次任务就是制作一个电子门铃电路。

任务分析

简单的电子门铃，一般由干电池供电，当按下按钮时，内部电路工作，最后通过扬声器输出声音信号，为"叮咚，叮咚"的声音效果，完成这样的工作后，电路重新进入待机状态，当再次按下按钮时，重复上述过程。

知识链接

2.3.1 反馈

1. 反馈的概念

在实际中我们需要的放大器是多种多样的，前面所学的基本放大电路是不能满足我们的要求的。为此多采用负反馈的方法来改善放大电路的性能。

将放大器输出信号（电压或电流）的一部分（或全部），经过一定的电路（称为反馈网络）送回到输入回路，与原来的输入信号（电压或电流）共同控制放大器，这样的作用过程称为反馈，具有反馈的放大器称为反馈放大器。对放大电路而言，由多个电阻、电容等反馈元器件构成的电路，称为反馈网络。

2. 反馈放大电路

反馈放大电路框图如图 2-25 所示。$\dot{A}$ 表示开环放大器（也叫基本放大器），$\dot{F}$ 表示反馈网络。$\dot{X}_i$ 表示输入信号（电压或电流），$\dot{X}_o$ 表示输出信号，$\dot{X}_f$ 表示反馈信号，$\dot{X}_{id}$ 表示净输入信号。通常，把输出信号的一部分取出的过程称作"取样"；把 $\dot{X}_i$ 与 $\dot{X}_f$ 叠加的过程叫作"比较"。引入反馈后，按照信号的传输方向，基本放大器和反馈网络构成一个闭合环路，所以把引入了负反馈的放大器叫作闭环放大器，而把未引入反馈的放大器叫作开环放大器。

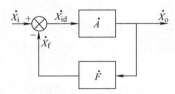

图 2-25　反馈放大电路框图

$$\dot{X}_{id} = \dot{X}_i - \dot{X}_f \tag{2-37}$$

开环放大倍数（或开环增益）为

$$\dot{A} = \frac{\dot{X}_o}{\dot{X}_{id}} \tag{2-38}$$

反馈系数为

$$\dot{F} = \frac{\dot{X}_f}{\dot{X}_o} \tag{2-39}$$

放大器闭环放大倍数（或闭环增益）为

$$\dot{A}_f = \frac{\dot{X}_o}{\dot{X}_i}$$

由以上可知

$$\dot{A}_f = \frac{\dot{X}_o}{\dot{X}_i} = \frac{\dot{X}_o}{\dot{X}_{id} + \dot{X}_f} = \frac{\dot{A}\dot{X}_{id}}{\dot{X}_{id} + \dot{A}_f\dot{X}_{id}} = \frac{\dot{A}}{1 + \dot{A}\dot{F}} \tag{2-40}$$

式（2-40）是反馈放大器的基本关系式，它是分析反馈问题的基础。其中 $1+\dot{A}\dot{F}$ 称为反馈深度，用其表征反馈的强弱。

若放大电路工作在中频范围，而且反馈网络又是纯阻性，皆为实数，即 $\dot{A}=A$，$\dot{F}=F$，则有

$$A_f = \frac{A}{1 + AF}$$

深度负反馈的闭环放大倍数为

$$A_f = \frac{A}{1 + AF} \approx \frac{A}{AF} \approx \frac{1}{F} \tag{2-41}$$

在深度负反馈条件下，闭环放大倍数基本上等于反馈系数的倒数。也就是说，深度负反馈放大电路的放大倍数几乎与基本放大电路的放大倍数无关，而主要决定于反馈网络的反馈系数。因此在设计放大电路时，为了提高稳定性，往往引入深度负反馈。

2.3.2　负反馈放大电路的四种组态

1.反馈的类型及判断

（1）正反馈和负反馈　当电路中引入反馈后，反馈信号能削弱输入信号的作用，称为负反馈。负反馈能使输出信号维持稳定。相反，反馈信号加强了输入信号的作用，称为正反馈。正反馈将破坏电路的稳定性。

反馈的概念和反馈类型

判断一个反馈是正反馈还是负反馈，通常使用"瞬时极性法"：假设在输入端所加信号瞬时对地极性为正，根据电路的连接特点，判断输出信号的极性，再判断反馈信号的极性，若反馈信号使净输入信号增加则是正反馈，反之则是负反馈。

【例 2-3】分析图 2-26 所示电路，判断反馈极性。

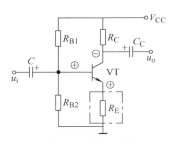

图 2-26　例 2-3 图

对单管放大电路，分析判断的依据是 u_{be}（净输入信号）的变化。为了消除反馈效果，放大器又能正常工作，可以假设短路 R_E，消除放大器中的反馈，则 $u_{be}=u_b$，所以不影响输入电压 u_{be}。接入 R_E 后，$u_{be}=u_b-u_e$，反馈的效果是反馈信号使输入信号（u_{be}）减小，所以是负反馈。由 R_E 构成的反馈为本级反馈。

（2）交流反馈和直流反馈　在放大电路的交流通路中存在的反馈称为交流反馈，直流通路中存在的反馈称为直流反馈，直流反馈常用于稳定静态工作点，交流反馈主要用于放大电路性能的改善。

判断方法是电容观察法。即若反馈通路有隔直电容，则为交流反馈；若反馈通路有旁路电容，则为直流反馈；若反馈通路无电容，则为交直流反馈。

（3）电压反馈和电流反馈　按反馈信号的取样方式分类：从放大器的输出端看，反馈网络要从放大器的输出信号中取回反馈信号，通常有两种取样方式。按取样方式的不同，反馈分为电压反馈和电流反馈。

1）电压反馈。反馈信号取自输出电压或者输出电压的一部分（与输出电压成比例），此种反馈称为电压反馈，如图 2-27 所示。

2）电流反馈。反馈信号取自输出电流或者输出电流的一部分（与输出电流成比例），此种反馈称为电流反馈，如图 2-28 所示。

判断方法简称负载短路法，即令输出接地，即 $u_o=0$，若反馈信号 X_f 消失，则为电压反馈；若反馈信号仍然存在，则为电流反馈。

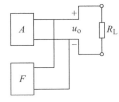

图 2-27　电压反馈

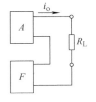

图 2-28　电流反馈

（4）串联反馈和并联反馈　从放大器的输入端看，反馈可分为并联反馈和串联反馈。

1）并联反锁。反馈网络、放大器和信号源为并联关系，输入信号电流被分流，反馈网络直接影响净输入电流，此种反馈称为并联反馈，如图 2-29 所示。

2）串联反馈。反馈网络、放大器和信号源为串联关系，输入信号电压被分压，反馈网络直接影响净输入电压，此种反馈称为串联反馈，如图 2-30 所示。

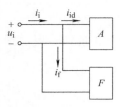

图 2-29　并联反馈

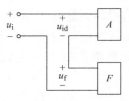

图 2-30　串联反馈

判断方法：若反馈信号与输入信号加在同一输入端，为并联反馈；若反馈信号与输入信号加在不同的输入端，为串联反馈。对于分立元器件构成的反馈，反馈信号加到共发射极放大电路基极的反馈为并联反馈；反馈信号加到共发射极放大电路发射极的反馈为串联反馈。

负反馈放大
电路的四种
组态

2. 负反馈放大电路的四种组态

负反馈放大电路分为四种组态，分别是：电压串联负反馈、电压并联负反馈、电流串联负反馈以及电流并联负反馈。

（1）电压串联负反馈　在图 2-31 中，u_o 经 R_f 与 R_{E1} 分压反馈到输入回路，故有反馈；反馈使净输入电压减小，为负反馈；假设输出接地，即 $R_L=0$，无反馈，故为电压反馈；反馈信号加在了晶体管的发射极上，有 $u_{be}=u_i-u_f$，故为串联反馈，因此该电路是电压串联负反馈。

（2）电压并联负反馈　在图 2-32 中，R_f 为输入回路和输出回路的公共电阻，故有反馈；反馈使净输入电流 i_b 减小，为负反馈；假设输出接地，即 $R_L=0$，无反馈，故为电压反馈；反馈信号加在了晶体管的基极，有 $i_b=i_s-i_f$，故为并联反馈，因此该电路是电压并联负反馈。

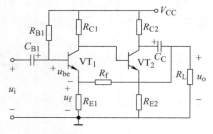

图 2-31　电压串联负反馈

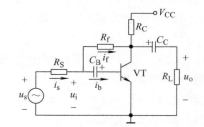

图 2-32　电压并联负反馈

（3）电流串联负反馈　在图 2-33 中，R_{E1} 为输入回路和输出回路的公共电阻，故有反馈；反馈使净输入电压减小，为负反馈；假设输出接地，即 $R_L=0$，反馈依然存在，故为电流反馈；反馈信号加在了晶体管的发射极，净输入电压为输入电压与反馈电压之差，故为串联反馈，因此该电路是电流串联负反馈。

（4）电流并联负反馈　在图 2-34 中，R_f 介于输入回路和输出回路，故有反馈；反馈使净输入电流 i_b 减小，为负反馈；$R_L=0$，反馈依然存在，故为电流反馈；反馈信号加在了晶体管的基极，有 $i_b=i_s-i_f$，故为并联反馈，因此该电路是电流并联负反馈。

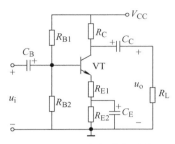

图 2-33　电流串联负反馈

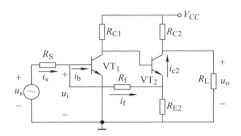

图 2-34　电流并联负反馈

2.3.3　负反馈对放大电路性能的影响

1. 提高增益的稳定性

在放大电路中，电源电压的变化、静态工作点的偏移、器件老化等原因都会使放大电路的增益变化。引入深度负反馈后，放大电路的增益只取决于反馈系数，基本上与放大电路的开环增益无关。因此引入深度负反馈后，放大电路的增益非常稳定。

由

$$A_{\mathrm{f}} = \frac{A}{1 + AF}$$

可知

$$\frac{\mathrm{d}A_{\mathrm{f}}}{A_{\mathrm{f}}} = \frac{1}{1 + AF}\frac{\mathrm{d}A}{A} \tag{2-42}$$

式（2-42）说明，闭环增益 A_{f} 的稳定度比开环增益 A 的稳定度提高了 AF 倍。

2. 减少非线性失真和展宽通频带

（1）减少非线性失真　放大电路在大信号工作状态下，放大器件的瞬时工作点可能延伸到它的传输特性的非线性部分，从而使电路的输出波形产生非线性失真。引入负反馈可以减少非线性失真。图 2-35 为负反馈减少非线性失真的示意图。

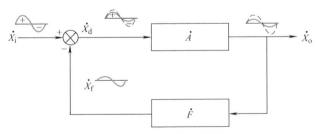

图 2-35　负反馈减少非线性失真的示意图

图中的虚线波形为放大电路在无反馈时的净输入波形和输出波形。虽然输入信号是正弦波，但由于器件的非线性，使放大后的输出信号变为正、负半周不对称的失真波形，即波形的正半周小、负半周大。引入负反馈后，在反馈系数 F 为常数的条件下，反馈信号也是正半周小、负半周大，从而净输入信号变为正半周大、负半周小的预失真波形，这样，经过基本放大电路放大后就能将输出信号的正半周相对扩大而负半周相对压缩，使正、负半周的幅度接近相等，从而改善了输出波形的非线性失真。

（2）展宽通频带　利用负反馈能使放大倍数稳定的概念很容易说明负反馈具有展宽通频带的作用。在放大电路中，当信号在低频区和高频区时，其放大倍数均要下降，如图 2-36 所示。

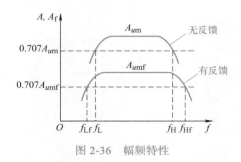

图 2-36　幅频特性

由于负反馈具有稳定放大倍数的作用，因此在低频区和高频区的放大倍数下降的速度减慢，相当于通频带展宽了。在通常情况下，放大电路的增益带宽积为一常数。

$$A_f\ (f_{Hf}-f_{Lf})=A\ (f_H-f_L) \tag{2-43}$$

可见，引入负反馈能展宽通频带，但这是以降低放大倍数为代价的。

3. 负反馈对放大电路输入电阻的影响

（1）串联负反馈使电路的输入电阻增大　如图 2-37 所示，图中 R_i 是基本放大电路的输入电阻，R_{if} 是负反馈放大电路的输入电阻。

$$R_{if}=（1+AF）R_i \tag{2-44}$$

式（2-44）表明引入串联负反馈后，输入电阻 R_{if} 是开环输入电阻 R_i 的（1+AF）倍。

（2）并联负反馈使输入电阻减小　如图 2-38 所示，闭环输入电阻 R_{if} 与开环输入电阻 R_i 的关系为

$$R_{if}=\frac{R_i}{1+AF} \tag{2-45}$$

式（2-45）表明引入并联负反馈后，输入电阻 R_{if} 是开环输入电阻 R_i 的 $\frac{1}{1+AF}$。

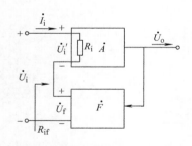

图 2-37　串联负反馈对输入电阻的影响

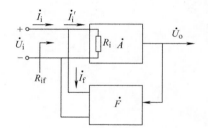

图 2-38　并联负反馈对输入电阻的影响

4. 负反馈对放大电路输出电阻的影响

分析负反馈对放大电路输出电阻的影响，只要看它是稳定输出信号电压还是稳定输出信号电流。

（1）电压负反馈使输出电阻减小　图 2-39 所示为电压负反馈，能稳定输出电压。R_o 为开环输出电阻，R_{of} 为闭环输出电阻。

$$R_{of}=\frac{1}{1+AF}R_o \tag{2-46}$$

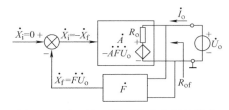

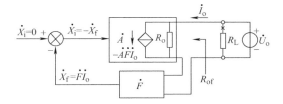

图 2-39　电压负反馈对输出电阻的影响　　　　　　图 2-40　电流负反馈对输出电阻的影响

式（2-46）表明引入电压负反馈后，输出电阻 R_{of} 是开环输出电阻 R_o 的 $\dfrac{1}{1+AF}$。

（2）电流负反馈使输出电阻增大　图 2-40 所示为电流负反馈，能稳定输出电流。

$$R_{of}=（1+AF）R_o \tag{2-47}$$

式（2-47）表明引入电流负反馈后，输出电阻 R_{of} 是开环输出电阻 R_o 的（$1+AF$）倍。

2.3.4　正反馈放大电路的性能

如果将输出信号反馈到输入端后，对放大电路的净输入信号有增强作用，则称为正反馈，正反馈多用于振荡电路。

1. 放大电路中的正反馈

如图 2-41 所示。将开关 S 接在 1 端，电路的输入端加正弦波电压 u_i，则 2 端将得到一个同样频率的正弦电压，若 u_f 与 u_i 相同，则若将开关 S 扳向 2 端，放大电路的输出信号 u_o 将仍与原来完全相同，没有任何改变。此时电路未加任何输入信号，输出端却得到了一个正弦波信号。没有输入信号却有一定幅度的输出信号，即放大电路产生了正弦波振荡。因此，则放大电路稳定振荡的条件可表示为 $\dot{U}_f = \dot{U}_i$。

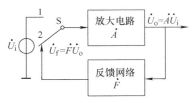

图 2-41　产生振荡的条件

振荡电路稳定振荡必须满足的条件如下：

1）幅度平衡条件 $|\dot{A}F|=1$，若 $|\dot{A}F|<1$，电路不能够振荡；起振条件要求振荡电路能够自行起振，开始时必须满足 $|\dot{A}F|>1$，在振荡建立的过程中，随着振幅的增大，在稳幅环节的作用下，使 $|\dot{A}F|$ 值逐步下降，最后达到等于 1，振荡电路处于稳幅振荡状态，输出电压的幅度达到稳定。

2）相位平衡条件：反馈信号必须与输入信号同相位，即反馈信号必须是正反馈。

由振荡的两个条件可知，在振荡电路的实际调试中，满足了相位条件后，电路如果不振荡，主要检查放大器的放大倍数和反馈量的大小。放大器中的晶体管应工作在放大状态，反馈电路连接良好。若改变了反馈元器件的参数，则可改变反馈量。

2. 正弦波振荡电路的组成和分析方法

（1）正弦波振荡电路的组成

1）放大电路。放大电路是维持振荡器连续工作的主要环节，没有放大，信号就会逐渐衰减，不可能产生持续的振荡。

2）反馈网络。反馈网络将输出信号反馈回输入端。

3）选频网络。选频网络的主要作用是产生单一频率的振荡信号，一般情况下这个频率就是振荡器的振荡频率。在很多振荡电路中，选频网络和反馈网络是结合在一起的。

4）稳幅电路。稳幅环节的作用主要是使振荡信号幅值稳定。

（2）正弦波振荡电路的分析方法

1）检查电路是否具有放大电路、反馈网络、选频和稳幅环节。

2）检查电路的静态工作点是否保证电路正常工作。

3）分析电路是否满足振荡条件。幅度条件一般较易满足。若不满足幅度条件，在测试调整时，可以改变放大电路的放大倍数或反馈系数使电路满足$|\dot{A}\dot{F}|=1$的幅度条件。主要是检查相位平衡条件，即判断是否为正反馈。若是正反馈则能振荡，不是正反馈则不能振荡。

 任 务 实 施

1. 设备与元器件

本任务用到的设备包括直流稳压电源、数字式万用表等。

组装电路所用元器件见表 2-11。

表 2-11   元器件明细表

序号	元器件	名称	型号规格	数量
1	VT_1	晶体管	9013	1
2	VT_2	晶体管	9012	1
3	R_1	电阻	10kΩ	1
4	R_2	电阻	47kΩ	1
5	R_3	电阻	4.7kΩ	1
6	BL	扬声器	8Ω	1
7	C_1	电解电容	47μF/16V	1
8	C_2	瓷片电容	103	1
9	C_3	电解电容	47μF/16V	1
10	SB_1	按钮		1
11	其他		导线、面包板	

2. 电路分析

图 2-42 为电子门铃电路原理图。

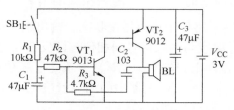

图 2-42   电子门铃电路原理图

晶体管 VT_1 和 VT_2 组成互补型自激多谐音频振荡器，电阻 R_3、电容 C_2 构成的正反馈网络使电路起振。C_1 是起变调作用的充、放电电容。在门铃按钮 SB_1 按下时，电源通过 R_1 向 C_1 充电，使 VT_1 的基极电位逐渐上升，当电位上升至 0.7V 左右时，电路开始起振，扬声器开始发声。随着 C_1 两端电压的升高，音调发生变化。当 C_1 两端电压达到 1.5V 左右时，音调保持。当松开按钮时，C_1 通过 R_2

向 VT_1 的发射结放电，扬声器继续发声，但音调发生变化，当 C_2 放电结束时，电路停止振荡，扬声器无声。

3. 任务实施过程

（1）核对元器件　按照表 2-11 所示元器件明细核对元器件。

（2）检测元器件　参照项目 1 及任务 2.2 学到的方法，使用万用表对晶体管、扬声器进行检测，并对电阻阻值和电容进行测量。

（3）元器件安装与接线　安装与接线方式同本项目的任务 2.1。

（4）调试与检测电路　检查无误后可通电调试。$V_{CC}=3V$，正常时按下 SB_1，扬声器发出声音并有变化，之后音调保持；松开 SB_1，扬声器继续发声几秒且音调有变化后声音消失。

（5）故障分析　根据表 2-12 所述故障现象，分析可能产生故障的原因，采取相应办法进行解决，完成表格中相应内容的填写，若有其他故障现象及分析可在表格下面补充。

表 2-12　故障分析汇总及反馈

故障现象	可能原因	解决办法	是否解决
电路没有实现功能			是 否
			是 否

（6）收获与总结　通过本实训任务，你掌握了哪些技能？学会了哪些知识？在实训过程中遇到了什么问题？是怎么处理的？请填写在表 2-13 中。

表 2-13　收获与总结

序号	掌握的技能	学会的知识	出现的问题	处理方法
1				
2				
3				

心得体会：

创新方案

你有更好的思路和做法吗？请给大家分享一下吧。

（1）在电子门铃的基础上，增加少量元器件，就可以制作成自动报警器。

（2）_____

（3）_____

任务考核

根据表 2-14 所列考核内容和考核标准对本次任务的完成情况开展自我评价与小组评价，将评价结果填入表中。

表 2-14　任务综合评价

任务名称		姓名		组号	
考核内容	考核标准	评分标准		自评得分	组间互评得分
职业素养（20分）	·工具摆放、着装等符合规范（2分） ·操作工位卫生良好，保持整洁（2分） ·严格遵守操作规程，不浪费原材料（4分） ·无元器件损坏（6分） ·无用电事故、无仪器损坏（6分）	·工具摆放不规范，扣1分；着装等不符合规范，扣1分 ·操作工位卫生等不符合要求，扣2分 ·未按操作规程操作，扣2分；浪费原材料，扣2分 ·元器件损坏，每个扣1分，扣完为止 ·因用电事故或操作不当而造成仪器损坏，扣6分 ·人为故意造成用电事故、损坏元器件、损坏仪器或其他事故，本次任务计0分			
元器件检测（10分）	能使用仪表正确检测元器件（10分）	·不会使用仪器，扣2分 ·元器件检测方法错误，每次扣1分			
装配（20分）	·元器件布局合理、美观（10分） ·布线合理、美观，层次分明（10分）	·元器件布局不合理、不美观，扣1～5分 ·布线不合理、不美观，层次不分明，扣1～5分 ·布线有断路，每处扣1分；布线有短路，扣5分			
调试（30分）	能使用仪器仪表检测，能正确填写表2-12，并排除故障，达到预期的效果（30分）	·一次调试成功，数据填写正确，得30分 ·填写数据不正确，每处扣1分 ·在教师的帮助下调试成功，扣5分；调试不成功，得0分			
团队合作（10分）	主动参与，积极配合小组成员，能完成自己的任务（5分）	·参与完成自己的任务，得5分 ·参与未完成自己的任务，得2分 ·未参与未完成自己的任务，得0分			
	能与他人共同交流和探讨，积极思考，能提出问题，能正确评价自己和他人（5分）	·交流能提出问题，正确评价自己和他人，得5分 ·交流未能正确评价自己和他人，得2分 ·未交流未评价，得0分			
创新能力（10分）	能进行合理的创新（10分）	·有合理创新方案或方法，得10分 ·在教师的帮助下有创新方案或方法，得6分 ·无创新方案或方法，得0分			
最终成绩		教师评分			

思考与提升

1. 电解电容接反可能出现什么问题？
2. 若将两个晶体管的位置接反，会出现什么问题？

任务小结

若电路没有实现功能，常见的故障有：

1. 线路方面的问题，如短路或断路现象。
2. 晶体管的三个极 E、B、C 判断错误，导致电路功能不能实现。
3. 电解电容的极性接反。

任务 2.4　制作与调试音频功率放大电路

任务导入

任何一种放大电路的最终目的都是要驱动一定的负载。自动控制系统将被测量的变化转化为电信号并通过放大最终驱动控制装置；声音信号要通过逐步放大最终带动扬声器。这就要求放大电路的最后一级不仅要有电压放大，还要有电流放大，即实现功率放大，且要求系统稳定性好。本次任务就是应用放大电路来制作功放。

任务分析

音频功率放大电路是要将蓄电池电压转换为该电路所需的电压，用语音集成电路来实现提示音的发出，另外通过放大器将语音信号放大并输出。

知识链接

2.4.1　放大电路的工作状态

在放大电路中，最后一级，即输出级的主要作用是驱动负载。这要求输出级要向负载提供足够大的信号电压和电流，即向负载提供足够大的信号功率。人们把主要作用是向负载提供功率的放大电路称为功率放大电路，简称为功放。

1. 功率放大电路的分类

（1）按功率放大电路的频率分类　可分为低频功率放大电路和高频功率放大电路。低频功率放大电路的作用是向负载输出足够大的功率，具有较高的效率，同时输出波形的非线性失真在规定范围内。高频功率放大电路的作用是用小功率的高频输入信号去控制高频功率放大器，将直流电源提供的能量转换为大功率的高频能量输出。

（2）按功率放大电路晶体管的导通时间分类　可分为甲类功率放大电路、乙类功率放大电路和甲乙类功率放大电路。

晶体管在甲类、乙类、甲乙类的工作状态下相应的静态工作点位置及波形如图 2-43 所示，甲类位于负载线的中点附近，甲乙类接近截止区，乙类处于截止区。低频功率放大电路中主要用乙类或甲乙类功率放大电路。

1）甲类工作状态失真小，静态电流大，管耗大，效率低。
2）乙类工作状态失真大，静态电流为零，管耗小，效率高。
3）甲乙类工作状态失真大，静态电流小，管耗小，效率较高。

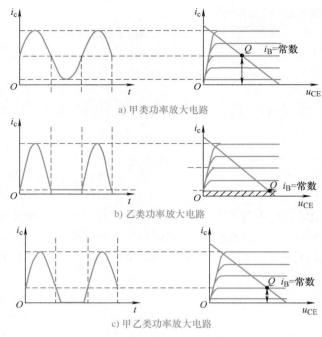

a) 甲类功率放大电路

b) 乙类功率放大电路

c) 甲乙类功率放大电路

图 2-43 功率放大电路静态工作点位置及波形

2. 功率放大电路的特点

从能量控制的观点来看，功率放大电路与电压放大电路都属于能量转换电路，都是将电源的直流功率转换成被放大信号的交流功率。但它们具有各自的特点：

1）低频电压放大电路工作在小信号状态，动态工作点摆动范围小，非线性失真小，可用微变等效电路法分析计算电压放大倍数、输入电阻及输出电阻等。

2）功率放大电路是在大信号情况下工作的，具有动态工作范围大的特点，应采用图解法进行分析，分析的主要指标是输出功率及效率等。

3. 对功率放大电路的要求

（1）输出大功率　功率放大电路的输出端所接负载一般都需较大的功率。为了满足这个要求，功率放大器件的输出电压和电流的幅度都应较大，功率放大器件（功放管）往往接近极限运用状态。对功率放大电路的分析，小信号模型已不再适用，常采用图解法。

（2）提高效率　所谓效率，就是负载得到的有用信号功率与直流电源提供的直流功率的比值。由于功率放大器件工作在大信号状态，输出功率大，消耗在功率放大器件和电路上功率也大，因此必须尽可能降低消耗在功率放大器件和电路上的功率，提高效率。

（3）减小非线性失真　由于功率放大器件在大信号下工作，动态工作点易进入非线性区，为此在功率放大电路设计、调试过程中，必须把非线性失真限制在允许的范围内，减小非线性失真与输出功率要大又互相矛盾，在使用功率放大器时，要根据实际情况选择。例如在电声设备中，减小非线性失真就是主要问题，而在驱动继电器等场合下，对非线性失真的要求就降为次要问题了。

（4）散热保护　在功率放大器中，晶体管本身也要消耗一部分功率，直接表现为晶体管的结温升高，结温升高到一定程度以后，晶体管就要损坏，因而输出功率受到晶体管允许的最大集电极损耗功率的限制。采取适当的散热措施，改善热稳定性，就有可能充分发挥晶体管的潜力，增加输出功率。

2.4.2　甲类功率放大器

晶体管工作在甲类状态，即使在最理想的情况下，效率也只有 50%。也就是说，电源提供的功率至少有一半消耗在放大电路内部。其输出功率较小、效率较低。一般可用两种方式来实现，一种是阻容耦合放大器，一种是变压器耦合放大器。阻容耦合放大器电路如图 2-44 所示，变压器耦合放大器电路如图 2-45 所示。其中，阻容耦合放大器由于负载电阻较小，使输出功率很小，效率很低；变压器耦合放大器理想效率为 50%，效率相对提高了许多，但是，由于存在变压器损耗等原因，实际效率往往更低。为此，要提高效率，同时减少信号的波形失真，通常采用工作于乙类或甲乙类的推挽功率放大器。

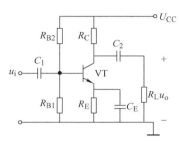

图 2-44　阻容耦合放大器

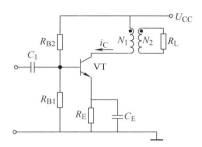

图 2-45　变压器耦合放大器

2.4.3　推挽功率放大器

乙类功率放大器在工作过程中，会出现"交越失真"，波形图如图 2-46 所示，这是由于工作电压太低，输出信号的交界处呈现交越失真。解决办法：适当提高工作点，将电路变成甲乙类功放。

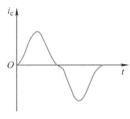

图 2-46　交越失真

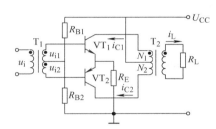

图 2-47　甲乙类推挽功率放大器

甲乙类推挽功率放大器电路如图 2-47 所示，由两只型号及参数相同的晶体管 VT_1 和 VT_2，以及输入变压器 T_1 和输出变压器 T_2 组成。T_1 二次绕组中心抽头的作用是使输入信号对称输入，以便给 VT_1 和 VT_2 的基极加上大小相等、相位相反的信号。VT_2 一次绕组中心抽头的作用是将 VT_1 和 VT_2 的集电极电流耦合到 VT_2 二次侧，向负载输出功率。因为两只晶体管轮流工作，像一推一拉，故称为推挽功率放大器。

虽然电路的输出功率较大，但变压器体积较大，不太实用。

2.4.4　互补对称功率放大器

互补对称功率放大器是一种典型的无输出变压器的功率放大器。它是利用特性对称的 NPN 型和 PNP 型晶体管在信号的正、负半周轮流工作，互相补充，以此来完成整个信号的功率放大。互补对称功率放大器一般工作在甲乙类状态。

1. 甲乙类互补对称功率放大器

甲乙类互补对称功率放大器与变压器耦合的乙类推挽电路一样，当互补对称电路工作在乙类状态时，由于晶体管输入特性死区电压的影响，也存在交越失真。为了克服交越失真，也需要给功放管加上较小的偏置电流，使其工作于甲乙类状态。图 2-48a 是常见的利用两个二极管的正向压降给两个功放互补管提供正向偏压的电路。图中，在 VT_3 的集电极电路中接有 VD_1、VD_2 两个二极管，利用 VT_3 集电极电流在 VD_1、VD_2 上的压降，为 VT_1 和 VT_2 提供一个合适的正向偏置电压。图 2-48b 是互补功放电路设置静态工作点的另一种电路。

2. 单电源互补对称功率放大器

上述功率放大器中需要正、负两个电源。在实际应用中，有时希望采用单电源供电，以便简化电源。图 2-49 就是采用单电源供电的互补对称功率放大器。这种形式的电路也称为 OTL（Output Transformerless，即无输出变压器）电路。

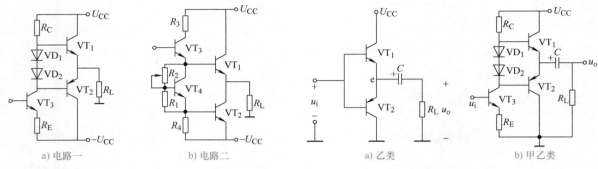

a) 电路一   b) 电路二

图 2-48 甲乙类互补对称功率放大器

a) 乙类   b) 甲乙类

图 2-49 单电源互补对称功率放大器

图 2-49a 中功放管工作在乙类状态。图 2-49b 中功放管工作在甲乙类状态，由于单电源互补对称电路的工作原理与正、负双电源互补对称电路的工作原理相同，只是输出电压的幅度减少了一半，因此，为了使静态时负载中无电流，而在输出端接了一个电容器 C，主要起隔直流的作用，同时兼作 VT_2 电源，且当 C 足够大时，电容 C 上的端电压基本保持不变。

 **任务实施**

1. 设备与元器件

本任务用到的设备包括直流稳压电源、数字式万用表等。

组装电路所用元器件见表 2-15。

表 2-15 元器件明细表

序号	元器件	名称	型号规格	数量
1	VT_1、VT_3	晶体管	9013	2
2	VT_2、VT_4	晶体管	9012	2
3	R_1	电阻	2kΩ	1
4	R_2、R_9	电阻	1kΩ	2
5	R_3	电阻	200kΩ	1
6	R_4、R_5	电阻	4.7kΩ	2
7	R_6、R_8	电阻	100Ω	2
8	R_7	电阻	27kΩ	1
9	RP_1	电位器	10kΩ	1
10	VD_1	二极管	1N4148	1
11	C_1、C_3	电解电容	4.7μF/16V	2
12	C_2、C_6	电解电容	100μF/16V	2

（续）

序号	元器件	名称	型号规格	数量
13	C_4	瓷片电容	103	1
14	C_5	电解电容	10μF/16V	1
15	C_7	电解电容	220μF/16V	1
16	C_8	电解电容	470μF/16V	1
17	BL	扬声器	8Ω	1
18	其他		BM 驻极体送话器、导线、面包板	

2. 电路分析

图 2-50 为音频功率放大电路原理图。

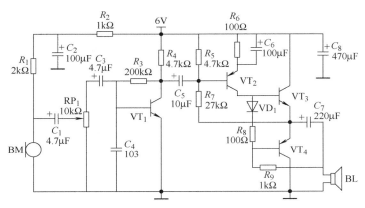

图 2-50　音频功率放大电路原理图

音频信号经过 C_1 加至 RP_1，RP_1 是起音量控制的电位器，可用于调节输出音量大小。C_3 是音频耦合电容，VT_1 与 R_3、R_4 组成了典型的电压并联负反馈电路，音频信号经 VT_1 放大后，经 C_5 耦合到由 VT_2 构成的推动级。R_5、R_7 为 VT_2 提供了一个稳定的工作点，其中 R_7 接在了输出中点电压上。VT_3、VT_4 组成推挽功率放大电路，由于 VT_2 与推挽管 VT_3、VT_4 是直接耦合的，电阻 R_7 这样的接法，起着深度负反馈的作用，使电路能够更稳定地工作。同时 R_6 为 VT_2 的发射极反馈电阻，进一步保证了电路静态工作点的稳定。C_6 是 VT_2 的发射极旁路电容，为交流信号提供了通路，使交流信号不受反馈的影响。VD_1、R_8、R_9 是 VT_2 集电极的负载电阻，调整 R_8 的阻值，可以改变推挽管 VT_3、VT_4 的静态工作电流，而二极管 VD_1 还有一定的温度补偿作用，保证电路的工作稳定。电路中的 R_9 没有直接接在电源的负极，而是通过扬声器 BL 后，再接在电源负极，这种连接有一定的自举作用，使 VT_3 工作时能够得到足够的驱动电流。C_7 是输出隔直流电容，C_8 是电源滤波电容，R_2 和 C_2 组成滤波电路，为送话器放大级提供稳定电源，C_4 是为滤除杂波防止啸叫而设置的。

3. 任务实施过程

（1）核对元器件　按照表 2-15 所示元器件明细核对元器件。

（2）检测与测量元器件

1）二极管的检测。参照项目 1 中学到的方法，使用万用表进行检测。

2）电阻阻值的测量。使用万用表，选择适当的档位进行测量。

3）扬声器的检测方法。本项目任务 2.2 中已介绍，参照具体方法进行检测。

4）电容的测量。在本项目任务 2.2 中已介绍，参照具体方法进行测量。

5）晶体管的检测。参照项目 1 中的方法，使用万用表进行测量。

6）驻极体送话器的检测。在本项目任务 2.1 中已介绍，参照具体方法进行检测。

（3）元器件安装与接线　根据给定的面包板，对元器件进行布局、安装以及接线。

1）发放元器件、面包板与导线等。学生根据电路图，仔细核对。

2）布局。学生根据电路原理图，将元器件在面包板上进行合理布局。

3）连线。各元器件在保证放置合理的情况下，进行连线。

（4）调试与检测电路　调试电路检查无误后可通电调试。电源电压为 6V，正常时扬声器发出清晰洪亮的"叮咚，叮咚"声。

（5）故障分析　根据表 2-16 所述故障现象，分析产生故障的原因，采取相应办法进行解决，完成表格中相应内容的填写，若有其他故障现象及分析可在表格下面补充。

表 2-16　故障分析汇总及反馈

故障现象	可能原因	解决办法	是否解决
电路没有实现功能			是 否

（6）收获与总结　通过本实训任务，你掌握了哪些技能？学会了哪些知识？在实训过程中遇到了什么问题？是怎么处理的？请填写在表 2-17 中。

表 2-17　收获与总结

序号	掌握的技能	学会的知识	出现的问题	处理方法
1				
2				
3				

心得体会：

⚙ 创 新 方 案

你有更好的思路和做法吗？请给大家分享一下吧。

（1）用阻值更大的音量电位器或其他专用元器件可以使音量调节更加平滑。

（2）＿＿＿＿＿＿＿＿＿＿＿＿＿＿＿＿＿＿＿＿＿＿＿＿＿＿＿＿＿＿＿＿＿＿＿＿＿

（3）＿＿＿＿＿＿＿＿＿＿＿＿＿＿＿＿＿＿＿＿＿＿＿＿＿＿＿＿＿＿＿＿＿＿＿＿＿

⚙ 任 务 考 核

根据表 2-18 所列考核内容和考核标准对本次任务的完成情况开展自我评价与小组评价，将评价结果填入表中。

表 2-18 任务综合评价

任务名称		姓名		组号	
考核内容	考核标准	评分标准		自评得分	组间互评得分
职业素养（20 分）	• 工具摆放、着装等符合规范（2 分） • 操作工位卫生良好，保持整洁（2 分） • 严格遵守操作规程，不浪费原材料（4 分） • 无元器件损坏（6 分） • 无用电事故、无仪器损坏（6 分）	• 工具摆放不规范，扣 1 分；着装等不符合规范，扣 1 分 • 操作工位卫生等不符合要求，扣 2 分 • 未按操作规程操作，扣 2 分；浪费原材料，扣 2 分 • 元器件损坏，每个扣 1 分，扣完为止 • 因用电事故或操作不当而造成仪器损坏，扣 6 分 • 人为故意造成用电事故、损坏元器件、损坏仪器或其他事故，本次任务计 0 分			
元器件检测（10 分）	能使用仪表正确检测元器件（10 分）	• 不会使用仪器，扣 2 分 • 元器件检测方法错误，每次扣 1 分			
装配（20 分）	• 元器件布局合理、美观（10 分） • 布线合理、美观，层次分明（10 分）	• 元器件布局不合理、不美观，扣 1 ~ 5 分 • 布线不合理、不美观，层次不分明，扣 1 ~ 5 分 • 布线有断路，每处扣 1 分；布线有短路，每处扣 5 分			
调试（30 分）	能使用仪器仪表检测，能正确填写表 2-16，并排除故障，达到预期的效果（30 分）	• 一次调试成功，数据填写正确，得 30 分 • 填写数据不正确，每处扣 1 分 • 在教师的帮助下调试成功，扣 5 分；调试不成功，得 0 分			
团队合作（10 分）	主动参与，积极配合小组成员，能完成自己的任务（5 分）	• 参与完成自己的任务，得 5 分 • 参与未完成自己的任务，得 2 分 • 未参与未完成自己的任务，得 0 分			
	能与他人共同交流和探讨，积极思考，能提出问题，能正确评价自己和他人（5 分）	• 交流能提出问题，正确评价自己和他人，得 5 分 • 交流未能正确评价自己和他人，得 2 分 • 未交流未评价，得 0 分			
创新能力（10 分）	能进行合理的创新（10 分）	• 有合理创新方案或方法，得 10 分 • 在教师的帮助下有创新方案或方法，得 6 分 • 无创新方案或方法，得 0 分			
最终成绩		教师评分			

思考与提升

1. 功率放大电路和普通放大电路相比，有何不同？对功率放大电路有哪些特殊的技术要求？

2. 与一般电压放大器相比，功率放大电路在性能要求上有什么不同？

3. 采用直接耦合方式，每级放大器的工作点会逐渐提高，最终导致电路无法正常工作，如何从电路结构上解决这个问题？

任务小结

若电路没有实现功能，常见的故障有：

1. VT_3 的发射极电压应为电源电压的一半，如果使用 6V 直流电源的话，那么该点电压是 3V 左右。若存在偏差，可适当调整 R_7 的阻值。

2.电路静态工作电流最好在 10mA 左右，过小可适当增加 R_8 阻值。

3. R_2 的大小对送话器灵敏度有一定影响，可根据实际情况适当调整。

思考与练习

2-1 填空题

1.基本放大电路的三种组态分别是：_____放大电路、_____放大电路和_____放大电路。

2.放大电路应遵循的基本原则是：_____结正偏，_____结反偏。

3.将放大器_____的全部或部分通过某种方式回送到输入端，这部分信号称为_____信号。使放大器净输入信号减小，放大倍数也减小的反馈，称为_____反馈；使放大器净输入信号增加，放大倍数也增加的反馈，称为_____反馈。放大电路中常用的负反馈类型有_____负反馈、_____负反馈、_____负反馈和_____负反馈。

4.射极输出器具有_____恒小于1、约等于1，_____和_____同相，并具有_____很大和_____很小的特点。

5.共射放大电路的静态工作点设置较低时，易造成截止失真，使其输出波形出现_____削顶。若采用分压式偏置电路，通过_____调节_____，可达到改善输出波形的目的。

6.对放大电路来说，人们总是希望电路的输入电阻_____越好，因为这可以减轻信号电压源的负荷。人们又希望放大电路的输出电阻_____越好，因为这可以增强放大电路的整个负载能力。

2-2 单项选择题

1.基本放大电路中，经过晶体管的信号有（   ）。

A.直流成分   B.交流成分   C.交直流成分均有

2.基本放大电路中的主要放大对象是（   ）。

A.直流信号   B.交流信号   C.交直流信号均有

3.分压式偏置的共发射极放大电路中，若 V_B 点电位过高，电路易出现（   ）。

A.截止失真   B.饱和失真   C.晶体管被烧损

4.共发射极放大电路的反馈元器件是（   ）。

A.电阻 R_B B.电阻 R_E C.电阻 R_C

5.功率放大器首先考虑的问题是（   ）。

A.管子的工作效率   B.不失真问题   C.管子的极限参数

6.电压放大电路首先需要考虑的技术指标是（   ）。

A.放大电路的电压增益 B.不失真问题   C.管子的工作效率

7.射极输出器的输出电阻小，说明该电路的（   ）。

A.带负载能力强   B.带负载能力差   C.减轻前级或信号源负荷

8.功率放大电路易出现的失真现象是（   ）。

A.饱和失真   B.截止失真   C.交越失真

9.基极电流 i_B 的数值较大时，易引起静态工作点 Q 接近（   ）。

A.截止区   B.饱和区   C.死区

10.射极输出器是典型的（   ）。

A.电流串联负反馈   B.电压并联负反馈   C.电压串联负反馈

2-3　判断题

1. 放大电路中的所有电容器，起的作用均为通交隔直。　　　　　　　　　　　（　　）
2. 设置静态工作点的目的是让交流信号叠加在直流量上全部通过放大器。　　（　　）
3. 晶体管的电流放大倍数通常等于放大电路的电压放大倍数。　　　　　　　（　　）
4. 微变等效电路中不但有交流量，也存在直流量。　　　　　　　　　　　　（　　）
5. 基本放大电路通常都存在零点漂移现象。　　　　　　　　　　　　　　　（　　）
6. 普通放大电路中存在的失真均为交越失真。　　　　　　　　　　　　　　（　　）
7. 差动放大电路能够有效地抑制零漂，因此具有很高的共模抑制比。　　　　（　　）
8. 共射放大电路输出波形出现上削波，说明电路出现了饱和失真。　　　　　（　　）
9. 放大电路的集电极电流超过极限值 I_{CM}，就会造成管子烧损。　　　　　　（　　）
10. 射极输出器是典型的电压串联负反馈放大电路。　　　　　　　　　　　（　　）

2-4　什么是静态？什么是静态工作点？温度对静态工作点有什么影响？

2-5　什么是放大器的输入电阻和输出电阻？它们的数值大小对电路性能有什么影响？

2-6　什么是零点漂移现象？产生这种现象的原因是什么？如何消除？

2-7　为削除交越失真，通常要给功放管加上适当的正向偏置电压，使基极存在微小的正向偏流，让功放管处于微导通状态，从而消除交越失真。那么，这一正向偏置电压是否越大越好呢？为什么？

2-8　指出图 2-51 所示各放大电路能否正常工作，如不能，请校正并加以说明。

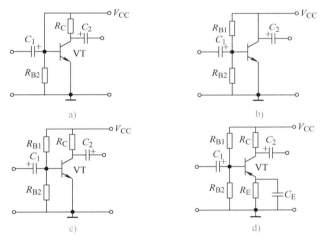

图 2-51　题 2-8 图

2-9　有一晶体管继电器电路，继电器的线圈作为放大电路的集电极电阻，线圈电阻 R_C=3kΩ，继电器动作电流为 6mA，晶体管的 β=50。求：

（1）基极电流多大时，继电器才能动作？

（2）电源电压 V_{CC} 至少要多少伏，才能使电路正常工作？

2-10　晶体管放大电路如图 2-52 所示，已知 V_{CC}=12V，R_C=3kΩ，R_B=240kΩ，β=50。求：

（1）试估算其静态工作点；

（2）在静态时（u_i=0），计算 C_1 和 C_2 上的电压，并标出极性。

2-11　一个 PNP 型的晶体管电路如图 2-53 所示。晶体管的 β=50，V_C=5V，试确定电阻 R_C 的值。此时当晶体管的 β 变化为 β=100 时，试问电路的工作情况发生了什么变化？

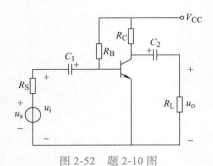

图 2-52 题 2-10 图

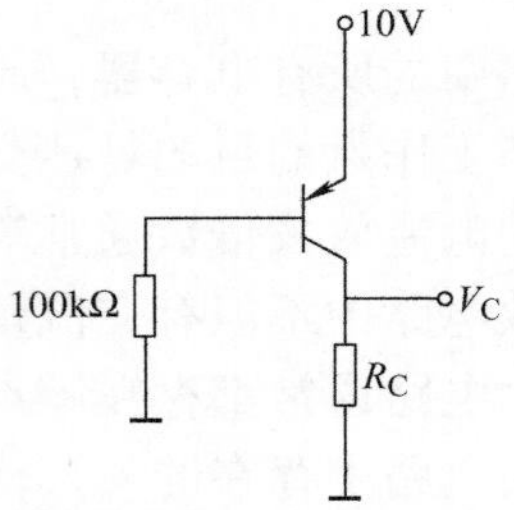

图 2-53 题 2-11 图

2-12 放大电路如图 2-54 所示，已知：$V_{CC}=12V$，$R_{B1}=120k\Omega$，$R_{B2}=39k\Omega$，$R_C=3.9k\Omega$，$R_E=2.1k\Omega$，$R_L=3.9k\Omega$，$r_{be}=1.4k\Omega$，电流放大系数 $\beta=50$，电路中电容容量足够大，要求：

（1）求静态值 I_{BQ}、I_{CQ} 和 U_{CEQ}（设 $U_{BEQ}=0.7V$）；

（2）画出放大电路的微变等效电路；

（3）求电压放大倍数 A_u、源电压放大倍数 A_{us}、输入电阻 R_i、输出电阻 R_o；

（4）去掉旁路电容 C_E，求电压放大倍数 A_u、输入电阻 R_i。

2-13 图 2-55 所示分压式偏置硅管放大电路中，已知 $R_C=3.3k\Omega$，$R_{B1}=40k\Omega$，$R_{B2}=10k\Omega$，$R_E=1.5k\Omega$，$\beta=70$。求静态工作点 I_{BQ}、I_{CQ} 和 U_{CEQ}。

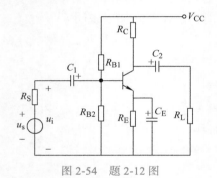

图 2-54 题 2-12 图

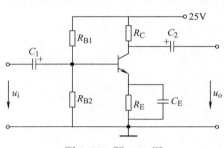

图 2-55 题 2-13 图

2-14 画出图 2-55 所示电路的微变等效电路，并对电路进行动态分析。要求解出电路的电压放大倍数 A_u、电路的输入电阻 r_i 及输出电阻 r_o。

2-15 共发射极放大器中集电极电阻 R_C 的作用是什么？

2-16 放大电路中为何设立静态工作点？静态工作点的高、低对电路有何影响？

2-17 为改善放大电路性能，引入负反馈的基本法则是什么？

项目3　制作与调试信号产生电路

项目剖析

信号发生器是一种能提供各种频率、波形和输出电平电信号的设备。在测量各种电信系统或电信设备的振幅特性、频率特性、传输特性及其他电参数，以及测量元器件的特性与参数时，用作测试的信号源或激励源。

信号发生器又称信号源或振荡器，在生产实践和科技领域中有着广泛的应用。能够产生多种波形，如三角波、锯齿波、矩形波（含方波）、正弦波的电路被称为函数信号发生器。通过对本项目的学习和实践，学会信号产生电路的制作与调试。

职业岗位目标

1.知识目标

（1）集成运算放大器的组成和主要性能指标。

（2）集成运算放大器的线性应用和非线性应用。

（3）函数信号发生器电路的结构和工作原理。

2.技能目标

（1）能识别集成运算放大器的引脚并进行相关测试。

（2）能对集成运算放大器性能进行判别。

（3）能用集成运算放大器制作与测试简单的实用电路。

3.素养目标

（1）锻炼自主学习的能力和认真的学习态度。

（2）具有大局观，要总体考虑电路布局与连接规范，使电路美观实用。

（3）具备健康管理能力，即注意安全用电和劳动保护，同时注重6S的养成和环境保护。

（4）任务实施过程中要专心专注、精益求精、不惧失败。

（5）具有一定的创新意识，小组成员间要做好分工协作，注重沟通和能力训练。

任务 3.1 认识与检测集成运算放大器

⚙ 任务导入

函数信号发生器电路中要使用集成运算放大器，简称为集成运放。集成运放最早应用于信号运算，所以称为运算放大器。随着电子技术的发展，集成运放的应用几乎渗透到电子技术的各个领域，除运算外，还可以产生信号和对信号进行处理、变换和测量，成为组成电子系统的基本功能单元。

⚙ 任务分析

通过电阻测量法或电压测量法判断集成运放质量的好坏，了解集成运放的基本组成，掌握集成运放的主要性能指标和集成运放在使用中应注意的问题。

⚙ 知识链接

将晶体管、二极管、电阻等元器件及连线全部集中制造在同一小块半导体基片上，成为一个完整的固体电路，这就是集成电路。与分立元器件电路相比，集成电路除了体积小、元器件高度集中外，还有以下特点：

1）所有元器件是在同一块硅片上用相同的工艺过程制造的，因而参数具有同向偏差，温度特性一致，因而特别适用于制造对称性要求较高的电路（如差分放大器）。

2）由于电阻元器件是由硅半导体的体电阻构成的，因而其阻值范围受到局限，一般在几十欧到几十千欧之间，为此，常采用晶体管恒流源来代替所需高阻值电阻。

3）集成电路工艺也不适用于制造几十皮法以上的电容，更难用于制造电感元件。采用直接耦合方式恰恰可以减少或避免使用大电容或电感，因此，集成电路中大都采用这种耦合方式。

4）集成电路中，在需用二极管的地方，常将晶体管的集电极和基极短接，用晶体管的发射结来代替二极管使用，其原因是这样的"二极管"正向压降的温度系数与同类型晶体管 U_{BE} 的温度系数很接近，因而温度补偿特性较好。

集成电路常有三种外形，即双列直插式、圆壳式和扁平式，如图 3-1 所示。

a) 双列直插式 b) 圆壳式 c) 扁平式

图 3-1 集成电路外形图

3.1.1 集成运算放大器的基本组成

集成运算放大器简称为集成运放，它实质上是用集成电路工艺制成的具有高增益、高输入电阻、低输出电阻的一个多级直接耦合放大器。由于在最初时运算放大器主要用于各种数学运算（如加法、减法、乘法、除法、积分、微分等），故至今仍保留这个名称。随着电子技术的飞速发展，集成运放的各项性能不断提高，因而应用领域日益扩大，已远远超过了数学运算领域。在控制、测量、仪表等诸多领域中，集成运放都发挥着重要作用。可以毫不夸张地说，集成运放早已成为模拟电子技术领域中的核心器件。

集成运放的内部通常包含四个基本组成部分：输入级、中间级、输出级、偏置电路，如图 3-2 所示。

图 3-2 集成运放内部结构图

输入级是接收微弱电信号、抑制零漂的关键一级，一般采用差分放大器。中间级一般采用共射放大电路，作用是提高放大倍数。输出级为功率放大电路，作用是提高电路的带负载能力，多采用互补对称输出级。偏置电路的作用是为集成运放各级提供合适的偏置电流。

3.1.2 集成运放的图形符号、引脚排列及特点

集成运放的图形符号如图 3-3 所示，图 3-3a 为国家标准符号，图 3-3b 为习惯通用符号。它有两个输入端，一个为同相输入端，另一个为反相输入端，在图形符号中分别用"＋""－"表示；有一个输出端。若反相输入端接地，输入信号加到同相输入端，则输出信号和输入信号极性相同；若同相输入端接地，输入信号加到反相输入端，则输出信号和输入信号极性相反。

a) 国家标准符号   b) 习惯通用符号

图 3-3 集成运放图形符号

随着半导体制造工艺水平的提高，已经把两个甚至多个集成运放制作在同一芯片上。双运放就是在同一芯片上制作了两个相同的运放。这种高密度封装，不仅缩小体积，更重要的是在同一芯片上同时制作多个运放，温度变化一致，电路一致性好。集成运放的外引脚排列因型号而异。双运放 LF353 引脚排列如图 3-4 所示。该器件是一种高速结型场效应晶体管（JFET）运算放大器，它具有宽的增益带宽积，$GBW=4MHz$，$R_{id}=10^{12}\Omega$，电源电压为 ±18V，电路内部采用了内补偿技术，使用时不需外接消振补偿电路。

四运放 LM324 引脚排列如图 3-5 所示。它是通用型单片高增益运算放大器，既可以电源使用，也可以双电源使用。参数如下：$U_{io}=\pm2mV$，$I_{io}=\pm5nA$，$A_{od}=100dB$，$K_{CMR}=70dB$。

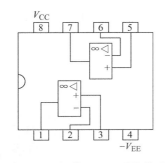

图 3-4 双运放 LF353 引脚排列

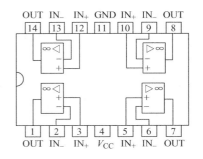

图 3-5 四运放 LM324 引脚排列

集成运放性能参数的测试应采用相应的测试电路进行，大规模生产和对参数要求较高的场合应采用专用仪器进行测试。

3.1.3 集成运放的主要技术指标

实际应用中可以通过元器件手册直接查到各种型号集成运放的技术指标。不过，并非一种集成运放的所有技术指标都是最优的，往往是各有侧重。而且，即使是同一型号的组件在性能上也存在一定

的分散性，使用前经常需要亲自测试。

（1）开环差模电压放大倍数 A_{od}　A_{od} 是集成运放在开环时（无外加反馈时）输出电压与输入差模信号电压之比，常用分贝（dB）表示。这个值越大越好，目前最高的可达 140dB 以上。

（2）输入失调电压 U_{OS}　理想情况下，集成运放的差分输入级完全对称，能够达到输入电压为零时输出电压亦为零。然而实际上并非如此理想，当输入电压为零时输出电压并不为零，若在输入端外加一个适当的补偿电压使输出电压为零，则外加的这个补偿电压称之为输入失调电压 U_{OS}。U_{OS} 越小越好，高质量的集成运放可达 1mV。

（3）输入失调电流 I_{OS}　I_{OS} 用来表征输入级差分对管的电流不对称所造成的影响，一般为 1nA～5μA，品质好的可小于 1nA。

（4）输入偏置电流 I_B　I_B 为常温下输入信号为零时，两输入端静态电流的平均值，它是衡量差分对管输入电流绝对值大小的标志。I_B 太大，不仅在不同信号源内阻的情况下对静态工作点有较大影响，而且也影响温漂和运算精度。一般为几百纳安，品质好的为几纳安。

（5）差模输入电阻 r_{id}　r_{id} 是集成运放两输入端之间的动态电阻。它是衡量差分对管从差模输入信号源索取电流大小的标志。一般为兆欧数量级。以场效应晶体管为输入级的 r_{id} 可达 $10^6 M\Omega$。

（6）输出电阻 r_o　r_o 是集成运放开环工作时，从输出端向里看进去的等效电阻，其值越小，说明集成运放带负载的能力越强。

（7）共模抑制比 K_{CMR}　K_{CMR} 是差模电压放大倍数与共模电压放大倍数之比，即 $K_{CMR}=|A_{od}/A_{oc}|$，若以分贝表示，则 $K_{CMR}=20\lg|A_{od}/A_{oc}|$。该值越大，说明输入差分级各参数对称程度越好。一般为 100dB 上下，品质好的可达 160dB。

（8）最大差模输入电压 U_{idm}　U_{idm} 是指同相输入端和反相输入端之间所能承受的最大电压值。所加电压若超过 U_{idm}，则可能使输入级的晶体管反向击穿而损坏。

（9）最大共模输入电压 U_{icm}　U_{icm} 是集成运放在线性工作范围内所能承受的最大共模输入电压。若超过这个值，则集成运放会出现 K_{CMR} 下降、失去差模放大能力等问题。高质量的可达正、负十几伏。

除了以上介绍的指标外，还有最大输出电压幅值、带宽、转换速率、电源电压抑制比等。实用中，考虑到价格低廉与采购方便，一般应选择通用型集成运放；特殊需要时，则应选择专用型集成运放。

3.1.4　集成运放的理想化条件及传输特性

在分析集成运放组成的各种电路时，将实际集成运放作为理想运放来处理，并分清它的工作状态是在线性区还是非线性区是十分重要的。

1.理想集成运放及其分析方法

（1）理想运算放大器　理想运算放大器满足以下各项技术指标。

1）开环差模电压放大倍数 $A_{od}=\infty$。

2）输入电阻 $r_{id}=\infty$。

3）输出电阻 $r_o=0$。

4）共模抑制比 $K_{CMR}=\infty$。

5）失调电压、失调电流及它们的温漂均为 0。

6）带宽 $f_{bw}=\infty$。

理想运放的
条件和传输
特性

尽管真正的理想运算放大器并不存在，然而实际集成运放的各项技术指标与理想运放的指标非常接近，特别是随着集成电路制造水平的提高，两者之间差距已很小。因此，在实际操作中，将集成运放理想化，按理想运放进行分析计算，其结果十分符合实际情况，对一般工程计算来说都可满足要求。

（2）集成运放的线性区与非线性区　在分析应用电路的工作原理时，必须分清集成运放是工作在线性区还是非线性区。工作在不同区域，所遵循的规律是不相同的。

1）线性区。当集成运放工作在线性区时，其输出信号随输入信号做如下变化：

$$u_o = A_{od}(u_+ - u_-) \qquad (3\text{-}1)$$

这就是说，线性区内输出电压与差模输入电压呈线性关系。由于一般的集成运放 A_{od} 值很大，为了使其工作在线性区，通常引入深度负反馈。

对理想运放来说，工作在线性区时，可有以下两条结论：

① 同相输入端电位等于反相输入端电位。这是由于理想运放的 $A_{od} = \infty$，而 u_o 为有限数值，故由式（3-1）有 $u_+ - u_- = 0$，即

$$u_+ = u_- \qquad (3\text{-}2)$$

人们把集成运放两个输入端电位相等称为"虚短"。"虚短"的意思就是，式（3-2）包含同相端与反相端两者短路的含义，但并非真正的短路。

② 由理想运放的 $r_{id} = \infty$，可知其输入电流等于零，即

$$i_+ = i_- = 0 \qquad (3\text{-}3)$$

这个结论也称为"虚断"。"虚断"只是指输入端电流趋近于零，而不是输入端真正断开。

利用式（3-2）和式（3-3）再加上其他电路条件，可以较方便地分析和计算各种工作在线性区的集成运放电路。因此，上述两条结论是非常重要的。

2）非线性区。由于集成运放的开环电压放大倍数 A_{od} 很大，那么，当它工作在开环状态（即未接深度负反馈）或加有正反馈时，只要有差模信号输入，哪怕是微小的电压信号，集成运放都将进入非线性区，其输出电压不再遵循式（3-1）的规律，而是立即达到正向饱和电压 U_{om} 或负向饱和电压 $-U_{om}$。U_{om} 或 $-U_{om}$ 在数值上接近运放的正负电源电压值。

对于理想运放来说，工作在非线性区时，可有以下两条结论：

① 输入电压 u_+ 与 u_- 可以不相等，输出电压 u_o 非正饱和即负饱和。也就是

$$\begin{cases} u_+ > u_- \text{时，} u_o = +U_{om} \\ u_+ < u_- \text{时，} u_o = -U_{om} \end{cases} \qquad (3\text{-}4)$$

而 $u_+ = u_-$ 时是两种状态的转换点。

② 输入电流为零，即 $i_+ = i_- = 0$。可见，"虚断"在非线性区仍然成立。

2. 集成运放理想化条件

实际的集成运放不可能具有理想特性，但是在低频工作时它的特性是接近理想的，例如 μA741，其典型开环差模电压增益为 2×10^5，差模输入电阻为 $2M\Omega$，输出电阻为 75Ω。因此在低频情况下，在实际使用和分析集成运放电路时，就可以近似地把它看成理想集成运算放大器。

3. 电压传输特性

集成运放的电压传输特性是输出电压与输入电压（同相输入端与反相输入端之间电压差值）的关系曲线，函数式为

$$u_o = f(u_+ - u_-) = A_{od}(u_+ - u_-) \qquad (3\text{-}5)$$

由此可画出集成运放开环情况下的电压传输特性如图 3-6 所示。集成运放有两个工作区。一是饱和区（称为非线性区），集成运放由双电源供电时输出饱和值，不是 $+U_{om}$，就是 $-U_{om}$；二是放大区（又称线性区），曲线的斜率为电压放大倍数，理想运放 $A_{od} = \infty$，在放大区的曲线与纵坐标重合。但实

际上是不可能的，即实际中的集成运放的特性是非理想的，放大区特性曲线如图 3-6 中实线 ab 线段或 $a'b'$ 线段所示。

3.1.5 集成运算放大器的使用

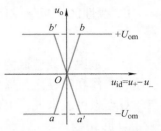

图 3-6 集成运放开环情况下的电压传输特性

1. 集成运算放大器的选择

在由集成运算放大器组成的各种系统中，由于应用要求不一样，对性能要求也不一样。

在没有特殊要求的场合，尽量选用通用型集成运算放大器，这样既降低成本，又容易保证货源。当一个系统中使用多个集成运算放大器时，尽可能选用多运算放大器集成电路，例如 LM324、LF347 等都是将 4 个集成运算放大器封装在一起的集成电路。

实际选择集成运算放大器时，除性能参数要考虑之外，还应考虑其他因素。例如信号源的性质（是电压源还是电流源），负载的性质，集成运算放大器输出电压和电流是否满足要求，环境条件，精度要求，集成运算放大器允许工作范围、功耗与体积等因素是否满足要求等。

2. 集成运算放大器参数的测试

以 μA741 为例，其引脚排列如图 3-7a 所示。其中引脚 2 为反相输入端，引脚 3 为同相输入端，引脚 7 接正电源 15V，引脚 4 接负电源 −15V，引脚 6 为输出端，引脚 1 和引脚 5 之间应接调零电位器。μA741 的开环电压增益 A_{od} 约为 94dB（5×10^4 倍）。

用万用表估测 μA741 的放大能力时，需接上 ±15V 电源。万用表拨至 50V 档，电路如图 3-7b 所示。测量运算放大器输出端与负电源端之间的电压值，由于运放处于截止状态，这时输出端的静态电压值较高。然后用手持镊子，依次触碰运放的两个输入端，相当于加入干扰信号，如果万用表指针有较大幅度的摆动，说明该运算放大器正常，摆动越大，说明被测运放的增益越高，指针摆动很小，说明其放大能力较差，如果万用表的指针不动，则说明该运算放大器已损坏。

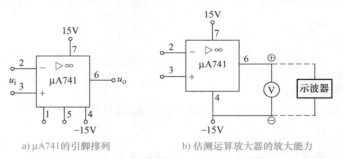

a) μA741的引脚排列   b) 估测运算放大器的放大能力

图 3-7 μA741 引脚排列及放大能力估测

3. 集成运算放大器使用注意事项

（1）集成运算放大器的电源供给方式 集成运算放大器有两个电源接线端 V_{CC} 和 $-V_{EE}$，但有不同的电源供给方式。不同的电源供给方式对输入信号的要求是不同的。

1）对称双电源供电方式。集成运算放大器多采用这种方式供电。相对于公共端（地）的正电源（$+E$）与负电源（$-E$）分别接于运算放大器的 V_{CC} 和 $-V_{EE}$ 引脚上。在这种方式下，可把信号源直接接到运算放大器的输入引脚上，而输出电压的振幅可达正负对称电源电压。

2）单电源供电方式。单电源供电是将集成运算放大器的 $-V_{EE}$ 引脚连接到接地端上。此时为了保证集成运算放大器内部单元电路具有合适的静态工作点，在集成运算放大器输入端一定要加入一直流电位。此时集成运算放大器的输出是在某一直流电位基础上随输入信号变化。静态时，集成运算放大器的输出电压近似为 $V_{CC}/2$，为了隔离掉输出中的直流成分要接入电容。

（2）集成运算放大器的调零问题　由于集成运算放大器输入失调电压和输入失调电流的影响，当集成运算放大器组成的线性电路输入信号为零时，输出往往不等于零。为了提高电路的运算精度，要求对失调电压和失调电流造成的误差进行补偿，这就是集成运算放大器的调零。常用的调零方法有内部调零和外部调零，对于没有内部调零端子的集成运算放大器，只有采用外部调零方法。以 μA741 为例，图 3-8 给出了常用调零电路，其中图 3-8a 所示的是内部调零电路，图 3-8b 是外部调零电路。

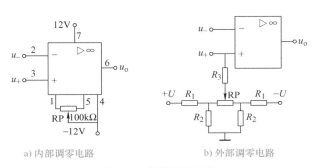

a) 内部调零电路　　　　　　　b) 外部调零电路

图 3-8　常用调零电路

（3）集成运算放大器的自激振荡问题　运算放大器是一个高放大倍数的多级放大器，在接成深度负反馈条件下，很容易产生自激振荡。自激振荡使放大器的工作不稳定。为了消除自激振荡，有些集成运算放大器内部已设置了消除自激的补偿网络，有些则引出消振端子，采用外接一定的频率补偿网络进行消振，如接 RC 补偿网络。另外，防止通过电源内阻造成低频振荡或高频振荡的措施是在集成运算放大器的正、负供电电源的输入端对地之间并接入一电解电容（10μF）和一高频滤波电容（0.01 ～ 0.1μF）。

（4）集成运算放大器的保护问题　集成运算放大器在使用中常因以下 3 个原因被损坏：①输入信号过大，使 PN 结击穿；②电源电压极性接反或过高；③输出端直接接"地"或接电源，此时，集成运算放大器将因输出级功耗过大而被损坏。因此，为使集成运算放大器安全工作，也需要从这 3 个方面进行保护。

1）输入端保护。防止输入差模电压过大的保护电路如图 3-9a 所示，它可将输入电压限制在二极管的正向导通电压以内；图 3-9b 所示是防止共模电压过大的保护电路，它限制集成运算放大器的共模输入电压不超过 $-U \sim U$ 的范围。

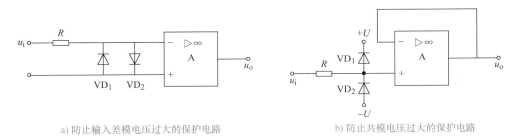

a) 防止输入差模电压过大的保护电路　　　　　　b) 防止共模电压过大的保护电路

图 3-9　输入端保护电路

2）输出端保护。对于内部没有限流或短路保护的集成运算放大器，可以采用图 3-10 所示的输出端保护电路。其中图 3-10a 将双向击穿稳压二极管接在电路的输出端，而图 3-10b 则将双向击穿稳压二极管接在反馈回路中，都能限制输出电压的幅值。

3）电源端保护。为防止正负电源接反，可利用二极管的单向导电性，在电源端串接二极管来实现保护，如图 3-11 所示。如果电源接错，则二极管反向截止，电源被断开。

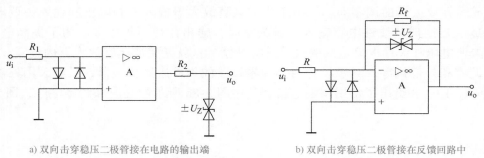

a) 双向击穿稳压二极管接在电路的输出端   b) 双向击穿稳压二极管接在反馈回路中

图 3-10 输出端保护电路

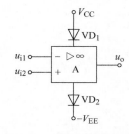

图 3-11 电源端保护电路

1. 设备与元器件

本任务用到的设备与元器件包括指针式万用表、数字式万用表，直流稳压电源，集成运算放大器 LM324、μA741 等。

2. 任务实施过程

（1）识读集成运算放大器型号 拿到集成运算放大器后，首先观察其外形，正确区分集成运算放大器的各引脚，了解集成运算放大器各引脚的功能及用途。

（2）检测集成运算放大器 LM324 的好坏 用万用表检测集成运放的好坏，方法为选择万用表 $R \times 1k$ 档分别测量各引脚间的电阻值，LM324 典型数据见表 3-1。

表 3-1 测量 LM324 电阻值的典型数据

黑表笔位置	红表笔位置	正常电阻值 /kΩ	异常电阻值
V_{CC}	GND	16～17	0 或 ∞
GND	V_{CC}	5～6	0 或 ∞
V_{CC}	IN+	50	0 或 ∞
V_{CC}	IN−	55	0 或 ∞
OUT	V_{CC}	20	0 或 ∞
OUT	GND	60～65	0 或 ∞

用万用表测量各引脚间的电阻值并与典型值比较，判断集成运算放大器的好坏。

将检测结果记录在表 3-2 中。

表 3-2 元器件检测结果

元器件	识别及检测内容				
	型号	封装形式	面对标注面，引脚向下，画出其外形示意图，标出引脚名称	各引脚间电阻值	质量好坏
集成运算放大器	LM324				
	μA741				

测试时应该注意以下几点：

① 分别检查 LM324 的 4 个运算放大器，各对应的引脚间的电阻值应基本相等，否则参数的一致性差。

② 若用不同的型号万用表的 $R \times 1k$ 档测量，电阻值会略有差异。但在上述测量中，只要有一次电阻值为零，即说明内部有短路故障；读数为无穷大时，则说明开路损坏。

（3）估测集成运算放大器 LM324 的放大能力　给集成运算放大器 LM324 接 ±15V 电源，用电压测量法估测其放大能力。

（4）收获与总结　通过本实训任务，你掌握了哪些技能？学会了哪些知识？在实训过程中遇到了什么问题？是怎么处理的？请填写在表 3-3 中。

表 3-3　收获与总结

序号	掌握的技能	学会的知识	出现的问题	处理方法
1				
2				
3				
心得体会：				

创 新 方 案

你有更好的思路和做法吗？请给大家分享一下吧。

（1）判断运算放大器的好坏，可以尝试用示波器检测。

（2）_____

（3）_____

任 务 考 核

根据表 3-4 所列考核内容和考核标准对本次任务的完成情况开展自我评价与小组评价，将评价结果填入表中。

表 3-4　任务综合评价

任务名称		姓名		组号	
考核内容	考核标准	评分标准		自评得分	组间互评得分
职业素养（20分）	·工具摆放、着装等符合规范（2分） ·操作工位卫生良好，保持整洁（2分） ·严格遵守操作规程，不浪费原材料（4分） ·无元器件损坏（6分） ·无用电事故、无仪器损坏（6分）	·工具摆放不规范，扣1分；着装等不符合规范，扣1分 ·操作工位卫生等不符合要求，扣2分 ·未按操作规程操作，扣2分；浪费原材料，扣2分 ·元器件损坏，每个扣1分，扣完为止 ·因用电事故或操作不当而造成仪器损坏，扣6分 ·人为故意造成用电事故、损坏元器件、损坏仪器或其他事故，本次任务计0分			
元器件检测（10分）	·能使用仪表正确检测元器件（5分） ·正确填写表3-2检测数据（5分）	·不会使用仪器，扣2分 ·元器件检测方法错误，每次扣1分 ·数据填写错误，每个扣1分			
装配（20分）	·元器件布局合理、美观（10分） ·布线合理、美观，层次分明（10分）	·元器件布局不合理、不美观，扣1～5分 ·布线不合理、不美观，层次不分明，扣1～5分 ·布线有断路，每处扣1分；布线有短路，每处扣5分			

（续）

任务名称		姓名		组号	
考核内容	考核标准	评分标准		自评 得分	组间互评 得分
调试 （30分）	能使用仪器仪表检测，能排除故障，达到预期的效果（30分）	• 一次调试成功，数据填写正确，得30分 • 在教师的帮助下调试成功，扣5分；调试不成功，得0分			
团队合作 （10分）	主动参与，积极配合小组成员，能完成自己的任务（5分）	• 参与完成自己的任务，得5分 • 参与未完成自己的任务，得2分 • 未参与未完成自己的任务，得0分			
	能与他人共同交流和探讨，积极思考，能提出问题，能正确评价自己和他人（5分）	• 交流能提出问题，正确评价自己和他人，得5分 • 交流未能正确评价自己和他人，得2分 • 未交流未评价，得0分			
创新能力 （10分）	能进行合理的创新（10分）	• 有合理创新方案或方法，得10分 • 在教师的帮助下有创新方案或方法，得6分 • 无创新方案或方法，得0分			
最终成绩		教师评分			

思考与提升

记录测量数据，完成过程检测数据，并思考以下问题：

1. LM324中4个运算放大器对应引脚间的电阻值越接近，说明其参数的一致性越_____。

2. 在用电压测量法估测LM324的放大能力时，若加入干扰信号时万用表指针摆动大，说明其增益_____；若指针不摆动，则说明_____。

任务小结

1. 实验过程注意用电安全，运算放大器芯片LM324必须接上直流稳压电源后才能正常工作，运算放大器芯片与电源连接时注意电源的正负极性。

2. 为了保证集成芯片的安全，电源与输入信号的连接方法应该是：接入时先接电源，再加入输入信号；改接或拆除时则相反，即先去掉输入信号后再断开电源。

3. 在使用示波器观察波形时，示波器"Y轴灵敏度"旋钮位置调好后，不要再变动，否则将不方便比较各个波形情况。

任务3.2　制作与调试集成运放典型应用电路

任务导入

在集成运放的输出端与输入端之间加上反馈网络就可以组成具有各种功能的电路。当反馈网络为线性电路并引入深度负反馈时，可实现加、减、乘、除等模拟运算功能；当集成运放工作在开环或正反馈状态时，只要输入一个很小的电压信号，即可使集成运放进入非线性区，电压比较器是集成运放工作于非线性区的典型应用电路。

任务分析

通过对反相比例运算电路、同相比例运算电路、电压比较器等典型应用的组装与测试，学习集成运放线性应用与非线性应用的条件及其特点；掌握各种典型电路的性能及其具体应用，学会集成运放常见应用电路的分析和测试方法。

知识链接

如前所述，运算放大器最早用于模拟电子计算机中，完成对信号的数学运算。随着集成运放的发展，其适用范围已远远超出运算范畴，在各种模拟信号和脉冲信号的测量、处理、产生、变换等方面也都获得了广泛的应用。

3.2.1　集成运放的线性应用——运算电路

把集成运放接成负反馈组态是集成运放线性应用的必要条件。前面学习了负反馈对放大电路的影响，负反馈同样能够改善集成运放的性能。

集成运放外加不同的反馈网络，可以实现比例、加法、减法、积分、微分、对数、指数等多种基本运算。这里主要介绍比例、加法、减法、积分以及微分运算。由于对模拟量进行上述运算时，要求输出信号反映输入信号的某种运算结果，这就要求输出电压在一定范围内变化，故集成运放应工作在线性区，为此在电路中必须引入深度负反馈。

运放线性应用的条件及分析

1. 比例运算电路

（1）反相比例运算电路　反相比例运算电路（又称反相输入放大器）的基本形式如图 3-12 所示。它实际上是一个深度的电压并联负反馈放大器。输入信号 u_i 经电阻 R_1 加至集成运放反相端，反馈支路由 R_f 构成，将输出电压 u_o 反馈至反相输入端。

1）"虚地"的概念。由于理想运放的 $i_+ = i_- = 0$，所以 R_2 上无压降，即 $u_+ = 0$，再由 $u_+ = u_-$，有 $u_- = 0$。这就是说，反相端也为地电位，但反相端并未直接接地，故称它为"虚地"。"虚地"是反相比例运算的重要特征。

2）比例系数（电压放大倍数）。在图 3-12 中，根据"虚地"，$u_- = 0$，有

$$i_f = \frac{u_- - u_o}{R_f} = -\frac{u_o}{R_f}$$

根据"虚断"，有　　　　　　　　　　　　　　　　　　$i_1 = i_f$

而　　　　$i_1 = \frac{u_i - u_-}{R_1} = \frac{u_i}{R_1}$，所以　　　　$\frac{u_i}{R_1} = -\frac{u_o}{R_f}$

即

$$u_o = -\frac{R_f}{R_1} u_i$$

或

$$A_{uf} = \frac{u_o}{u_i} = -\frac{R_f}{R_1} \tag{3-6}$$

式（3-6）表明，集成运放的输出电压与输入电压之间成比例关系，比例系数（即电压放大倍数）仅取决于反馈网络的电阻比值 R_f/R_1，而与集成运放本身的参数无关。当改变 R_f、R_1 电阻值时，就可

以方便地改变这个电路的电压放大倍数。式（3-6）中的负号表示输出电压与输入电压反相。当选取 $R_f=R_1$ 时，有 $u_o=-u_i$，即输出电压与输入电压大小相等、相位相反。这种电路称为反相器。

在图 3-12 所示电路中，同相输入端与地之间接有一个电阻 R_2，这个电阻是为了保持集成运放电路静态平衡而设置的。集成运放的输入级均由差分放大电路组成，其两边参数值需要对称，以保持静态平衡。在输入信号电压为零时，输出电压也为零，在此静态下，电阻 R_1 和 R_f 相当于并联地接在运放反相端与地之间，这个并联电阻相当于差分输入级晶体管基极电阻，为使两输入端对地电阻相等，在同相输入端与地之间也接入一个电阻 R_2，并使 $R_2=R_1//R_f$。R_2 称为平衡电阻。

3）输入、输出电阻。由于反相输入端为虚地（$u_-=0$），所以，反相比例运算电路输入电阻为

$$r_i = \frac{u_i}{i_i} = R_1 \qquad (3\text{-}7)$$

在保证一定的放大倍数 A_{uf} 情况下，R_1 的值不能取得过大，否则使用时会影响精度。

集成运放输出电阻很小，因反相比例运算电路引入的反馈为电压负反馈，其输出电阻为运放输出电阻除以反馈深度，故本电路的输出电阻 $r_o \approx 0$。

【例 3-1】在图 3-12 中，已知 $R_1=10\text{k}\Omega$，$R_f=500\text{k}\Omega$。求电压放大倍数 A_u、输入电阻 r_i、平衡电阻 R_2。

解：
$$A_u = -\frac{R_f}{R_1} = -\frac{500}{10} = -50$$

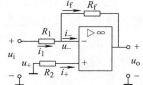

图 3-12　反相比例运算电路

$$r_i = R_1 = 10\text{k}\Omega$$

$$R_2 = R_1 // R_f = \frac{10 \times 500}{10 + 500}\text{k}\Omega = 9.8\text{k}\Omega$$

（2）同相比例运算电路　同相比例运算电路（又称同相输入放大器）的基本形式如图 3-13 所示。它实际上是一个深度的电压串联负反馈放大器。输入信号 u_i 经电阻 R_2 加至集成运放同相输入端。R_f 将输出电压 u_o 反馈至反相输入端。输出电压通过反馈电阻 R_f 和 R_1 组成的分压电路，取 R_1 上的分压作为反馈信号加到反相输入端。R_2 为平衡电阻，要求 $R_2=R_1//R_f$。

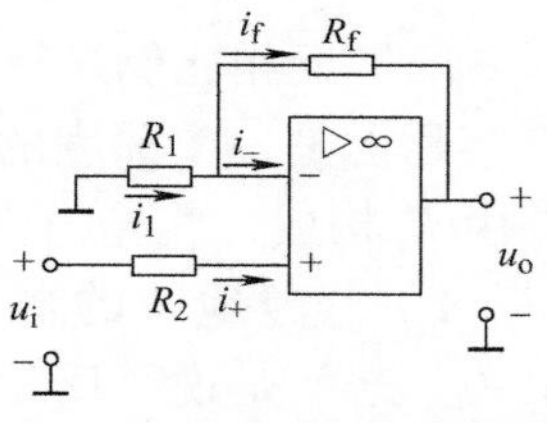

图 3-13　同相比例运算电路

1）比例系数（电压放大倍数）。由"虚断"，有

$$i_+=i_-=0$$

故　　　　　　　　　　　　　　　　　　　$i_1=i_f$

由"虚短"，有　　　　　　　　　　　　$u_-=u_+=u_i$

可列出方程

$$i_1 = \frac{0-u_-}{R_1} = -\frac{u_i}{R_1} \qquad i_f = \frac{u_- - u_o}{R_f} = -\frac{u_i - u_o}{R_f}$$

二者相等并整理得

$$u_o = \left(1 + \frac{R_f}{R_1}\right)u_i$$

电压放大倍数为

$$A_{uf} = \frac{u_o}{u_i} = 1 + \frac{R_f}{R_1} \qquad (3\text{-}8)$$

式（3-8）表明，集成运放的输出电压与输入电压之间仍成比例关系，比例系数（即电压放大倍数）仅取决于反馈网络的电阻值 R_f 和 R_1，而与集成运放本身的参数无关。A_{uf} 为正值，表明输出电压与输入电压同相。当 $R_f=0$（反馈电阻短路）或 $R_1=\infty$（反相输入端电阻开路）时，$A_{uf}=1$。这时，输出电压等于输入电压，所以，把这种电路称为电压跟随器，它是同相输入放大器的特例。

2）输入、输出电阻。同相比例运算电路是深度电压串联负反馈电路，能提高输入电阻、减小输出电阻。因此，同相比例运算电路的输入电阻很高（$r_i \to \infty$），而输出电阻很低（$r_o \approx 0$）。

由集成运放构成的电压跟随器由于输入电阻很高，几乎不向前级电路取用电流，而它的输出电阻很低，向后级电路提供电流时，几乎不存在内阻，所以在电子线路中常用作隔离器。

2. 加法运算电路

（1）反相加法运算　图 3-14 所示为反相加法运算电路。加法运算即对多个输入信号进行求和，该电路实际上是在反相输入放大器的基础上又多加了几个输入端而构成的。电路中，有两个输入信号 u_{i1}、u_{i2}，它们分别通过电阻 R_1、R_2 加至运算放大器的反相输入端，R_3 为平衡电阻，要求 $R_3=R_1//R_2//R_f$。

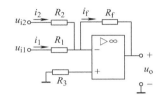

图 3-14　反相加法运算电路

由"虚地"可知

$$i_1 = \frac{u_{i1}-u_-}{R_1} = \frac{u_{i1}}{R_1} \quad i_2 = \frac{u_{i2}}{R_2} \quad i_f = -\frac{u_o}{R_f}$$

列出反相输入端的节点电流方程，有　　　$i_f = i_1 + i_2$

将各电流表达式代入上式并整理，有

$$u_o = -\left(\frac{R_f}{R_1}u_{i1} + \frac{R_f}{R_2}u_{i2} \right)$$

当 $R_1=R_2=R$ 时，有

$$u_o = -\frac{R_f}{R}\left(u_{i1} + u_{i2} \right) \qquad\qquad（3\text{-}9）$$

当 $R=R_f$ 时，有 $\qquad\qquad\qquad u_o = -\left(u_{i1} + u_{i2} \right) \qquad\qquad（3\text{-}10）$

可见，通过适当选择电阻值，可使输出电压与输入电压之和成正比，完成了加法运算。相加的输入信号数目可以增至 5～6 个。

上述结论也可通过叠加定理得出。

（2）同相加法运算　图 3-15 所示为同相加法运算电路。它是同相输入端有两个输入信号的加法电路。与同相比例运算电路相比，这个同相加法电路只是增加了一个输入支路。

可用叠加定理进行分析。

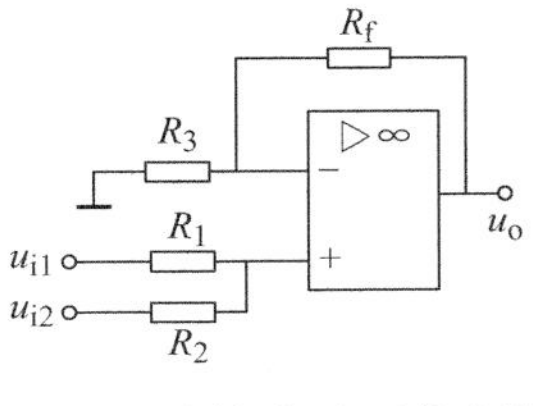

u_{i1} 单独作用时：$\qquad u'_+ = \frac{R_2}{R_1+R_2}u_{i1} \qquad u'_o = \left(1+\frac{R_f}{R_3} \right)\frac{R_2}{R_1+R_2}u_{i1}$

u_{i2} 单独作用时：$\qquad u''_+ = \frac{R_1}{R_1+R_2}u_{i2} \qquad u''_o = \left(1+\frac{R_f}{R_3} \right)\frac{R_1}{R_1+R_2}u_{i2}$

图 3-15　同相加法运算电路

u_{i1}、u_{i2} 共同作用时：$\quad u_o = u'_o + u''_o = \left(1+\frac{R_f}{R_3} \right)\frac{R_1R_2}{R_1+R_2}\left(\frac{u_{i1}}{R_1} + \frac{u_{i2}}{R_2} \right) \qquad（3\text{-}11）$

若取 $R_1=R_2$，$R_3=R_f$，则 $\qquad\qquad u_o = u_{i1} + u_{i2} \qquad\qquad（3\text{-}12）$

3. 减法运算电路

减法运算电路如图 3-16 所示，又称为差分输入放大电路。输入信号 u_{i1} 和 u_{i2} 分别加至反相输入端和同相输入端。对该电路也可用"虚短"和"虚断"特点，或应用叠加定理根据同相、反相比例电路已有的结论进行分析。

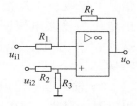

图 3-16　减法运算电路

设 u_{i1} 单独作用，电路相当于一个反相比例运算电路，输出电压 u_{o1} 为

$$u_{o1} = -\frac{R_f}{R_1}u_{i1}$$

当 u_{i2} 单独作用时，电路相当于一个同相比例运算电路，输出电压 u_{o2} 为

$$u_{o2} = \left(1+\frac{R_f}{R_1}\right)u_+ = \left(1+\frac{R_f}{R_1}\right)\frac{R_3}{R_2+R_3}u_{i2}$$

由此可求得总输出电压 u_o 为

$$u_o = u_{o1} + u_{o2} = -\frac{R_f}{R_1}u_{i1} + \left(1+\frac{R_f}{R_1}\right)\frac{R_3}{R_2+R_3}u_{i2} \tag{3-13}$$

当 $R_1 = R_2$，$R_3 = R_f$ 时，则

$$u_o = \frac{R_f}{R_1}(u_{i2} - u_{i1}) \tag{3-14}$$

即输出电压实现了两输入电压的减法运算。这个减法电路实际就是一个差动放大电路。由于该电路也存在共模电压，要保证一定的运算精度，应选用共模抑制比高的集成运算放大器。差动放大电路除可作为减法运算电路外，还广泛用于自动检测仪器中。

4. 积分与微分运算电路

（1）积分运算电路　积分运算电路是一种基本运算电路。在反相比例运算电路中，将反馈电阻 R_f 用电容 C 代替，就成了积分运算电路，如图 3-17 所示。图中，平衡电阻 $R_1 = R$。

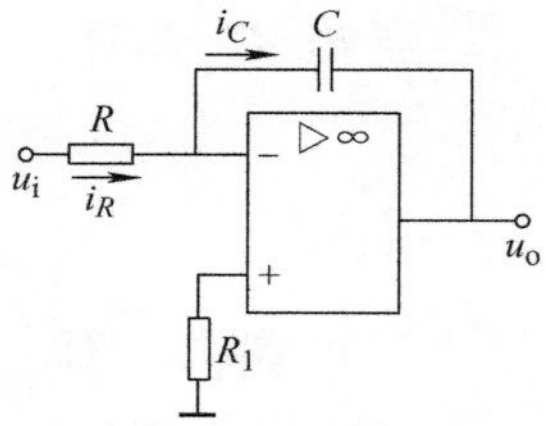

利用"虚短""虚断"特性可列出 $\qquad i_C = i_R = \dfrac{u_i}{R}$

图 3-17　积分运算电路

若 C 上起始电压为零，则 $\qquad\qquad u_C = \dfrac{1}{C}\int_0^t i_C \mathrm{d}t$

$$u_o = -u_C = -\frac{1}{C}\int_0^t i_C \mathrm{d}t = -\frac{1}{RC}\int_0^t u_i \mathrm{d}t \tag{3-15}$$

可见，输出电压 u_o 与输入电压 u_i 成积分关系，实现了积分运算。负号表示输出与输入反相。RC 为积分时间常数，其值大小决定积分作用的强弱。RC 越小，积分作用越强，反之积分作用越弱。

积分电路除用于积分运算外，还可以实现波形变换。当输入信号为方波和正弦波时，输出电压波形如图 3-18a、b 所示。

（2）微分运算电路　微分与积分互为逆运算。将图 3-17 中的 C 与 R 互换位置，即成为微分运算电路，如图 3-19 所示。

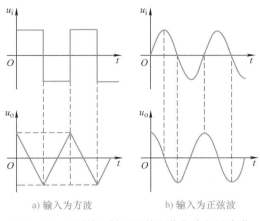

a) 输入为方波　　　　b) 输入为正弦波

图 3-18　不同输入情况下的积分电路电压波形

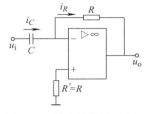

图 3-19　基本微分运算电路

利用"虚短""虚断"特性，可得

$$i_C = C\frac{\mathrm{d}u_\mathrm{i}}{\mathrm{d}t}, \quad i_R = -\frac{u_\mathrm{o}}{R}, \quad i_C = i_R$$

$$u_\mathrm{o} = -Ri_R = -RC\frac{\mathrm{d}u_\mathrm{i}}{\mathrm{d}t}$$

可见，输出电压 u_o 与输入电压 u_i 成微分关系，实现了微分运算。RC 为微分时间常数，RC 值越大，微分作用越强；反之，微分作用越弱。

在上述微分电路中，由于电容 C 的存在，使其对高频干扰及高频噪声反应灵敏，影响输出信号的质量。而且，在反馈网络中，R、C 具有一定的滞后相移，与集成运放本身的滞后相移叠加，则容易产生高频自激，造成电路工作不稳定。为此，实用中常按图 3-20a 所示电路加以改进。R_1 限制输入电流，也就限制了 R 中的电流，VZ_1、VZ_2 用以限制输出电压，防止阻塞现象产生，C_1 为小容量电容，起相位补偿作用，防止产生自激振荡。若输入为方波，且 $RC \ll T/2$（T 为方波周期），则输出为尖脉冲，如图 3-20b 所示。

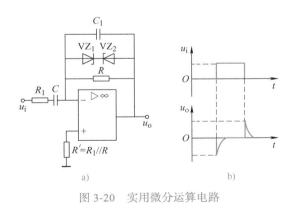

a)　　　　　　　　b)

图 3-20　实用微分运算电路

3.2.2　集成运放的非线性应用——电压比较器

运放的非线性应用及分析

1. 集成运放非线性应用的条件和特点

当集成运放工作在开环状态或外接正反馈时，由于集成运放的开环放大倍数很大，只要有微小的电压信号输入，就使输出信号超出线性放大范围，工作在非线性工作状态。为了简化分析，同集成运放的线性运用一样，仍然假设电路中的集成运放为理想元器件。此时，有以下两个重要特点：

1）理想运放的输出电压。理想运放的输出电压 u_o 只有两种可能：当 $u_+ > u_-$ 时，$u_o = U_{om}$；当 $u_+ < u_-$ 时，$u_o = -U_{om}$。即输出电压不是正向饱和电压 U_{om}，就是负向饱和电压 $-U_{om}$。

2）理想运放的输入电流。理想运放两个输入端的输入电流等于零，仍有"虚断"特性。在非线性区内，虽然 $u_+ \neq u_-$，但因理想运放的 $r_{id} \to \infty$，故仍认为输入电流为零，即 $i_+ = i_- = 0$。

集成运放处于非线性状态时的电路统称为非线性应用电路。这种电路大量地被用于信号比较、信号转换和信号发生以及自动控制系统和测试系统中。

2. 电压比较器

电压比较器是用来比较输入电压信号（被测信号）与另一个电压信号（或基准电压信号），并根据结果输出高电平或低电平的一种电子电路。在自动控制中，常通过电压比较电路将一个模拟信号与基准信号相比较，并根据比较结果决定执行机构的动作。各种越限报警器就是利用这一原理工作的。

（1）单值电压比较器

1）单值电压比较器的工作原理。开环工作的运算放大器是最基本的单值比较器，反相输入电路如图 3-21a 所示。

在电路中，输入信号 u_i 与基准电压 U_{REF} 进行比较。当 $u_i < U_{REF}$ 时，$u_o = U_{om}$；当 $u_i > U_{REF}$ 时，$u_o = -U_{om}$，在 $u_i = U_{REF}$ 时，u_o 发生跳变。该电路理想电压传输特性如图 3-21b 所示。

同相输入单值比较器实用电路如图 3-21c 所示。图中，R 为稳压二极管限流电阻。

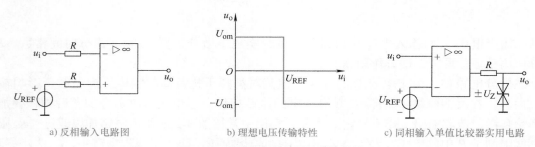

a) 反相输入电路图   b) 理想电压传输特性   c) 同相输入单值比较器实用电路

图 3-21 单值电压比较器及传输特性

如果以地电位为基准电压，即同相输入端通过电阻 R 接地，组成如图 3-22a 所示的电路，该电路为一个过零比较器，则

当 $u_i < 0$ 时，则 $\qquad\qquad\qquad\qquad\qquad u_o = U_{om}$

当 $u_i > 0$ 时，则 $\qquad\qquad\qquad\qquad\qquad u_o = -U_{om}$

也就是说，每当输入信号过零点时，输出信号就发生跳变。

在过零比较器的反相输入端输入正弦波信号时，该电路可以将正弦波信号转换成方波信号，波形图如图 3-22b 所示。

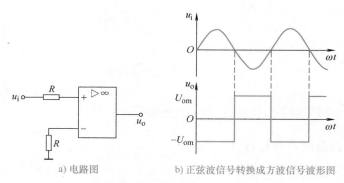

a) 电路图   b) 正弦波信号转换成方波信号波形图

图 3-22 过零比较器

2）电压比较器的阈值电压。由以上分析可知，电压比较器翻转的临界条件是运放的两个输入端

电压 $u_+=u_-$，图 3-21a 所示电路为 u_i 与 U_{REF} 比较，当 $u_i=U_{REF}$ 时，即达到 $u_+=u_-$ 时，电路状态发生翻转。将比较器输出电压发生跳变时所对应的输入电压值称为阈值电压或门限电压 U_T。图 3-21a 所示电路的 $U_T=U_{REF}$，过零比较器的 $U_T=0$。因为这种电路只有一个阈值电压，故称为单值电压比较器。

（2）迟滞比较器　单值电压比较器有一个缺点，如果输入信号在阈值电压附近发生抖动或受到干扰时，比较器的输出电压就会发生不应有的跳变，使后续电路发生误动作。为了提高比较器的抗干扰能力，人们研制了一种具有滞回特性的比较器，也称迟滞比较器。迟滞比较器电路如图 3-23a 所示。

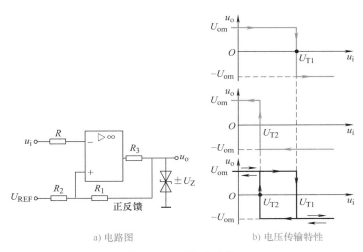

a) 电路图　　　　　b) 电压传输特性

图 3-23　迟滞比较器

图中，输入信号通过平衡电阻 R 接到反相端，基准电压 U_{REF} 通过 R_2 接到同相输入端，同时输出电压 u_o 通过 R_1 接到同相输入端，构成正反馈。

由图 3-23 可知，$i_-=0$，电阻 R 上的压降为零，即 $u_-=u_i$，而 u_+ 同时受 U_{REF} 和 u_o 的影响，当 $u_o=U_{om}$ 时，由叠加定理可求得

$$u'_+ = \frac{R_1}{R_1+R_2}U_{om} + \frac{R_2}{R_1+R_2}U_{REF}$$

式中，$U_{om}=U_Z$。

此时，$u_i=u_-<u'_+$，输出电压将保持 U_{om}。但当 u_i 增加，使 $u_-\geq u'_+$ 时，u_o 将由 U_{om} 跳变到 $-U_{om}$，同相端电压为

$$u''_+ = \frac{R_1}{R_1+R_2}(-U_{om}) + \frac{R_2}{R_1+R_2}U_{REF}$$

式中，$-U_{om}=-U_Z$。

此时，$u_i=u_->u'_+$，输出电压将保持 $-U_{om}$。但当 u_i 减小，使 $u_-\leq u''_+$ 时，u_o 将再次由 $-U_{om}$ 跳变到 U_{om}。其传输特性曲线如图 3-23b 所示。

由以上分析可知，迟滞比较器有两个不同的门限电压，u'_+ 称为上限门限电压，用 U_{T1} 表示；u''_+ 称为下限门限电压，用 U_{T2} 表示。它们的差值称为门限宽度，又称回差电压或迟滞宽度，用 ΔU_T 表示，即 $\Delta U_T=U_{T1}-U_{T2}$。

由于迟滞比较器有两个不同的门限电压，因此只要门限宽度大于干扰电压的变化幅度，就能有效地抑制干扰信号。且 ΔU_T 越大，比较器抗干扰能力越强，但分辨率越差。

迟滞比较器常用来组成整形、波形产生等电路。

以上分析的单限电压比较器、迟滞比较器，U_{REF} 和 u_i 可由任意端输入，其工作过程和电压传输

特性与上述分析类似。

【例 3-2】 图 3-24a 所示电压比较器的双向稳压管的稳定电压为 ±6V，画出它的传输特性曲线。当输入一个幅度为 4V 的正弦信号时，画出输出电压波形。

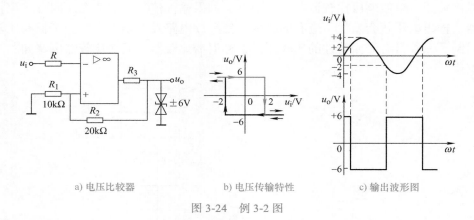

a) 电压比较器 b) 电压传输特性 c) 输出波形图

图 3-24 例 3-2 图

分析：比较器从一种饱和状态翻转为另一种饱和状态，即临界状态必定要经过线性放大区，也就是翻转这一时刻运放工作于线性放大区，这一时刻可应用"虚短"特性。也就是说，当 $u_+ = u_-$ 时翻转。在求解比较器的问题时，通过 $u_+ = u_-$ 列出方程式，从而求得门限电压。

解：这是一个迟滞比较器，有两个门限电压，应先根据反馈电阻与输出电压的状态求上、下限门限电压。输入电压信号从反相输入端输入，假设初始状态时输出正电压，即

当 $u_o = U_{om} = 6V$ 时，求得

$$U_{T1} = \frac{R_1}{R_1 + R_2} U_{om} = 2V$$

当 $u_o = -U_{om} = -6V$ 时，求得

$$U_{T2} = \frac{R_1}{R_1 + R_2} (-U_{om}) = -2V$$

所以，此电路的电压传输特性曲线如图 3-24b 所示，当输入正弦信号时，输出波形如图 3-24c 所示。

（3）窗口比较器 单限电压比较器和迟滞比较器在输入电压单一方向变化时，输出电压只翻转一次。为了检测出输入电压是否在两个给定电压之间，可采用窗口比较器。窗口比较器电路如图 3-25a 所示。窗口比较器又称为双限比较器。

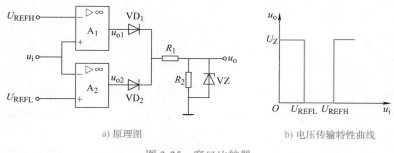

a) 原理图 b) 电压传输特性曲线

图 3-25 窗口比较器

当 $u_i > U_{REFH}$ 时，运放 A_1 输出 $u_{o1} = U_{om}$，A_2 输出 $u_{o2} = -U_{om}$，VD_1 导通，VD_2 截止，当 $|-U_{om}| > U_Z$，VZ 反向击穿，$u_o = +U_Z$。

当 $u_i < U_{REFL}$ 时，运放 A_1 输出 $u_{o1} = -U_{om}$，A_2 输出 $u_{o2} = U_{om}$，VD_1 截止，VD_2 导通，当 $|-U_{om}| > U_Z$，

VZ 反向击穿，$u_o=U_Z$。

当 $U_{REFL}<u_i<U_{REFH}$ 时，$u_{o1}=u_{o2}=-U_{om}$，VD_1、VD_2 均截止，$u_o=0$。

根据以上分析，可画出窗口比较器的电压传输特性曲线如图 3-25b 所示。

图中，R_1、R_2、VZ 构成限流限幅电路。R_2 经 R_1 将 U_{om} 分压，要保证 VZ 反向击穿，则 U_{R2} 取值应略大于 U_Z，即

$$U_Z < U_{R2} = \frac{R_2}{R_1 + R_2} U_{om}$$

R_1 具有降压、限流作用。

任务实施

1. 设备与元器件

本任务用到的设备与元器件包括直流稳压电源、信号源、示波器、万用表、集成运算放大器 LM358、电阻等。各元器件的参数和型号详见表 3-5。

表 3-5　元器件明细表

序号	元器件	名称	型号规格	数量
1	R_1、R	电阻	10kΩ、1/8W	2
2	R_2	电阻	9.1kΩ、1/8W	1
3	R_f	电阻	100kΩ、1/8W	1
4	R_0	电阻	5.1kΩ、1/8W	1
5	VZ	双向稳压二极管	2CM53、±6V	1
6	A	集成运放	LM358	1

2. 电路分析

分析图 3-12 反相比例运算电路，图 3-13 同相比例运算电路，图 3-22 过零比较器。

3. 任务实施过程

（1）反相比例运算电路的组装与测试

1）按照元器件明细表核对元器件。

2）元器件安装与接线。根据图 3-12 所示电路（$R_1=10kΩ$，$R_2=9.1kΩ$，$R_f=100kΩ$），在给定的面包板，对元器件进行布局、安装以及接线。

① 发放元器件、面包板与导线等，学生根据电路图，仔细核对。

② 根据电路原理图，将元器件在面包板上进行合理布局。

③ 各元器件在保证放置合理的情况下，进行连线。

在安装和接线过程中，应注意：

a. 集成运放 LM358 的引脚不能接错，放大电路输出端不能短接。

b. 在元器件布局时，尽量保证用的导线量少一些，导线的长度适宜，不要过长，以免对电路性能造成影响。

c. 由于电路中接地点较多，可将面包板最下面一排插孔作为公共接地端。

3）调试与检测。

① 电路连接无误后，接通 ±12V 电源，将输入端对地短路，进行调零和消振。

② 输入正弦信号：$f=1kHz$、$U_i=500mV$，测量 $R_L=\infty$ 时的输出电压 U_o，并用示波器观察 u_o 和 u_i 的大小及相位关系，并将测试结果填入表 3-6 中。

（2）同相比例运算电路的组装与测试

1）按照元器件明细表核对元器件。

2）元器件安装与接线。根据图 3-13 所示电路（R_1=10kΩ，R_2=9.1kΩ，R_f=100kΩ），在给定的面包板，对元器件进行布局、安装以及接线。

3）调试与检测。电路连接无误后，重复 1）的步骤，完成电路测量，将测试结果填入表 3-6 中。

表 3-6　比例运算电路的测试

电路名称	U_i/V	U_o/V	u_i 波形	u_o 波形	A_u	
反相比例运算电路					实测值	计算值
同相比例运算电路					实测值	计算值

（3）过零比较器的组装与测试

1）按照元器件明细表核对元器件。

2）元器件安装与接线。根据图 3-26 所示电路，在给定的面包板，对元器件进行布局、安装以及接线。

3）调试与检测。连接好电路，检查无误后接通 ±12V 电源。

① 测量当比较器输入端悬空时的输出电压 U_o=_____。

② 调节信号源，使其输出的正弦波信号为 100Hz、1V，将其接入比较器输入端，用示波器观察比较器的输入、输出电压波形，并测出 U_i=_____，U_o=_____。

③ 改变输入电压的幅值，用示波器观察输出电压的变化，记录并描绘出电压传输特性，填入表 3-7。

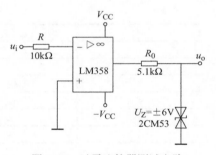

图 3-26　过零比较器测试电路

表 3-7　过零比较器测试电路的调试

	输入、输出电压				电压传输特性曲线
U_i/V					
U_o/V					

（4）收获与总结　通过本实训任务，你掌握了哪些技能？学会了哪些知识？在实训过程中遇到了什么问题？是怎么处理的？请填写在表 3-8 中。

表 3-8　收获与总结

序号	掌握的技能	学会的知识	出现的问题	处理方法
1				
2				
3				
心得体会：				

创新方案

你有更好的思路和做法吗？请给大家分享一下吧。

（1）_____

（2）_____

（3）_____

任务考核

根据表 3-9 所列考核内容和考核标准对本次任务的完成情况开展自我评价与小组评价，将评价结果填入表中。

表 3-9　任务综合评价

任务名称		姓名		组号	
考核内容	考核标准	评分标准		自评得分	组间互评得分
职业素养（20分）	·工具摆放、着装等符合规范（2分） ·操作工位卫生良好，保持整洁（2分） ·严格遵守操作规程，不浪费原材料（4分） ·无元器件损坏（6分） ·无用电事故、无仪器损坏（6分）	·工具摆放不规范，扣1分；着装等不符合规范，扣1分 ·操作工位卫生等不符合要求，扣2分 ·未按操作规程操作，扣2分；浪费原材料，扣2分 ·元器件损坏，每个扣1分，扣完为止 ·因用电事故或操作不当而造成仪器损坏，扣6分 ·人为故意造成用电事故、损坏元器件、损坏仪器或其他事故，本次任务计0分			
元器件检测（10分）	·能使用仪表正确检测元器件（5分） ·正确填写表3-6、表3-7数据（5分）	·不会使用仪器，扣2分 ·元器件检测方法错误，每次扣1分 ·数据填写错误，每个扣0.5分			
装配（20分）	·元器件布局合理、美观（10分） ·布线合理、美观，层次分明（10分）	·元器件布局不合理、不美观，扣1～5分 ·布线不合理、不美观，层次不分明，扣1～5分 ·布线有断路，每处扣1分；布线有短路，每处扣5分			
调试（30分）	能使用仪器仪表检测，能正确记录并描绘出电压传输特性并填写数据，排除故障，达到预期的效果（30分）	·一次调试成功，数据填写正确，得30分 ·填写数据不正确，每处扣1分 ·在教师的帮助下调试成功，扣5分；调试不成功，得0分			
团队合作（10分）	主动参与，积极配合小组成员，能完成自己的任务（5分）	·参与完成自己的任务，得5分 ·参与未完成自己的任务，得2分 ·未参与未完成自己的任务，得0分			
	能与他人共同交流和探讨，积极思考，能提出问题，能正确评价自己和他人（5分）	·交流能提出问题，正确评价自己和他人，得5分 ·交流未能正确评价自己和他人，得2分 ·未交流未评价，得0分			
创新能力（10分）	能进行合理的创新（10分）	·有合理创新方案或方法，得10分 ·在教师的帮助下有创新方案或方法，得6分 ·无创新方案或方法，得0分			
最终成绩		教师评分			

思 考 与 提 升

记录测量数据和波形，完成检测报告，并思考以下问题：

1. 根据表 3-6 的测试结果可以看出，同相比例运算电路的电压放大倍数 A_u 与 R_f/R_1 的值_____（有关 / 无关），且输出电压与输入电压相位_____（相同 / 相反）。

2. 反相比例运算电路的电压放大倍数 A_u 与 R_f/R_1 的值_____（基本相等 / 相差很大），且输出电压与输入电压相位_____（相同 / 相反）。逐步增大输入信号幅度，当增大到_____时，波形出现_____现象，说明该电路进入了_____（线性 / 非线性）区。

3. 过零比较器中集成运放工作于_____（开环 / 负反馈）状态。

任 务 小 结

1. 集成运放在外接电路时，特别要注意正、负电源端，输出端及同相、反相输入端的位置。

2. 在电路中，运算放大器的直流电源往往是不画出来的，但实际使用时是必须接的，否则电路不能工作。

任务 3.3　制作与调试函数信号发生器

任 务 导 入

信号产生电路是一种不需外加激励信号就能将直流能源转换成具有一定频率、一定幅度的正弦波、非正弦波信号输出的电路。它在无线电技术、自动控制等领域有着广泛的应用。

任 务 分 析

通过对函数信号发生器电路的组装与测试，学习正弦波振荡电路的组成、产生自激振荡的条件和各种正弦波振荡电路的特点；掌握方波、三角波、锯齿波等非正弦波信号产生电路的构成和工作原理，学会函数信号发生器的分析和测试方法。

知 识 链 接

3.3.1　非正弦波信号发生器

1. 方波发生器

图 3-27 所示为方波发生器。它由滞回电压比较器与 RC 充放电回路组成，双向稳压二极管将输出电压幅值钳位在其稳压值 $\pm U_Z$ 之间，利用电容两端的电压做比较，来决定电容是充电还是放电。

根据电路可得上、下限电压为

$$U_{T+} = \frac{R_2}{R_1 + R_2} U_Z \qquad\qquad U_{T-} = -\frac{R_2}{R_1 + R_2} U_Z$$

当电容 C 充电时，同相输入端电压为上门限电压 U_{T+}，电容 C 上的电压 u_C 小于 U_{T+} 时，输出电压 u_o 等于 U_Z；在 u_C 大于 U_{T+} 的瞬间，输出电压 u_o 发生翻转，由 U_Z 跳变到 $-U_Z$，此时同相输入端电压变为下门限电压 U_{T-}，电容 C 开始放电，电压下降。在电容 C 上的电压下降到小于 U_{T-} 的瞬间，输出电压 u_o 又发生翻转，由 $-U_Z$ 跳变到 U_Z，电容 C 又开始新一轮的充放电，因此，在输出端产生了方波电压波形，而在电容 C 两端的电压则为三角波。u_o、u_C 的波形如图 3-27c 所示。

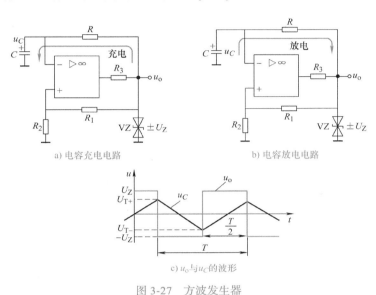

a) 电容充电电路　　　　　　　　　　b) 电容放电电路

c) u_o 与 u_C 的波形

图 3-27　方波发生器

RC 的乘积越大，充放电时间越长，方波的频率就越低。方波的周期为

$$T = 2RC\ln\left(1 + \frac{2R_2}{R_1}\right)$$

由于方波包含极丰富的谐波，方波发生器又称为多谐振荡器。

2. 三角波发生器

图 3-28a 所示为三角波发生器电路，它是由滞回电压比较器和反向积分器组成。积分电路可将方波变换为线性度很高的三角波，但积分器产生的三角波幅值常随方波输入信号的频率而发生变化。为了克服这一缺点，可以将积分电路的输出信号输入到滞回电压比较器，再将滞回电压比较器输出的方波输入到积分电路，通过正反馈，可得到质量较高的三角波。三角波发生器波形如图 3-28b 所示。

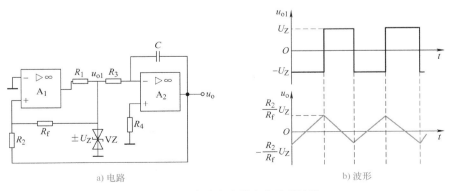

a) 电路　　　　　　　　　　　　　　b) 波形

图 3-28　三角波发生器电路及其波形

3. 锯齿波发生器

如果有意识地使电容 C 的充电和放电时间常数造成显著的差别，则在电容两端的电压波形就是锯齿波。锯齿波与三角波的区别是三角波的上升和下降的斜率（指绝对值）相等，而锯齿波的上升和下降的斜率不相等（通常相差很多）。

图 3-29a 所示为利用一个滞回电压比较器和一个反相积分器组成的频率和幅度均可调节的锯齿波发生电路，对应波形如图 3-29b 所示。

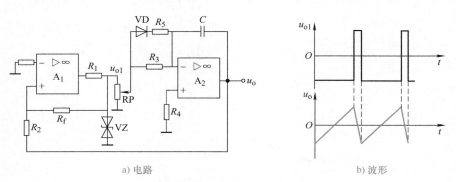

| a) 电路 | b) 波形 |

图 3-29　频率和幅度均可调节的锯齿波发生器电路及其波形

3.3.2　正弦波振荡电路的产生条件及电路组成

1. 正弦波振荡电路的产生条件

正弦波振荡电路是一种不需要输入信号的带选频网络的正反馈放大电路。振荡电路与放大电路的不同之处在于放大电路需要外加输入信号，才会有输出信号；而振荡电路不需外加输入信号就有输出信号，因此这种电路又称为自激振荡电路。

图 3-30a 所示为反馈放大电路，当电路不接反馈网络处于开环状态时，输入信号 $\dot{X}_i$ 就是净输入信号 $\dot{X}_i'$，经放大产生输出信号 $\dot{X}_o$。当电路接成正反馈时，输入信号 $\dot{X}_i$、净输入信号 $\dot{X}_i'$ 与反馈信号 $\dot{X}_f$ 的关系为 $\dot{X}_i' = \dot{X}_i + \dot{X}_f$。

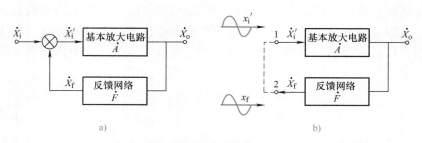

图 3-30　正弦波振荡电路

在图 3-30b 中，输入端（1 端）外接一定频率、一定幅度的正弦波信号 $\dot{X}_i'$，经过基本放大电路和反馈网络所构成的环路传输后，在反馈网络的输出端（2 端），就可得到反馈信号 $\dot{X}_f$。如果 $\dot{X}_f$ 与 $\dot{X}_i'$ 在幅频和相位上都一致，那么，除去原来的外接信号，而将 1、2 两端连接在一起（如图中的虚线所示），形成闭环系统，在没有任何输入信号的情况下，其输出端的输出信号也能继续维持与开环时一样的状况，即自激产生输出信号。

（1）正弦波振荡的平衡条件 由于振荡电路的输入信号 $\dot{X}_i=0$，所以 $\dot{X}_i'=\dot{X}_f$。

因为

$$\frac{\dot{X}_f}{\dot{X}_i'}=\frac{\dot{X}_o}{\dot{X}_i'}\cdot\frac{\dot{X}_f}{\dot{X}_o}=1$$

所以可得到振荡的平衡条件为

$$\dot{A}\dot{F}=1$$

即振幅平衡条件

$$|\dot{A}\dot{F}|=AF=1$$

相位平衡条件

$$\varphi_{AF}=\varphi_A+\varphi_F=\pm2n\pi\ (n=0,1,2,\cdots)$$

（2）正弦波振荡的起振条件 振荡器在刚刚起振时，为了克服电路中的损耗，需要正反馈强一些，即要求

$$|\dot{A}\dot{F}|>1$$

这称为振荡起振条件。因为 $|\dot{A}\dot{F}|>1$，所以起振后产生增幅振荡。当振荡幅度达到一定值时，晶体管的非线性特性就会限制幅度的增加，以使放大倍数 $\dot{A}$ 下降，直到 $|\dot{A}\dot{F}|=1$，此时振荡幅度不再增加，振荡进入稳定状态。

2. 正弦波振荡电路的组成

为了产生正弦波，必须在放大电路里加入正反馈，因此放大电路和正反馈网络是振荡电路的最主要部分。但是，这两部分构成的振荡器一般得不到正弦波，这是由于很难控制正反馈的信号大小。如果正反馈信号大，则增幅、输出幅度越来越大，最后由于晶体管的非线性限幅，必然产生非线性失真。反之，如果正反馈信号不足，则减幅，可能停振，为此振荡电路要有一个稳幅电路。为了获得单一频率的正弦波输出，应该有选频网络，选频网络往往和正反馈网络或放大电路合二为一。选频网络由 R、C 和 L、C 等电抗性元件组成，正弦波振荡器的名称一般由选频网络来命名，其基本的组成部分如下。

1）放大电路。其作用是放大信号，满足起振条件，并把直流稳压电源的能量转为振荡信号的交流能量。

2）正反馈网络。其作用为满足振荡电路的相位平衡条件。

3）选频网络。用于选出振荡频率，从而使振荡电路获得单一频率的正弦波信号输出。

4）稳幅电路。用于稳定输出信号的幅度，改善波形，减少失真。

3. 正弦波振荡电路的类型

根据选频网络构成元件的不同，可把正弦波振荡电路分为如下几类：选频网络若由 R、C 元件组成，则称为 RC 正弦波振荡电路；选频网络若由 L、C 元件组成，则称为 LC 正弦波振荡电路；选频网络若由石英晶体构成，则称为石英晶体振荡器。

3.3.3 RC 正弦波振荡电路

采用 RC 选频网络构成的 RC 正弦波振荡电路，一般用于产生 $1\text{Hz}\sim1\text{MHz}$ 的低频信号。RC 串并联网络如图 3-31 所示。

1. RC 串并联选频网络

RC 串联电路和 RC 并联电路的阻抗分别用 Z_1、Z_2 表示，则

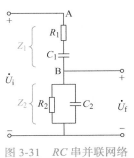

图 3-31 RC 串并联网络

$$Z_1 = R_1 + \frac{1}{j\omega C_1} \qquad Z_2 = R_2 // \frac{1}{j\omega C_2} = \frac{R_2}{1 + j\omega R_2 C_2}$$

RC 串并联选频网络的传输系数 $\dot{F}_u$ 为

$$\dot{F}_u = \frac{\dot{U}_f}{\dot{U}_i} = \frac{Z_2}{Z_1 + Z_2} = \frac{R_2/(1 + j\omega R_2 C_2)}{R_1 + 1/j\omega C_1 + R_2/(1 + j\omega R_2 C_2)} = \frac{1}{\left(1 + \dfrac{R_1}{R_2} + \dfrac{C_2}{C_1}\right) + j\left(\omega R_1 C_2 - \dfrac{1}{\omega R_2 C_1}\right)}$$

可得到 RC 串并联选频网络的幅频特性和相频特性，分别为

$$|\dot{F}_u| = \frac{1}{\sqrt{\left(1 + \dfrac{R_1}{R_2} + \dfrac{C_2}{C_1}\right)^2 + \left(\omega R_1 C_2 - \dfrac{1}{\omega R_2 C_1}\right)^2}}$$

$$\varphi_F = -\arctan \frac{\omega R_1 C_2 - \dfrac{1}{\omega R_2 C_1}}{1 + \dfrac{R_1}{R_2} + \dfrac{C_2}{C_1}}$$

当 $R_1 = R_2 = R$，$C_1 = C_2 = C$，且令 $\omega_0 = \dfrac{1}{RC}$，即 $f_0 = \dfrac{1}{2\pi RC}$ 时，有

$$|\dot{F}_u| = \frac{1}{\sqrt{3^2 + \left(\dfrac{\omega}{\omega_0} - \dfrac{\omega_0}{\omega}\right)^2}} = \frac{1}{\sqrt{3^2 + \left(\dfrac{f}{f_0} - \dfrac{f_0}{f}\right)^2}}$$

$$\varphi_F = -\arctan \frac{\dfrac{\omega}{\omega_0} - \dfrac{\omega_0}{\omega}}{3} = -\arctan \frac{\dfrac{f}{f_0} - \dfrac{f_0}{f}}{3}$$

由上式可以得到，当 $\omega = \omega_0$，即 $f = f_0$ 时，$|\dot{F}_u|$ 达到最大值，即等于 $1/3$，相位移 $\varphi_F = 0$，输出电压与输入电压同相，RC 串并联网络具有选频作用。

2. RC 正弦波桥式振荡电路

RC 正弦波桥式振荡电路如图 3-32 所示，由 RC 串并联选频网络与放大器组成。放大器可采用晶体管等分立元器件，也可采用运算放大器；串并联选频网络是正反馈网络。此外，该电路还增加了 R_T 和 R' 组成的负反馈网络。C_1、R_1 和 C_2、R_2 正反馈支路与 R_T、R' 负反馈支路正好构成一个桥路，称为桥式。

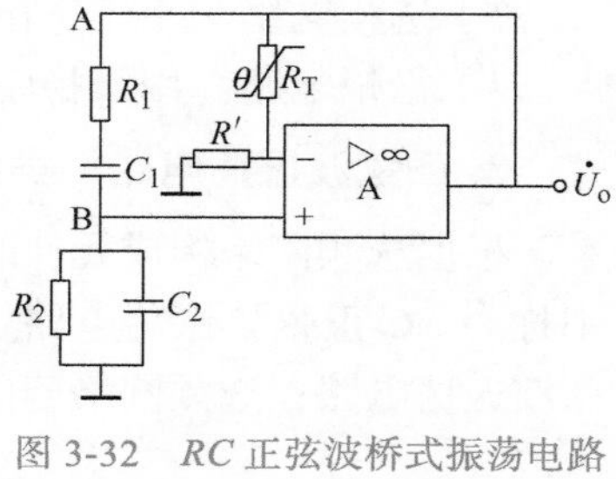

图 3-32 RC 正弦波桥式振荡电路

此电路的谐振频率为

$$f_0 = \frac{1}{2\pi\sqrt{R_1 R_2 C_1 C_2}}$$

当 $R_1 = R_2 = R$，$C_1 = C_2 = C$ 时，谐振角频率和谐振频率分别为

$$\omega_0 = \frac{1}{RC}, \quad f_0 = \frac{1}{2\pi RC}$$

当 $f = f_0$ 时，反馈系数 $|\dot{F}| = 1/3$，且与频率 f_0 的大小无关，此时的相位角 $\varphi_F = 0°$。即调节谐振频率不会影响反馈系数和相位角，在调节频率的过程中，不会停振，也不会使输出幅度改变。

为满足振荡的幅度条件 $|\dot{A}\dot{F}| = 1$，放大电路 A 的闭环放大倍数需满足自激振荡的振幅及相位起振和平衡条件。

在图 3-32 所示电路中，由于加入 R_T、R' 支路构成串联电压负反馈，由于 $f=f_0$ 时反馈系数 $F=1/3$，要满足起振条件 $AF>1$，其闭环放大倍数需满足 $A_f = 1 + \dfrac{R_T}{R'} \geqslant 3$，即 $R_T \geqslant 2R'$。

RC 正弦波桥式振荡电路的稳幅作用是靠热敏电阻 R_T 实现的。R_T 是负温度系数热敏电阻，当输出电压升高时，R_T 上所加的电压升高，即温度升高，R_T 的阻值下降，负反馈减弱，使输出电压下降。

3.3.4　LC 正弦波振荡电路

LC 正弦波振荡电路一般用于产生高于 1MHz 的高频正弦信号，其构成与 RC 正弦波振荡电路相似，包括放大电路、正反馈网络、选频网络和稳幅电路。这里的选频网络由 LC 并联谐振电路构成，正反馈网络因不同类型的 LC 正弦波振荡电路而有所不同。

1. LC 并联谐振网络

在选频放大器中，经常采用如图 3-33 所示的 LC 并联谐振网络。其中图 3-33a 所示为理想网络，无损耗，其谐振频率为

$$f_0 \approx \frac{1}{2\pi\sqrt{LC}}$$

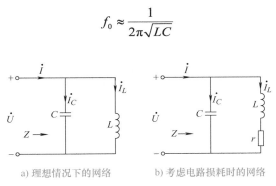

a) 理想情况下的网络　　　　b) 考虑电路损耗时的网络

图 3-33　LC 并联谐振网络

实际的 LC 并联谐振网络总是存在着损耗，如线圈的电阻等，可将各种损耗等效成电阻 r，如图 3-33b 所示。

并联支路总导纳为

$$Y = \frac{1}{r + \mathrm{j}\omega L} + \mathrm{j}\omega C = \frac{r}{r^2 + \omega^2 L^2} + \mathrm{j}\left(\omega C - \frac{\omega L}{r^2 + \omega^2 L^2}\right)$$

当并联谐振时，电路表现为电阻性，即其电纳

$$B = \omega C - \frac{\omega L}{r^2 + \omega^2 L^2} = 0$$

可得到并联谐振角频率

$$\omega_0 = \frac{1}{\sqrt{LC}}\sqrt{1 - \frac{1}{Q^2}}$$

其中，$Q = \dfrac{1}{r}\sqrt{\dfrac{L}{C}}$ 为 LC 并联谐振回路的品质因数，一般有 $Q \gg 1$，则谐振角频率和谐振频率分别为

$$\omega_0 \approx \frac{1}{\sqrt{LC}}, \quad f_0 = \frac{1}{2\pi\sqrt{LC}}$$

2. 变压器反馈式 LC 正弦波振荡电路

变压器反馈式 LC 正弦波振荡电路如图 3-34 所示，其中分压式偏置的共射放大器起信号放大及稳幅作用，LC 并联谐振电路作为选频网络，反馈线圈 L_f 将反馈信号送入晶体管的输入回路。交换反馈线圈的两个线头，可改变反馈的极性，形成正反馈；调整反馈线圈的匝数可以改变反馈信号的强度，以使正反馈的幅度条件得以满足。

变压器反馈式 LC 正弦波振荡电路的振荡频率与并联 LC 谐振电路相同，即

$$f_0 = \frac{1}{2\pi\sqrt{LC}}$$

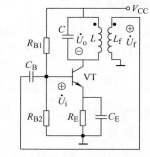

图 3-34　变压器反馈式 LC 正弦波振荡电路

变压器反馈式 LC 正弦波振荡电路易于起振，输出电压的失真较小。但是由于输出电压与反馈电压靠磁路耦合，损耗较大，且振荡频率的稳定性不高。

3.3.5　石英晶体振荡器

石英晶体振荡器是由石英晶体（其化学成分是 SiO_2）做成的振荡器，简称晶振。其振荡频率非常稳定，广泛应用于频率计、时钟、计算机等振荡频率稳定性要求较高的场合。

石英晶体的基本特性是压电效应。当晶片的两极加上交变电压时晶片会产生机械变形振动，同时机械变形振动又会产生交变电场。当外加交变电压的频率与晶片的固有振动频率相等时，机械振动的幅度和感应电荷量均将急剧增加，这种现象称为压电谐振效应，这和 LC 回路的谐振现象十分相似。石英晶体的固有谐振频率取决于晶片的几何形状和切片方向等。

石英晶体振荡器的图形符号如图 3-35a 所示，它可用一个 LC 串并联电路来等效，如图 3-35b 所示。其中 C_0 是晶片两表面涂敷银膜形成的电容，L 和 C 分别模拟晶片的质量（代表惯性）和弹性，晶片振动时因摩擦而造成的损耗用电阻 R 来代表。图 3-35c 所示为电抗与频率之间的特性曲线，称晶体振荡器的电抗频率特性曲线。它有两个谐振频率。一个是串联谐振频率 f，在这个频率上，晶体电抗等于零。另一个是并联谐振频率 f_p，在这个频率上，晶体电抗趋于无穷大。

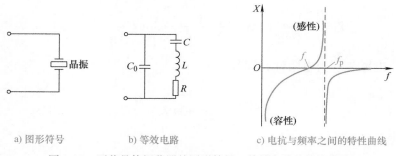

a) 图形符号　　　　b) 等效电路　　　　c) 电抗与频率之间的特性曲线

图 3-35　石英晶体振荡器的图形符号、等效电路及特性曲线

用石英晶体构成的正弦波振荡电路的基本电路分为以下两类：

1）并联型石英晶体振荡电路如图 3-36 所示。这一类的石英晶体作为一个高 Q 值的电感元件，

当信号频率接近或等于石英晶体并联谐振频率 f_p 时，石英晶体呈现极大的电抗，和回路中其他元器件形成并联谐振。

2）串联型石英晶体振荡电路如图 3-37 所示。这一类的石英晶体作为一个正反馈通路元器件，当信号频率等于石英晶体串联谐振频率 f 时，晶体电抗等于零，振荡频率稳定在固有振动频率 f 上。

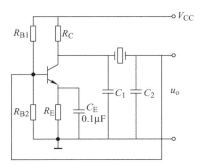

图 3-36　并联型石英晶体振荡电路

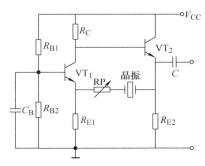

图 3-37　串联型石英晶体振荡电路

3.3.6　集成函数发生器 8038

集成函数发生器 8038 是一种多用途的波形发生器，可以用来产生正弦波、方波、三角波和锯齿波，其频率可通过外加的直流电压进行调节，使用方便，性能可靠。

集成函数发生器 8038 为塑封双列直插式集成电路，其引脚功能如图 3-38 所示。8038 由两个恒流源、两个电压比较器和一个触发器等组成，其内部电路结构框图如图 3-39 所示。

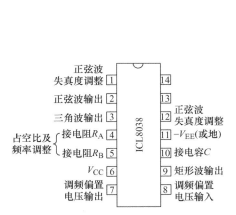

图 3-38　集成函数发生器 8038 引脚功能

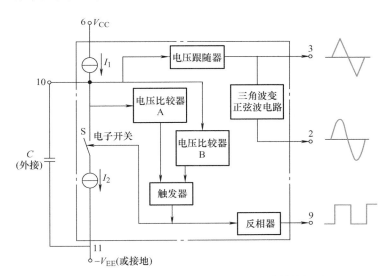

图 3-39　集成函数发生器 8038 内部电路结构框图

在图 3-39 中，电压比较器 A、B 的门限电压分别为两个电源电压之和 U（$U=V_{CC}+V_{EE}$）的 2/3 和 1/3，电流源 I_1 和 I_2 的大小可通过外接电阻调节，并且 I_2 必须大于 I_1。当触发器的输出端为低电平时，它控制开关 S 使电流源 I_2 断开。而电流源 I_1 则向外接电容 C 充电，使电容两端电压 u_C 随时间线性上升，当 u_C 上升到 $2U/3$ 时，电压比较器 A 输出电压发生跳变，使触发器输出端由低电平变为高电平，控制开关 S 使电流源 I_2 接通。由于 $I_2>I_1$，因此外接电容 C 放电，u_C 随时间线性下降。当 u_C 下降到 $u_C \leqslant U/3$ 时，电压比较器 B 输出发生跳变，使触发器输出端又由高电平变为低电平，I_2 再次断开，I_1 再次向 C 充电，u_C 又随时间线性上升。如此周而复始，产生振荡。

若调整电路，使 $I_2=2I_1$，则触发器输出为方波，经反相器缓冲由引脚 9 输出；而 u_C 上升时间与下降时间相等，产生三角波，经电压跟随器后，由引脚 3 输出；三角波经正弦波变换器变成正弦波后由引脚 2 输出。

当 $I_1 < I_2 < 2I_1$ 时，u_C 的上升时间与下降时间不相等，引脚 3 输出的是锯齿波。

因此，集成函数发生器 8038 能输出方波、三角波、正弦波和锯齿波 4 种不同的波形。

 **任 务 实 施**

1. 设备与元器件

本任务用到的设备与元器件包括直流稳压电源、示波器、万用表、集成函数发生器 8038、电阻、电容、电位器等。各元器件的参数和型号详见表 3-10。

表 3-10　元器件明细表

序号	元器件	名称	型号规格	数量
1	R_A、R_B	电阻	4.7kΩ、1/8W	2
2	R_1	电阻	20kΩ、1/8W	1
3	$R_2 \sim R_4$	电阻	10kΩ、1/8W	3
4	RP_1	电位器	10kΩ、1/8W	1
5	RP_2	电位器	1kΩ、1/8W	1
6	RP_3、RP_4	双联电位器	100kΩ、1/8W	2
7	C_1	电容	0.1μF/16V	1
8	C	电容	1μF/16V	1
9	—	集成函数发生器	ICL8038	1

2. 电路分析

图 3-40 为利用 8038 构成的函数信号发生器。

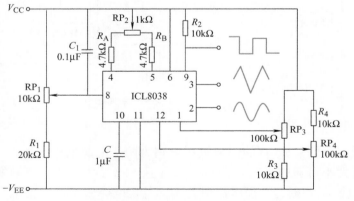

图 3-40　利用 8038 构成的函数信号发生器

3. 任务实施过程

（1）核对元器件　按照表 3-10 所示元器件明细表核对元器件。

（2）元器件安装与接线　利用集成函数发生器 8038 构成的函数信号发生器如图 3-40 所示，其振荡频率由电位器 RP_1、电容 C、电阻 R_A 和 R_B 的值决定，调节 RP_1 可改变输出信号的频率。调节 RP_2

可改变矩形波的占空比、锯齿波的上升与下降时间比和正弦波的失真度。当 $R_A=R_B$，且 RP$_2$ 位于中间时，可输出占空比为 50% 的方波、对称的三角波和正弦波。RP$_3$ 和 RP$_4$ 是双联电位器，可进一步调节正弦波失真度。

根据电路图，在给定的面包板上，对元器件进行布局、安装以及接线。

1）发放元器件、面包板与导线等，学生根据电路图，仔细核对。

2）根据电路原理图，将元器件在面包板上进行合理布局。

3）各元器件在保证放置合理的情况下，进行连线。

（3）调试与检测　组装电路经检查无误后，加 10V 的 V_{CC} 和 -10V 的 $-V_{EE}$，用示波器进行观察，调试电路使引脚 2、3、9 分别有正弦波、三角波和方波输出。

调节 RP$_1$，观察输出信号频率的变化并记录于表 3-11。调节 RP$_2$，观察方波的占空比，锯齿波的上升与下降时间比值，正弦波的失真度变化情况并记录于表 3-11。

表 3-11　函数信号发生器输出信号的检测

RP$_1$/kΩ	1	3	5	7	9
f/Hz					
RP$_2$/kΩ	0.1	0.3	0.5	0.7	0.9
方波占空比					
锯齿波上升 / 下降时间比					
正弦波波形					

（4）收获与总结　通过本实训任务，你掌握了哪些技能？学会了哪些知识？在实训过程中遇到了什么问题？是怎么处理的？请填写在表 3-12 中。

表 3-12　收获与总结

序号	掌握的技能	学会的知识	出现的问题	处理方法
1				
2				
3				
心得体会：				

创 新 方 案

你有更好的思路和做法吗？请给大家分享一下吧。

（1）_____

（2）_____

（3）_____

任 务 考 核

根据表 3-13 所列考核内容和考核标准对本次任务的完成情况开展自我评价与小组评价，将评价结果填入表中。

表 3-13　任务综合评价

任务名称			姓名		组号	
考核内容	考核标准		评分标准		自评得分	组间互评得分
职业素养（20分）	·工具摆放、着装等符合规范（2分） ·操作工位卫生良好，保持整洁（2分） ·严格遵守操作规程，不浪费原材料（4分） ·无元器件损坏（6分） ·无用电事故、无仪器损坏（6分）		·工具摆放不规范，扣1分；着装等不符合规范，扣1分 ·操作工位卫生等不符合要求，扣2分 ·未按操作规程操作，扣2分；浪费原材料，扣2分 ·元器件损坏，每个扣1分，扣完为止 ·因用电事故或操作不当而造成仪器损坏，扣6分 ·人为故意造成用电事故、损坏元器件、损坏仪器或其他事故，本次任务计0分			
元器件检测（10分）	能使用仪表正确检测元器件（10分）		·不会使用仪器，扣2分 ·元器件检测方法错误，每次扣1分			
装配（20分）	·元器件布局合理、美观（10分） ·布线合理、美观，层次分明（10分）		·元器件布局不合理、不美观，扣1～5分 ·布线不合理、不美观，层次不分明，扣1～5分 ·布线有断路，每处扣1分；布线有短路，每处扣5分			
调试（30分）	能使用仪器仪表检测，能按要求记录波形，能正确记录正弦波的失真度变化情况，正确填写数据，并排除故障，达到预期的效果（30分）		·一次调试成功，数据填写正确，得30分 ·填写数据不正确，每处扣1分 ·在教师的帮助下调试成功，扣5分；调试不成功，得0分			
团队合作（10分）	主动参与，积极配合小组成员，能完成自己的任务（5分）		·参与完成自己的任务，得5分 ·参与未完成自己的任务，得2分 ·未参与未完成自己的任务，得0分			
	能与他人共同交流和探讨，积极思考，能提出问题，能正确评价自己和他人（5分）		·交流能提出问题，正确评价自己和他人，得5分 ·交流未能正确评价自己和他人，得2分 ·未交流未评价，得0分			
创新能力（10分）	能进行合理的创新（10分）		·有合理创新方案或方法，得10分 ·在教师的帮助下有创新方案或方法，得6分 ·无创新方案或方法，得0分			
最终成绩			教师评分			

思考与提升

调节图 3-40 中的 RP_2 使其增大，输出方波的占空比＿＿＿＿＿＿，锯齿波的上升与下降时间比＿＿＿＿＿＿，正弦波的失真度＿＿＿＿＿＿。

任务小结

1. 函数信号发生器可以输出正弦波、方波、三角波等信号。输出信号电压幅度可由输出幅度调节旋钮进行连续调节。输出电压频率可通过频率分档开关进行调节。函数信号发生器作为信号源，它的输出端不允许短路。

2. 接线完成后需经过教师的检查允许后方可通电。

3. 集成芯片使用的时候注意电源极性，应按要求接上电源和接地，否则芯片无法正常工作。

4. 通电时先接通电源后接通信号，实验结束或者改接线路时操作正好相反。

思考与练习

3-1　填空题

1. 若要集成运放工作在线性区，则必须在电路中引入_____反馈；若要集成运放工作在非线性区，则必须在电路中引入_____反馈或者在_____状态下。集成运放工作在线性区的特点是_____等于零和_____等于零；工作在非线性区的特点是输出电压只具有_____状态和净输入电流等于_____；在运放电路中，运算电路工作在_____区，电压比较器工作在_____区。

2. 集成运算放大器具有_____和_____两个输入端，相应的输入方式有_____输入、_____输入和_____输入三种。

3. 理想运算放大器工作在线性区时有两个重要特点：一是差模输入电压_____，称为_____；二是输入电流_____，称为_____。

4. 理想集成运放的 $A_{u0}=$ _____，$r_i=$ _____，$r_o=$ _____，$K_{CMR}=$ _____。

5. _____比例运算电路中反相输入端为虚地，_____比例运算电路中的两个输入端电位等于输入电压。_____比例运算电路的输入电阻大，_____比例运算电路的输入电阻小。

6. _____比例运算电路的输入电流等于零，_____比例运算电路的输入电流等于流过反馈电阻中的电流。_____比例运算电路的比例系数大于 1，而_____比例运算电路的比例系数小于零。

7. _____运算电路可实现 $A_u>1$ 的放大器，_____运算电路可实现 $A_u<0$ 的放大器，_____运算电路可将三角波电压转换成方波电压。

3-2　单项选择题

1. 理想运放的开环放大倍数 A_{u0} 为（　　　），输入电阻为（　　　），输出电阻为（　　　）。

A. ∞　　　　　　　　B. 0　　　　　　　　C. 不定

2. 国产集成运放有三种封闭形式，目前国内应用最多的是（　　　）。

A. 扁平式　　　　　B. 圆壳式　　　　　C. 双列直插式

3. 由运放组成的电路中，工作在非线性状态的电路是（　　　）。

A. 反相放大器　　　B. 差分放大器　　　C. 电压比较器

4. 理想运放的两个重要结论是（　　　）。

A. 虚短与虚地　　　B. 虚断与虚短　　　C. 断路与短路

5. 集成运放一般分为两个工作区，它们分别是（　　　）。

A. 正反馈与负反馈　B. 线性与非线性　　C. 虚断和虚短

6. （　　　）输入比例运算电路的反相输入端为虚地点。

A. 同相　　　　　　B. 反相　　　　　　C. 双端

7. 集成运放的线性应用存在（　　　）现象，非线性应用存在（　　　）现象。

A. 虚地　　　　　　B. 虚断　　　　　　C. 虚断和虚短

8. 各种电压比较器的输出状态只有（　　　）。

A. 一种　　　　　　B. 两种　　　　　　C. 三种

9.基本积分电路中的电容器接在电路的（　　　）。

A.反相输入端　　　　　　　B.同相输入端　　　　　　　C.反相端与输出端之间

10.分析集成运放的非线性应用电路时，不能使用的概念是（　　　）。

A.虚地　　　　　　　　　　B.虚短　　　　　　　　　　C.虚断

3-3　判断题

1.电压比较器的输出电压只有两种数值。　　　　　　　　　　　　　　　　　　（　　　）

2.集成运放使用时不接负反馈，电路中的电压增益称为开环电压增益。　　　（　　　）

3."虚短"就是两点并不真正短接，但具有相等的电位。　　　　　　　　　　（　　　）

4."虚地"是指该点与"地"点相接后，具有"地"点的电位。　　　　　　　（　　　）

5.集成运放不但能处理交流信号，也能处理直流信号。　　　　　　　　　　　（　　　）

6.集成运放在开环状态下，输入与输出之间存在线性关系。　　　　　　　　　（　　　）

7.同相输入和反相输入的运放电路都存在"虚地"现象。　　　　　　　　　　（　　　）

8.理想运放构成的线性应用电路，电压增益与运放本身的参数无关。　　　　　（　　　）

9.各种比较器的输出只有两种状态。　　　　　　　　　　　　　　　　　　　　（　　　）

10.微分运算电路中的电容器接在电路的反相输入端。　　　　　　　　　　　　（　　　）

3-4　集成运放一般由哪几部分组成？各部分的作用如何？

3-5　什么是"虚地"？什么是"虚短"？在什么输入方式下才有"虚地"？若把"虚地"真正接"地"，集成运放能否正常工作？

3-6　集成运放的理想化条件主要有哪些？

3-7　集成运放的反相输入端为虚地时，同相端所接的电阻起什么作用？

3-8　应用集成运放芯片连成各种运算电路时，为什么首先要对电路进行调零？

3-9　图3-41所示电路为应用集成运放组成的测量电阻的原理电路，试写出被测电阻 R_x 与电压表电压 U_o 的关系。

3-10　图3-42所示电路中，已知 $R_1=2k\Omega$，$R_f=5k\Omega$，$R_2=2k\Omega$，$R_3=18k\Omega$，$U_i=1V$，求输出电压 U_o。

图3-41　题3-9图　　　　　　　　　　　　　图3-42　题3-10图

3-11　图3-43所示电路中，已知电阻 $R_f=5R_1$，输入电压 $U_i=5mV$，求输出电压 U_o。

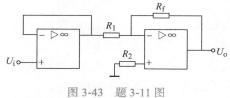

图3-43　题3-11图

3-12　在图3-44所示电路中，$U_i=10mV$，试计算输出电压 U_o 的大小。

3-13　图3-45所示电路，已知 $U_i=1V$，试求：

（1）开关 S_1、S_2 都闭合时的 U_o 值；

（2）开关 S_1、S_2 都断开时的 U_o 值；

（3）S_1 闭合、S_2 断开时的 U_o 值。

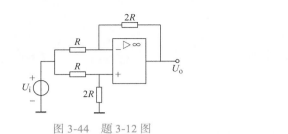

图 3-44　题 3-12 图　　　　　　　　图 3-45　题 3-13 图

3-14　试从反馈的角度比较同相比例放大器和反相比例运算放大器的异同点。

3-15　如图 3-46 所示，求输出电压 u_o 与输入电压 u_{i1}、u_{i2} 的关系式。

3-16　图 3-47 所示电路是应用集成运算放大器测量电阻的原理电路，设图中集成运放为理想器件。当输出电压为 –5V 时，试计算被测电阻 R_x 的阻值。

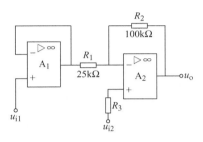

图 3-46　题 3-15 图

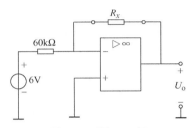

图 3-47　题 3-16 图

3-17　图 3-48 是监控报警装置，如需对某一参数（如温度、压力等）进行监控时，可由传感器取得监控信号 u_i，U_R 是参考电压。当 u_i 超过正常值时，报警指示灯亮，试说明其工作原理。二极管 VD 和电阻 R_3 在此起什么作用？

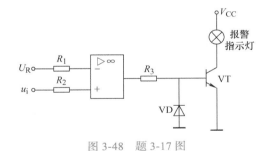

图 3-48　题 3-17 图

项目 4 制作与调试直流稳压电源

项目剖析

当今社会人们极大地享受着电子设备带来的便利，但是任何电子设备都有一个共同的电路——电源电路，所有的电子设备都必须在电源电路的支持下才能正常工作。由于电子技术的特性，电子设备对电源电路的要求就是能够提供持续稳定、满足负载要求的电能，而且通常情况下都要求提供稳定的直流电能。提供这种稳定的直流电能的电源就是直流稳压电源，它可以直接采用蓄电池、干电池或直流发电机获得直流电能，还可以将电网的 380/220V 交流电通过电路转换的方式来获取直流电。由于直流稳压电源应用的普遍性，本项目选择制作一款简易的直流稳压电源。

职业岗位目标

1. 知识目标

（1）整流、滤波、稳压电路的功能及应用方法。
（2）直流稳压电源电路中元器件的特点及应用。
（3）稳压电源的组成和主要性能指标。
（4）直流稳压电源的电路分析与设计方法。
（5）电子产品从元器件检测、电路设计、电路组装到功能调试的制作工序。

2. 技能目标

（1）能识别三端集成稳压器的引脚。
（2）能熟练选择、检测元器件。
（3）能正确使用常用仪器仪表及工具书。
（4）能熟练在面包板、万能电路板或实训平台进行插接/焊接与组装电路。
（5）能准确进行直流稳压电源的故障分析和排除故障。

3. 素养目标

（1）能够在教师引导下完成每个任务相关理论知识的学习，可以用各种工具获取学习中所需要的信息，锻炼自主学习的能力和认真的学习态度。
（2）在任务计划阶段，要总体考虑电路布局与连接规范，使电路美观实用。
（3）在任务实施阶段，要首先具备健康管理能力，即注意安全用电和劳动保护，同时注重 6S（整理、整顿、清扫、清洁、素养和安全）的养成和环境保护。
（4）在任务实施阶段，专心专注、精益求精、不惧失败。

（5）能用所学的知识和技能解决实际问题，具有一定的创新意识，小组成员间要做好分工协作，注重沟通和能力训练。

（6）建立"知行合一"的行动理念。

任务 4.1   组装与调试整流滤波电路

任务导入

在日常生活中，哪些电子设备需要用到直流电源，其又是如何得到直流电呢？本任务学习整流滤波电路并完成一个实际电路的制作，对于输出电压稳定性要求不高的电子电路，整流滤波后的直流电压就可以作为供电电源。

任务分析

当大家将常见的手机充电器解体后，手机充电器内部结构图如图 4-1 所示，利用二极管的单向导电性，就能组成整流电路。整流电路虽将交流电变为直流电，输出的却是脉动电压。这种大小变动的脉动电压，除了含有直流分量外，还含有不同频率的交流分量，这就远不能满足大多数电子设备对电源的要求。为了改善整流电压的脉动程度，提高其平滑性，在整流电路中都要加滤波电路。

图 4-1   手机充电器内部结构图

知识链接

4.1.1   单相半波整流电路

如图 4-2 所示，将电源变压器、整流二极管和用电负载连接在一起，通电后用示波器观察变压器二次侧和负载两端的电压波形。请问观察到波形有什么不同吗？

观察到的波形如图 4-3 所示，图 4-3a 所示为交流电波形，图 4-3b 所示为脉动直流电的波形。

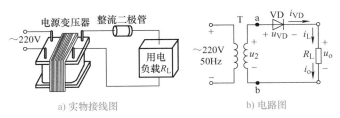

a) 实物接线图   b) 电路图

图 4-2   单相半波整流电路

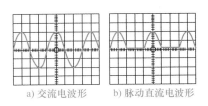

a) 交流电波形   b) 脉动直流电波形

图 4-3   交流电和脉动直流电的波形

1. 整流原理

为了分析整流电路时方便，设二极管是理想的，即正偏导通时相当于短路，反偏截止时相当于开路。单相半波整流电路如图 4-2 所示，图 4-2a 为实物接线图，图 4-2b 为电路图，由电源变压器 T、整流二极管 VD、负载电阻 R_L 组成，变压器的一次电压为 220V、50Hz 的交流电网电压，二次电压为整流电路所需要的交流电压，即 $u_2 = \sqrt{2}U_2\sin\omega t$，$U_2$ 为其有效值。

在 u_2 的正半周，a 点为正，b 点为负，二极管 VD 因外加正向电压而导通，相当于开关闭合。电流从 a 点流出，流经二极管 VD 和负载电阻 R_L 进入 b 端，若忽略变压器二次内阻，则负载电阻 R_L 两端电压即电路的输出电压为 $u_o = u_2 = \sqrt{2}U_2\sin\omega t$，即输出与 u_2 正半轴相同的电压，输出电流为 $i_o = i_{VD} = u_o/R_L$，二极管两端电压 $u_{VD} = 0$。

在 u_2 的负半周，a 点为负，b 点为正，二极管 VD 因外加反向电压而截止，相当于开关断开。$i_o = i_{VD} = 0$，则输出电压 $u_o = 0$，二极管上反偏电压 $u_{VD} = u_2 = \sqrt{2}U_2\sin\omega t$。

u_2、u_o、i_o、i_{VD} 和 u_{VD} 波形如图 4-4 所示。由图可见，正弦交流电压 u_2 经二极管整流后输出电压只有半个周期波形，所以该电路称为半波整流。

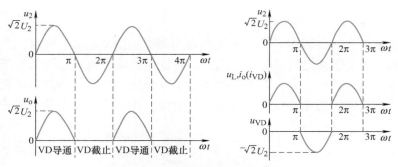

图 4-4　单相半波整流电路波形图

2. 负载上直流电压和电流的计算

半波整流后，在负载 R_L 上得到单相半波脉动直流电，其中包含有直流成分和交流成分。通常用其平均值，即直流电压来描述这一脉动电压。

1）负载上的直流输出电压是指一个周期内脉动电压的平均值。即输出电压的平均值 U_o 为变压器二次电压有效值 U_2 的 45%，即 $U_o = 0.45U_2$。

2）流过负载的直流电流平均值 $I_o = 0.45\dfrac{U_2}{R_L}$。

3）流过整流二极管的平均电流 $I_{VD} = I_o$。

4）二极管承受的最大反向工作电压 $U_{RM} = \sqrt{2}U_2$。

3. 器件的选择

1）变压器的选择。二次绕组的电压 $U_2 = \dfrac{U_o}{0.45}$，变压器功率 P 应大于负载功率。

2）整流二极管的选择。由图 4-4 可见，所选二极管最高反向工作电压应不小于 $\sqrt{2}U_2$，即 $U_{RM} \geqslant \sqrt{2}U_2$，最大整流电流应不小于 I_o，即 $I_{FM} \geqslant I_{VD} = I_o = 0.45\dfrac{U_2}{R_L}$。

电路优点是结构简单，元器件少；缺点是电源利用率低、输出电压脉动大，所以单相半波整流只能适用于对直流电的波形要求不高的场合，如蓄电池充电器等。

4.1.2 单相桥式整流电路

把电源变压器、4个整流二极管和用电负载按如图4-5所示电路连接在一起，就构成了单相桥式整流电路。

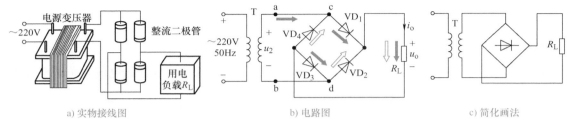

a) 实物接线图　　　　　　　b) 电路图　　　　　　　c) 简化画法

图 4-5　单相桥式整流电路

1. 整流原理

单相桥式整流电路如图4-5所示。由电源变压器 T、4个整流二极管 $VD_1 \sim VD_4$、负载电阻 R_L 组成。图中的电源变压器 T，一次电压为220V、50Hz 电源电压，二次电压为整流电路输入电压 u_2，4个整流二极管 $VD_1 \sim VD_4$ 构成整流桥，连接时注意 a、b 端和 c、d 端不能互换，否则会使导通二极管中的电流过大，造成二极管损坏。图4-5c 为单相桥式整流电路的习惯简化画法。

仍设 $u_2 = \sqrt{2}U_2\sin\omega t$，$VD_1 \sim VD_4$ 均为理想二极管。

在 u_2 的正半周，a 点电位为正，b 点电位为负，故 VD_1、VD_3 导通，VD_2、VD_4 截止，电流从 a 点流出，流经二极管 VD_1、负载电阻 R_L、二极管 VD_3 回到 b 端（如图中实心箭头所示），i_o 从上到下流经负载 R_L，此时输出电压为 $u_o = u_2 = \sqrt{2}U_2\sin\omega t$，即输出与 u_2 正半轴相同的电压，输出电流为 $i_o = u_o/R_L$。

在 u_2 的负半周，b 点电位为正，a 点电位为负，故 VD_2、VD_4 导通，VD_1、VD_3 截止，电流从 b 点流出，流经二极管 VD_2、负载电阻 R_L、二极管 VD_4 回到 a 端（如图中空心箭头所示），i_o 也是从上到下流经负载 R_L，此时输出电压 $u_o = u_2$，即输出与 u_2 正半轴相同的电压，输出电流为 $i_o = u_o/R_L$（流经负载 R_L 时，方向如图中空心箭头所指）。可见，二极管 VD_1、VD_3 和 VD_2、VD_4 轮流导通，在 u_2 的整个周期内电流始终以同一方向流过负载 R_L，其两端得到极性一定、大小变动的"全波"脉动直流电压。桥式整流是一种全波整流。u_2、u_o、i_{VD} 和 u_{VD} 波形如图4-6所示。

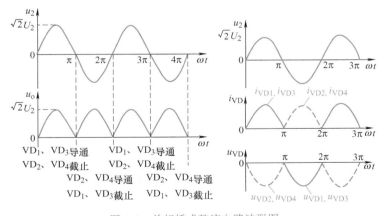

图 4-6　单相桥式整流电路波形图

2. 负载电压与电流的关系

1）桥式整流电路输出电压平均值比半波整流电路增加一倍，即 $U_o = 0.9U_2$。

2）流过负载的电流有效值 $I_o = 0.9\dfrac{U_2}{R_L}$。

3）流过每个二极管的电流 I_{VD} 是负载电流 I_o 的一半，即 $I_{VD} = \dfrac{1}{2}I_o = 0.45\dfrac{U_2}{R_L}$。

4）每个二极管承受的最大反向工作电压 $U_{RM} = \sqrt{2}U_2$。

3. 器件的选择

由于在桥式整流电路中，4 个二极管分两次轮流导通，流经每个二极管的电流为负载电流的一半，选择二极管时，$I_{FM} \geqslant I_{VD} = \dfrac{1}{2}I_o = 0.45\dfrac{U_2}{R_L}$。由图 4-6 可见，最高反向工作电压即 $U_{RM} \geqslant \sqrt{2}U_2$。考虑到电网电压的波动范围为 ±10%，因此在实际选用二极管时，应至少有 10% 的余量，选择最大整流平均电流 $I_{FM} > 1.1\dfrac{I_o}{2}$ 和最大反向工作电压 $U_{RM} > 1.1\sqrt{2}U_2$。

【例 4-1】在图 4-5 所示电路中，已知变压器二次电压有效值 U_2=40V，负载电阻 R_L=60Ω，试问：

（1）输出电压平均值与输出电流平均值各为多少？

（2）当电网电压波动范围为 ±10% 时，二极管的最大整流平均电流 I_{VD} 与最大反向工作电压 U_{RM} 至少应选取多少？

解：（1）输出电压平均值为 U_o=0.9U_2=0.9×40V=36V

输出电流平均值为 $I_o = \dfrac{U_o}{R_L} = \dfrac{36}{60}$A = 0.6A

（2）二极管的最大整流平均电流 I_{VD} 与最大反向工作电压 U_{RM} 分别应满足

$$I_{VD} > 1.1\frac{I_o}{2} = 1.1 \times \frac{0.6}{2}\text{A} = 0.33\text{A}$$

$$U_{RM} > 1.1\sqrt{2}U_2 = 1.1 \times \sqrt{2} \times 40\text{V} = 62.2\text{V}$$

【例 4-2】有一单相桥式整流电路要求输出电压 U_o=110V，R_L=80Ω，交流电压为 380V，试问：

（1）如何选用二极管？

（2）整流变压器电压比和容量是多少？

解：（1）输出电流平均值 $\qquad I_o = \dfrac{U_o}{R_L} = \dfrac{110}{80}\text{A} = 1.4\text{A}$

流过二极管的平均电流 $\qquad I_{VD} = \dfrac{1}{2}I_o = \dfrac{1}{2} \times 1.4\text{A} = 0.7\text{A}$

变压器二次电压有效值 $\qquad U_2 = \dfrac{U_o}{0.9} = \dfrac{110}{0.9}\text{V} = 122\text{V}$

二极管承受的最大反向工作电压 $U_{RM} = \sqrt{2}U_2 = \sqrt{2} \times 122\text{V} = 172\text{V}$

由此可选 2CZ12C 二极管，其最大整流电流为 1A，最大反向工作电压为 300V。

（2）考虑到变压器二次绕组及管子上的压降，变压器二次电压大约要高出 10%，即

$$U_2 = 1.1 \times 122\text{V} = 134\text{V}$$

则变压器电压比 $\qquad K = \dfrac{U_1}{U_2} = \dfrac{380}{134} = 2.8$

变压器二次电流为 $\qquad I = 1.1I_o = 1.1 \times 1.4\text{A} = 1.54\text{A}$

乘以 1.1 的主要原因是考虑变压器损耗。故整流变压器容量为 $S=U_2I=134V×1.54A=206V·A$。

单相桥式整流电路特点：不但减少了输出电压的脉动程度，而且提高了变压器的利用率，输出电压高、波动小，广泛应用于机床控制电路、自动控制电路和各种家用电器中。在使用中，应注意：桥式整流电路 4 个二极管必须正确装接，否则会因形成很大的短路电流而烧毁。正确接法是：共阳端和共阴端接负载，而另外两端接变压器二次绕组。

整流电路

4.1.3　电容滤波电路

整流电路输出的是脉动直流电，一般不能满足电子电路对电源的要求。因为这种脉动直流电波动较大，含有很大的交流成分。将脉动直流电中的交流成分滤除的过程叫滤波，如何才能达到滤波的目的呢？

常用的滤波元器件是电容和电感，滤波电路有电容滤波电路、电感滤波电路、LC 滤波电路和 π 形滤波电路，小功率稳压电源中用得较多的是电容滤波电路。

图 4-7 所示的电路中，电容器连接前后，用示波器观察负载两端的电压波形如图 4-8a 所示，分别为虚线波形和实线波形，二极管电流波形如图 4-8b 所示。

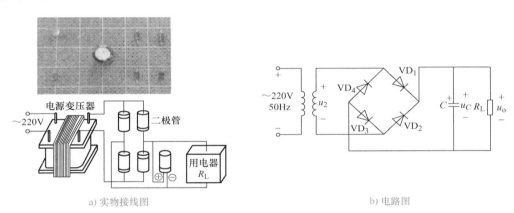

a) 实物接线图　　　　　　　　　　　　　　　　b) 电路图

图 4-7　单相桥式整流电容滤波电路

单相桥式整流电容滤波电路是在桥式整流电路的基础上，输出端并联一个电容 C，利用电容两端的电压不能突变的特性，与负载并联，使负载得到较平滑的电压。

在 u_2 正半周，当 $u_2>u_C$ 时，二极管 VD_1、VD_3 导通，u_2 向 C 充电。若忽略变压器二次内阻和二极管正向电压降，电容两端电压 u_C 与 u_2 相等，u_C（u_o）的波形如图 4-8a 中的 ab 段；u_2 到达峰值后开始按正弦规律下降，电容 C 则通过负载 R_L 放电，u_C 按指数规律下降。两者在下降初期的波形基本吻合，如图中的 bc 段；此后由于 u_2 按正弦规律下降的速度大于 u_C 按指数规律下降的速度，当 $u_2<u_C$ 时，VD_1、VD_3 因反偏而截止（此时 4 个二极管均截止），而电容 C 继续通过 R_L 放电，u_C 波形如图中的 cd 段。在 u_2 负半周，当 u_2 负半周幅值增大到恰好大于 u_C 时，二极管 VD_2、VD_4 处于正向偏置，VD_2、VD_4 管导通，VD_1、VD_3 管始终截止，u_2 又开始对电容 C 进行充电，u_C 又开始上升，上升到 u_2 的峰值后又开始下降，下降到 $u_2<u_C$ 时二极管 VD_2、VD_4 变为截止，此时 4 个二极管又全部截止，电容 C 通过 R_L 开始放电。电容 C 如此周而复始地充电、放电，在负载 R_L 上便得到一个近似锯齿波的纹波电压 u_o，如图 4-8a 所示，其脉动程度大大降低，接近于平滑的直流电。

从图 4-8 中可以看到，经滤波后输出的电压不仅变得平滑，而且滤波后的输出电压平均值也得到提高。估算 U_o 和 U_2 的关系为 $U_o≈1.2U_2$。

电容滤波电路中，若负载电阻开路，则 $U_o=\sqrt{2}U_2$。

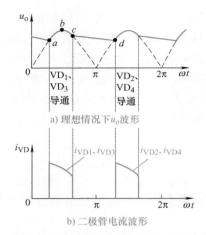

a) 理想情况下 u_o 波形

b) 二极管电流波形

图 4-8　单相桥式整流电容滤波电路波形图

负载上直流电压平均值及其平滑程度与放电时间常数 $\tau=R_LC$ 有关，τ 越大，电容 C 放电越慢，输出电压的波形就越平稳。为了获得较平稳的输出电压，选择电容时一般选取 $R_LC \geqslant (3\sim 5)\dfrac{T}{2}$，其中，$T$ 为输入交流电压的周期。

滤波电容数值一般在几十到几千微法，其耐压值 U_{CN} 应大于输出电压值，一般取输出电压的 1.5 倍左右，且通常采用有极性的电解电容。使用时应注意它的极性，如果接反会造成电解电容的损坏。

考虑到每个二极管的导通时间较短，会有较大的冲击电流，因此，二极管的额定正向电流一般选择 $I_{FM}=(2\sim 3)I_{VD}$。

二极管承受的最大反向工作电压仍为二极管截止时两端电压的最大值，选取 $U_{RM} \geqslant \sqrt{2}U_2$。

电容滤波电路的优点是电路简单，输出电压平均值高，脉动较小；其缺点是输出电压受负载变化影响较大，所以电容滤波电路只适用于负载电流较小且变化也较小的场合。

【例 4-3】有一单相桥式整流电容滤波电路如图 4-7 所示，市电频率为 $f=50\text{Hz}$，负载电阻为 400Ω，要求直流输出电压 $U_o=24\text{V}$，选择整流二极管及滤波电容。

解：（1）选择整流二极管。

$$I_{VD}=\frac{1}{2}I_o=\frac{1}{2}\frac{U_o}{R_L}=\frac{1}{2}\times\frac{24}{400}\text{A}=0.03\text{A}$$

$$I_F=(2\sim 3)I_{VD}=60\sim 90\text{mA}$$

因为 $U_o=1.2U_2$，所以 $U_2=U_o/1.2=24\text{V}/1.2=20\text{V}$。

二极管承受的最大反向工作电压为 $U_{RM}=\sqrt{2}U_2=20\sqrt{2}\text{V}=28.2\text{V}$。

查阅手册得，2CZ52 型二极管的 $I_F=100\text{mA}$，查阅电压分档标志，2CZ52B 的最高反向工作电压 $U_{RM}=50\text{V}$，符合要求。

（2）选择滤波电容。

$$T=\frac{1}{f}=\frac{1}{50\text{Hz}}=0.02\text{s}$$

根据 $R_LC \geqslant (3\sim 5)\dfrac{T}{2}$，取 $R_LC=5T/2=5\times 0.02\text{s}/2=0.05\text{s}$

已知 $R_L=400\Omega$，所以 $C=0.05/R_L=0.05/400\text{F}=125\times 10^{-6}\text{F}=125\mu\text{F}$。

电容耐压值 $U_{CN}=1.5U_o=1.5\times 24\text{V}=36\text{V}$。

选取标称耐压值为 50V、电容量为 200μF 或 500μF 的电解电容。

4.1.4 电感滤波电路

电容滤波电路的负载能力差，并有浪涌电流，电感滤波电路恰好可以克服此缺点。在整流电路与负载 R_L 之间串入一个电感线圈 L，便成为电感滤波电路，如图 4-9 所示（图中的桥式整流部分采用了简化画法）。电感与电容一样具有储能作用。当 u_2 升高导致流过电感 L 的电流增大时，L 中产生的自感电动势能阻止电流的增大，并且将一部分电能转化成磁场能储存起来；当 u_2 降低导致流过 L 的电流减小时，L 中的自感电动势又能阻止电流的减小，同时释放出存储的能量以补偿电流的减小。这样，经电感滤波后，输出电流和电压的波形也可以变得平滑，脉动减小。显然，L 越大，滤波效果越好。由于 L 上的直流电压降很小，可以忽略，故电感滤波电路的输出电压平均值与桥式整流电路相同，即 $U_o=0.9U_2$。

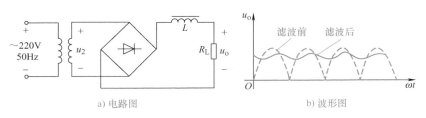

a) 电路图   b) 波形图

图 4-9   单相桥式整流电感滤波电路

4.1.5 复式滤波电路

1. 复式滤波电路结构及其输出特性

为了进一步提高滤波效果，减小输出电压中的纹波，可以采用复式滤波的方法。图 4-10 为几种常用的复式滤波电路结构及其输出特性。图 4-10a 为 LC（倒 L 型）滤波电路，图 4-10b、c 为 RC-π 和 LC-π 型滤波电路，图 4-10d 为电压输出特性曲线。

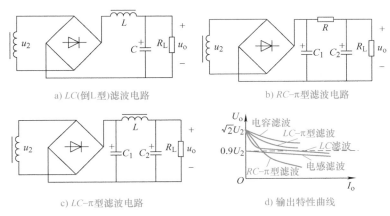

a) LC(倒 L 型)滤波电路   b) RC-π 型滤波电路

c) LC-π 型滤波电路   d) 输出特性曲线

图 4-10   复式滤波电路

在 RC-π 型滤波和 LC-π 型滤波中，电容容量的选择仍应满足 $R_L C \geqslant (3 \sim 5)\dfrac{T}{2}$。

2. 各类滤波电路的特点及应用

电容滤波电路的优点是结构简单，输出电压 U_o 较高，电压的纹波也较小。它的缺点是输出特性较差，故适用于负载电压较高、负载变动不大的场合。

电感滤波器适用于负载电流较大并经常变化的场合，但电感量较大的电感线圈，其体积和质量都较大，且易引起电磁干扰，因此，一般在功率较大的整流电路中采用。

倒 L 型滤波电路的带负载能力较强，在负载变化时，输出电压比较稳定。另外，由于滤波电容 C 接在电感 L 之后，对整流二极管不产生浪涌电流冲击。

$LC\text{-}\pi$ 型滤波电路的滤波效果好，但带负载能力差，会对整流二极管产生浪涌电流冲击，适用于要求输出电压脉动小、负载电流不大的场合。

$RC\text{-}\pi$ 型滤波电路成本低、体积小、滤波效果好，但由于电阻 R 的存在，会使输出电压降低，一般适用于输出小电流的场合。

4.1.6 整流滤波电路的常见故障

在对整流滤波电路进行调试时，需熟记各类整流滤波电路的输出电压与变压器二次电压有效值 U_2 的关系，以便分析、排除故障。整流滤波电路调试过程中的常见故障，通过例 4-4 予以介绍。

【例 4-4】桥式整流电容滤波电路如图 4-7b 所示，变压器二次电压为 10V。若测得输出电压分别为：（1）4.5V；（2）9V；（3）10V；（4）14V，试分析电路工作是否正常。若不正常，分析故障原因。

解：本电路工作正常时，$U_{o(AV)}=1.2U_2=12\text{V}$。实测得到例 4-4 所列数据，说明电路有故障。

（1）测得输出电压为 4.5V，这一电压数据符合半波整流电路的输出与输入关系，说明桥式整流电容滤波电路变成半波整流电路。估计：桥式整流二极管中有一个开路，可能是虚焊或断开，同时滤波电容开路。

（2）测得输出电压为 9V，$U_{o(AV)}=0.9U_2$，说明电路变成桥式整流电路，是滤波电容断开所致。

（3）测得输出电压为 10V，$U_{o(AV)}=U_2$，说明电路变成半波整流电容滤波电路，是整流桥中有一个二极管开路所致。

（4）$U_{o(AV)}=14\text{V}$，$U_o \approx \sqrt{2}U_2$，说明负载电阻开路。

⚙ 任 务 实 施

1. 设备与元器件

本任务用到的设备包括直流稳压电源、数字式万用表、毫安表、示波器等。

组装电路所用元器件见表 4-1。

表 4-1　元器件明细表

序号	元器件	名称	型号规格	数量
1	T	变压器	220V/17V	1
2	$VD_1 \sim VD_4$	整流二极管	1N4001	4
3	R_L	电阻	100Ω	1
4	C_1	电解电容	100μF	1
5	C_2	电解电容	470μF	1

2. 电路分析

单相桥式整流滤波电路如图 4-11 所示。

3. 任务实施过程

（1）识别元器件　根据表 4-1 所示元器件清单，清点元器件。

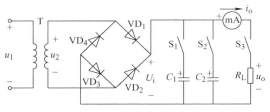

图 4-11 单相桥式整流滤波电路

（2）检测元器件 使用万用表仔细检测元器件，将不合格的元器件筛选出来。

1）检测二极管。

2）测量电容、电阻的阻值。

3）若有元器件损坏，请向教师说明情况。

（3）元器件插装与接线 按图 4-11 所示电路图，根据给定的面包板，对元器件进行布局、安装以及接线。

1）发放元器件、面包板与导线等。学生根据电路图，仔细核对。

2）布局。学生根据电路原理图，合理布局电路元器件。

3）接线。安装二极管、电解电容并注意极性，各元器件安装完毕，保证放置合理，经检查无误后再接线。

（4）调试与检测电路

1）合上 S_1、S_3，用示波器观察输出波形。用万用表测出输出电压值，并将其与毫安表的读数填入表 4-2 中。

2）合上 S_1、S_2、S_3，用示波器观察输出波形。用万用表测出输出电压值，并将其与毫安表的读数填入表 4-2 中。

3）合上 S_1、S_2，断开 S_3，用示波器观察输出波形。用万用表测出输出电压值，并将其与毫安表的读数填入表 4-2 中。

表 4-2 电路测试记录

滤波电路	u_o 的波形	U_2/V	U_o/V	I_o/mA
S_1、S_3 闭合				
S_1、S_2、S_3 闭合				
仅 S_3 断开				

（5）故障分析 根据表 4-3 所示情况，进行桥式整流电容滤波电路故障分析。

表 4-3 桥式整流电容滤波电路故障分析

情况	故障现象
整流二极管 VD_1 开路	
整流二极管 VD_3 短路	
负载 R_L 开路	
电容 C 开路	

（6）收获与总结 通过本实训任务，你掌握了哪些技能？学会了哪些知识？在实训过程中遇到了什么问题？是怎么处理的？请填写在表 4-4 中。

表 4-4　收获与总结

序号	掌握的技能	学会的知识	出现的问题	处理方法
1				
2				
3				
心得体会：				

创 新 方 案

你有更好的思路和做法吗？请给大家分享一下吧。

（1）_____

（2）_____

（3）_____

任 务 考 核

根据表 4-5 所列考核内容和考核标准对本次任务的完成情况开展自我评价与小组评价，将评价结果填入表中。

表 4-5　任务综合评价

任务名称		姓名		组号	
考核内容	考核标准	评分标准		自评得分	组间互评得分
职业素养（20分）	·工具摆放、着装等符合规范（2分） ·操作工位卫生良好，保持整洁（2分） ·严格遵守操作规程，不浪费原材料（4分） ·无元器件损坏（6分） ·无用电事故、无仪器损坏（6分）	·工具摆放不规范，扣1分；着装等不符合规范，扣1分 ·操作工位卫生等不符合要求，扣2分 ·未按操作规程操作，扣2分；浪费原材料，扣2分 ·元器件损坏，每个扣1分，扣完为止 ·因用电事故或操作不当而造成仪器损坏，扣6分 ·人为故意造成用电事故、损坏元器件、损坏仪器或其他事故，本次任务计0分			
元器件检测（10分）	·能使用仪表正确检测元器件（5分） ·正确填写表4-2数据（5分）	·不会使用仪器，扣2分 ·元器件检测方法错误，每次扣1分 ·数据填写错误，每个扣1分			
装配（20分）	·元器件布局合理、美观（10分） ·布线合理、美观，层次分明（10分）	·元器件布局不合理、不美观，扣1～5分 ·布线不合理、不美观，层次不分明，扣1～5分 ·布线有断路，每处扣1分；布线有短路，每处扣5分			
调试（30分）	能使用仪器仪表检测，能正确填写表4-3数据，并排除故障，达到预期的效果（30分）	·一次调试成功，数据填写正确，得30分 ·填写数据不正确，每处扣1分 ·在教师的帮助下调试成功，扣5分；调试不成功，得0分			

（续）

任务名称		姓名		组号	
考核内容	考核标准	评分标准		自评 得分	组间互评 得分
团队合作 （10分）	主动参与，积极配合小组成员，能完成 自己的任务（5分）	• 参与完成自己的任务，得5分 • 参与未完成自己的任务，得2分 • 未参与未完成自己的任务，得0分			
	能与他人共同交流和探讨，积极思考，能 提出问题，能正确评价自己和他人（5分）	• 交流能提出问题，正确评价自己和他人，得5分 • 交流未能正确评价自己和他人，得2分 • 未交流未评价，得0分			
创新能力 （10分）	能进行合理的创新（10分）	• 有合理创新方案或方法，得10分 • 在教师的帮助下有创新方案或方法，得6分 • 无创新方案或方法，得0分			
最终成绩		教师评分			

思考与提升

1. 一个二极管反相可能出现什么问题？一个二极管开路可能出现什么现象？

2. 电解电容接反可能出现什么问题？

3. 桥式整流后的电压为脉动直流电压，其中包括较大的＿＿＿＿（交流 / 直流）分量，通过电容滤波后削弱＿＿＿＿（交流 / 直流）分量的作用，输出波形的脉动系数＿＿＿＿（变大 / 变小）。

4. 增大电容的容量或者增大负载电阻的阻值，输出波形的脉动系数变＿＿＿＿（大 / 小），交流分量＿＿＿＿（增大 / 减小），直流分量＿＿＿＿（增大 / 减小）。

5. 负载空载时，输出波形的特点为＿＿＿＿。

任务小结

1. 整流电路利用二极管的单向导电性，将交流电压转变成单方向脉动的直流电压。目前广泛采用二极管整流桥组成桥式整流电路。

2. 为了消除脉动电压，需要采用滤波电路。单相小功率电源常用电容滤波。

任务 4.2　组装与调试稳压电路

任务导入

在电子设备中，内部电路都由直流稳压电源供电。任务 4.1 中已经学习了整流滤波电路，但是，对电源要求较高的场合，在整流、滤波之后，还要增加较复杂的稳压电路。

任务分析

一般情况下，直流稳压电源电路由交流电经过整流滤波后转变成的直流电，其输出电压是不稳定的。在输入电压、负载、环境温度、电路参数等发生变化时，都能引起输出电压的变化。要想获得稳定不变的直流电源，还必须要在整流滤波后加上稳压电路。

知识链接

4.2.1 并联型稳压电路

1. 电路组成

所谓稳压电路，就是当电网电压波动或负载发生变化时，能使输出电压稳定的电路。最简单的直流稳压电源是硅稳压二极管并联型稳压电路，如图 4-12 所示，点画线框为稳压二极管 VZ 和限流电阻 R 组成的稳压电路，负载 R_L 与稳压二极管并联，输出电压 U_o 等于稳压二极管电压。限流电阻 R 起稳压限流作用，使稳压二极管电流 I_Z 不超过允许值，另一方面还利用它两端电压升降使输出电压 U_o 趋于稳定。

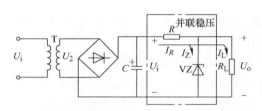

图 4-12   硅稳压二极管并联型稳压电路

为了保证稳压二极管正常工作，稳压二极管必须反向偏置，且反偏电流 I_Z 应满足：$I_{Zmin}<I_Z<I_{Zmax}$。式中，I_{Zmin} 是使稳压二极管并联型稳压电路稳压的最小电流，I_{Zmax} 是使稳压二极管正常工作的最大极限电流。

2. 稳压原理

引起直流电源输出不稳定的主要原因是电网电压波动和负载 R_L 变化。现将电路克服不稳定因素影响，实现稳压的原理简述如下：设因电网电压上升或 R_L 增加造成 U_o 增加时，通过稳压二极管 VZ 的电流随之增加，从而使电阻上的电压 U_R 增加，结果是阻止了输出电压的上升，使输出电压 U_o 保持基本稳定不变，即

$$U_i\ (R_L) \uparrow \rightarrow U_o\ (U_o=U_i-I_R R) \uparrow \rightarrow I_Z \uparrow \rightarrow I_R\ (I_R=I_Z+I_L) \uparrow \rightarrow U_R \uparrow \rightarrow U_o \downarrow$$

反之，输入电压 U_i 降低或 R_L 下降引起 U_o 下降时，I_Z 将下降，使 U_R 下降，于是限制了 U_o 的下降，使 U_o 基本不变，达到稳压的目的。

从以上分析可知，硅稳压二极管并联型稳压电路能稳定输出电压，稳压二极管和限流电阻起决定作用，即利用硅稳压二极管反向击穿时电压稍有变化就引起反向击穿电流很大的变化，再通过限流电阻把电阻上电流变化转换成电阻上电压的变化，来保持输出电压基本不变。

稳压二极管的动态电阻越小，限流电阻越大，输出电压的稳定性越好。但输出电压、电流受稳压二极管的限制，变化范围小，不能调节，因此，只适用于电压固定的小功率负载，且负载变化范围不大的场合。

【例 4-5】 稳 压 电 路 如 图 4-12 所示, 已 知 稳 压 二 极 管 的 稳 定 电 压 U_Z=8V, I_{Zmin}=5mA, I_{Zmax}=30mA, 限 流 电 阻 R=390Ω, 负 载 电 阻 R_L=510Ω, 试 求 输 入 电 压 U_i=17V 时, 输 出 电 压 U_o 及 电 流 I_L、I_R、I_Z 的 大 小。

解: 令稳压二极管开路, 求得 R_L 上的电压降为 U'_o, $U'_o = \dfrac{U_i R_L}{R + R_L} = \dfrac{17 \times 510}{390 + 510}$ V ≈ 9.6V。

因 $U'_o > U_Z$, 稳压二极管接入电路后即可工作在反向击穿区, 略去动态电阻 r_Z 的影响, 稳压电路的输出电压 U_o 就等于稳压二极管的稳定电压 U_Z, 即 $U_o = U_Z =$ 8V。

由此计算出各电流大小分别为

$$I_L = \frac{U_o}{R_L} = \frac{8\text{V}}{510\Omega} \approx 0.0157\text{A} = 15.7\text{mA}$$

$$I_R = \frac{U_i - U_o}{R_L} = \frac{(17-8)\text{V}}{390\Omega} = 0.0231\text{A} = 23.1\text{mA}$$

$$I_Z = I_R - I_L = 23.1\text{mA} - 15.7\text{mA} = 7.4\text{mA}$$

可见, $I_{Zmin} < I_Z < I_{Zmax}$, 稳压二极管处于正常稳压工作状态, 上述计算结果是正确的。

4.2.2　串联反馈型稳压电路

串联反馈型稳压电路因调整器件与负载串联而得名, 简称串联型稳压电路。

1. 电路组成

简单的串联型稳压电路原理图和框图如图 4-13 所示。它由四部分组成: 取样电路、基准电压电路、比较放大电路和调整器件 (调整管)。其中取样电路由 R_1、R_2 组成、作用是将输出电压的变化取出反馈到比较放大器输入端, 然后控制调整管的压降变化; 基准电压电路由稳压二极管 VZ 与限流电阻 R_3 组成, 作用是为电路提供基准电压; 比较放大电路由 VT$_2$ 组成, 其作用是放大取样电压与基准电压之差, 经过 VT$_2$ 集电极电位 (也为 VT$_1$ 基极电位) 控制调整管工作; 调整管 VT$_1$ 的作用是根据比较电路输出, 调节集电极、发射极间电压, 从而达到自动稳定输出电压的目的。

电路中因调整管与负载串联, $U_o = U_i - U_{CE1}$, 故名串联型稳压电路。R_4 既是 VT$_2$ 的集电极负载电阻, 又是 VT$_1$ 的基极偏置电阻, 使 VT$_1$ 处于放大状态。

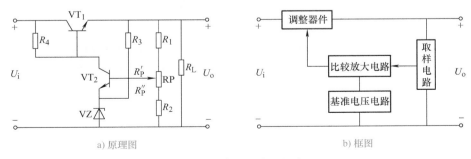

a) 原理图　　　　　　　　　b) 框图

图 4-13　串联型稳压电路

2. 工作原理

串联型稳压电路稳压原理简述如下: 当电网电压波动或负载电流 I_L 变化, 导致输出电压 U_o 增加时, 通过取样电阻的分压作用, VT$_2$ 基极电位 V_{B2} 随之升高, 由于 $V_{E2} = U_Z$, 是稳压二极管提供的基准电压，其值基本不变，致使 U_{BE2} 增大，I_{C2} 随之增大，VT_2 的集电极电位 V_{C2} 下降。由于 VT_1 的基极电位 $V_{B1}=V_{C2}$，因而 I_{C1} 减小，VT_1 管压降 U_{CE1} 增大，使输出电压 $U_o=U_i-U_{CE1}$ 下降，结果使 U_o 基本保持恒定。

$$U_i \uparrow \text{或} I_L \downarrow \rightarrow U_o \uparrow \rightarrow V_{B2} \uparrow \rightarrow U_{BE2} \uparrow \rightarrow I_{C2} \uparrow \rightarrow V_{C2} \downarrow \rightarrow V_{B1} \downarrow \rightarrow I_{C1} \downarrow \rightarrow U_{CE1} \uparrow \rightarrow U_o \downarrow$$

反之，因某种原因使 U_o 下降，通过负反馈过程，使 U_{CE1} 减小，从而使 U_o 增加，结果使 U_o 基本保持恒定。

由此可见，串联型稳压电路实质上是通过电压负反馈使输出电压维持稳定。

由图 4-13a 知

$$U_{B2} = U_{BE2} + U_Z = U_o \frac{R_2 + R_P''}{R_1 + R_2 + R_P}$$

$$U_o = \frac{R_1 + R_2 + R_P}{R_2 + R_P''}(U_Z + U_{BE2})$$

当 RP 调到最上端时，输出电压为最小值，即

$$U_{omin} = \frac{R_1 + R_2 + R_P}{R_2 + R_P}(U_Z + U_{BE2})$$

当 RP 调到最下端时，输出电压为最大值，即

$$U_{omax} = \frac{R_1 + R_2 + R_P}{R_2}(U_Z + U_{BE2})$$

以上电路中，若将比较放大管 VT_2 改为集成运算放大器 A，则为由集成运算放大器构成的串联型稳压电路，图 4-14 所示为其原理电路，请自行分析其工作原理。

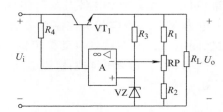

图 4-14　集成运算放大器构成的串联型稳压电路

串联型稳压电源工作电流较大，输出电压一般可连续调节，稳压性能优越。目前这种稳压电源已经制成单片集成电路，广泛应用在各种电子仪器和电子电路之中。串联型稳压电源的缺点是损耗较大、效率低。

任务实施

1. 设备与元器件

本任务用到的设备与元器件包括万用表、示波器、稳压二极管、电阻、电容、晶体管、导线若干等。

组装电路所用元器件见表 4-6。

表 4-6 元器件明细表

序号	元器件	名称	型号规格	数量
1	T	变压器	220V/6V	1
2	$VD_1 \sim VD_4$	整流二极管	1N4001	4
3	R_L	电阻	5kΩ	1
4	R_1、R_2、R_4	电阻	1kΩ	3
5	R_3	电阻	580Ω	1
6	RP	可调电阻	470Ω	1
7	VT_1	晶体管	9013	1
8	VT_2	晶体管	9012	1
9	C_1	电解电容	470μF	1
10	C_2	电解电容	220μF	1

2. 电路分析

图 4-15 为串联型稳压电路。

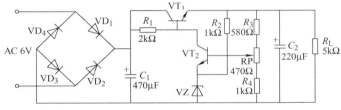

图 4-15 串联型稳压电路

3. 任务实施过程

（1）识别元器件 根据表 4-6 所示元器件清单，配齐元器件。

（2）检测与测量元器件

1）检测普通二极管、稳压二极管和晶体管。

2）测量电容、电阻的阻值。

3）若有元器件损坏，请向教师说明情况。

（3）元器件安装与接线 按图 4-15 所示电路图，根据给定的面包板，对元器件进行布局、安装以及接线。

在安装和接线过程中，应注意：晶体管 9012、9013 的型号不同，管型也不同，需认清再安装到相应位置。

（4）调试与检测电路

1）输入电压的波动对输出电压的影响。按表 4-7 改变输入电压值，观察万用表测量的 U_{CE1}、负载两端的输出电压值，并记录测量数据。

表 4-7 串联型稳压电路输入电压变化时输出电压测量表

输入电压值（交流）/V	负载电阻值 /kΩ	VT_1 的 U_{CE1} 值	负载输出电压值（直流）	负载输出电压变化值
6	5			
9	5			
12	5			
结论				

2）负载的波动对输出电压的影响。按表4-8改变负载电阻值，观察万用表测量的 U_{CE1}、负载两端的输出电压值，并记录测量数据。

表 4-8 串联型稳压电路负载变化时输出电压测量表

输入电压值（交流）/V	负载电阻值 /kΩ	VT$_1$ 的 U_{CE1} 值	负载输出电压值（直流）	负载输出电压变化值
9	5			
9	4			
9	3			
结论				

（5）收获与总结　通过本实训任务，你掌握了哪些技能？学会了哪些知识？在实训过程中遇到了什么问题？是怎么处理的？请填写在表4-9中。

表 4-9 收获与总结

序号	掌握的技能	学会的知识	出现的问题	处理方法
1				
2				
3				
心得体会：				

创 新 方 案

你有更好的思路和做法吗？请给大家分享一下吧。
（1）电路布局时尽量减少跳线。
（2）合理改变元器件参数，使稳压效果更好。
（3）_____

任 务 考 核

根据表4-10所列考核内容和考核标准对本次任务的完成情况开展自我评价与小组评价，将评价结果填入表中。

表 4-10 任务综合评价

任务名称			姓名		组号	
考核内容	考核标准		评分标准		自评得分	组间互评得分
职业素养（20分）	·工具摆放、着装等符合规范（2分） ·操作工位卫生良好，保持整洁（2分） ·严格遵守操作规程，不浪费原材料（4分） ·无元器件损坏（6分） ·无用电事故、无仪器损坏（6分）		·工具摆放不规范，扣1分；着装等不符合规范，扣1分 ·操作工位卫生等不符合要求，扣2分 ·未按操作规程操作，扣2分；浪费原材料，扣2分 ·元器件损坏每个扣1分，扣完为止 ·因用电事故或操作不当而造成仪器损坏，扣6分 ·人为故意造成用电事故、损坏元器件、损坏仪器或其他事故，本次任务计0分			

（续）

任务名称		姓名		组号	
考核内容	考核标准	评分标准		自评得分	组间互评得分
元器件检测（10分）	·能使用仪表正确检测元器件（5分） ·正确填写表4-7、表4-8数据（5分）	·不会使用仪器，扣2分 ·元器件检测方法错误，每次扣1分 ·数据填写错误，每个扣1分			
装配（20分）	·元器件布局合理、美观（10分） ·布线合理、美观，层次分明（10分）	·元器件布局不合理、不美观，扣1～5分 ·布线不合理、不美观，层次不分明，扣1～5分 ·布线有断路，每处扣1分；布线有短路，每处扣5分			
调试（30分）	能使用仪器仪表检测，能正确填写数据，并排除故障，达到预期的效果（30分）	·一次调试成功，数据填写正确，得30分 ·填写数据不正确，每处扣1分 ·在教师的帮助下调试成功，扣5分；调试不成功，得0分			
团队合作（10分）	主动参与，积极配合小组成员，能完成自己的任务（5分）	·参与完成自己的任务，得5分 ·参与未完成自己的任务，得2分 ·未参与未完成自己的任务，得0分			
	能与他人共同交流和探讨，积极思考，能提出问题，能正确评价自己和他人（5分）	·交流能提出问题，正确评价自己和他人，得5分 ·交流未能正确评价自己和他人，得2分 ·未交流未评价，得0分			
创新能力（10分）	能进行合理的创新（10分）	·有合理创新方案或方法，得10分 ·在教师的帮助下有创新方案或方法，得6分 ·无创新方案或方法，得0分			
最终成绩		教师评分			

思考与提升

1. 串联型稳压电路主要由_____、_____、_____、_____等部分组成。

2. 在一定的限制范围内，输入电压或者负载发生变化时，输出电压变化较_____。

3. 稳压的含义是什么？主要体现在哪些方面？

任务小结

1. 连接好电路，确定无误方可通电测试，不能带电改装电路。

2. 检查元器件安装正确无误后，才可以接通电源。测量时，先连线后接电源（或打开电源开关），拆线、改线或检修时一定要先断开电源；另外电源线不能接错，否则将可能损坏元器件。

任务 4.3　设计与制作直流稳压电源

任务导入

直流电源已成为人们日常生活中不可缺少的一部分，大到电动车的充电桩，小到笔记本计算机、手机和数码相机等的充电器，都是采用直流稳压电源。但家用电网供电一般都是 220V、50Hz 交流电，这就需要通过一定的装置将 220V 的单相交流电转换为只有几伏或几十伏的直流电，能完成这种转换的装置就是直流稳压电源。本任务要求完成直流稳压电源的设计与制作。

任务分析

正负对称输出的三端稳压电源电路是由桥式整流、电容滤波、三端集成稳压器 LM7815 和 LM7915 组成的具有 ±15V 输出的直流稳压电源电路。

知识链接

4.3.1　三端集成稳压电路

集成稳压器将串联稳压电路和各种保护电路集成在一起。它具有稳压性能好、体积小、重量轻、使用方便等优点，因而得到广泛应用，已逐渐取代由分立元器件组成的稳压电路。

集成稳压器的种类较多，按其输出电压是否可调，可分为输出电压不可调集成稳压器和输出电压可调集成稳压器；按输出电压极性的不同，可分为正输出电压集成稳压器和负输出电压集成稳压器。

1. 三端固定式集成稳压器

这种稳压器将所有元器件都集成在一个芯片上，只有三个引脚，即输入端、输出端和公共端。

（1）三端固定式集成稳压器的命名和引脚排列　三端固定式集成稳压器有输出正电压的 7800 系列和输出负电压的 7900 系列。三端固定式集成稳压器的命名方法如图 4-16 所示。

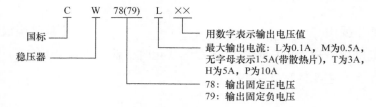

图 4-16　三端固定式集成稳压器的命名方法

国产三端固定式集成稳压器输出电压有 5V、6V、9V、12V、15V、18V、24V 七种。最大输出电流大小用字母表示，字母与最大输出电流对应表见表 4-11。

表 4-11　7800、7900 系列集成稳压器字母与最大输出电流对应表

字母	L	N	M	无字母	T	H	P
最大输出电流 /A	0.1	0.3	0.5	1.5	3	5	10

常用的美国国家半导体公司生产的三端固定式集成稳压器型号含义与国产型号含义类似，常用

"LM"代表美国国家半导体公司生产。例如，CW7805为国产三端固定式集成稳压器，输出电压为5V，最大输出电流为1.5A；LM79M9为美国国家半导体公司生产的 −9V 稳压器，最大输出电流为0.5A。

三端固定式集成稳压器外形及引脚排列如图4-17所示，电路符号如图4-18所示。

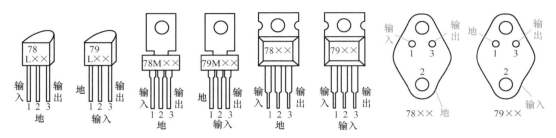

图 4-17　三端固定式集成稳压器外形及引脚排列

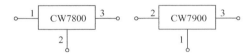

图 4-18　三端固定式集成稳压器电路符号

（2）三端固定式集成稳压器应用电路　三端固定式集成稳压器组成的固定电压输出电路如图4-19所示，其中图4-19a为固定输出正电压电路。整流滤波后的直流电压接在输入端和公共端（地）之间，在输出端即可得到稳定的输出电压 U_o。为了改善纹波电压，常在输入端接入电容 C_1，用以旁路在输入导线过长时引入的高频干扰脉冲，一般容量为 0.33μF。同时，在输出端接上电容 C_2，以改善负载的瞬态响应和防止电路产生自激振荡，C_2 的容量一般为 0.1μF。C_1、C_2 焊接时，要尽可能靠近集成稳压器的引脚。

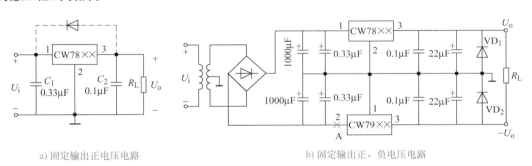

a) 固定输出正电压电路　　　　　　　　　b) 固定输出正、负电压电路

图 4-19　固定电压输出电路

虚线所接二极管对集成稳压器起保护作用。如不接二极管，当输入端短路且 C_2 容量较大时，C_2 上的电荷通过集成稳压器内电路放电，可能使集成稳压器击穿而损坏。接上二极管后，C_2 上的电压使二极管正偏导通，电容通过二极管放电，从而保护了集成稳压器。

图4-19b为固定输出正、负电压电路。电源变压器带有中心抽头并接地，输出端有大小相等、极性相反的电压。图中，VD_1、VD_2 起保护集成稳压器的作用。在输出端接负载的情况下，如果其中一路集成稳压器输入 U_i 断开，如图中 CW79×× 的输入端A点断开，则 $−U_o$ 通过 R_L 作用于 CW79×× 的输出端，使它的输出端对地承受反向电压而损坏。有了 VD_2，在上述情况发生时，VD_2 正偏导通，使反向电压钳制在 0.7V，从而保护了集成稳压器。

2. 三端可调式集成稳压器

（1）三端可调式集成稳压器的命名和引脚排列　三端可调式集成稳压器输出电压可调且稳压精度高，只需要外接两只不同的电阻，即可获得各种输出电压。典型产品有输出正电压的CW117、

CW217、CW317 系列和输出负电压的 CW137、CW237、CW337 系列。按输出电流的大小，每个系列又分为 L 型、M 型等。型号由五个部分组成，三端可调式集成稳压器的命名如图 4-20 所示。

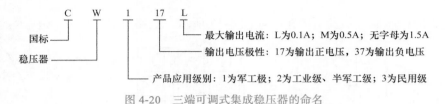

图 4-20　三端可调式集成稳压器的命名

三端可调式集成稳压器引脚排列图如图 4-21 所示，电路符号如图 4-22 所示。除输入、输出端外，另一端称为调整端。

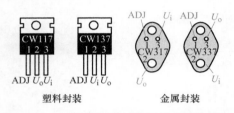

图 4-21　三端可调式集成稳压器引脚排列图

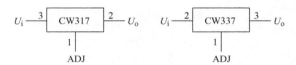

图 4-22　三端可调式集成稳压器电路符号

（2）三端可调式集成稳压器基本应用电路　三端可调式集成稳压器基本应用电路以 CW317 为例，电路如图 4-23 所示，该电路输出电压 1.25 ～ 37V 连续可调，最大输出电流为 1.5A。它的最小输出电流由于集成电路参数限制，不得小于 5mA。

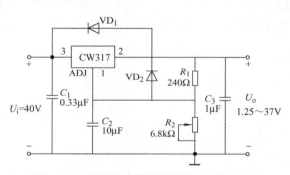

图 4-23　三端可调式集成稳压器基本应用电路

CW317 的输出端与调整端之间电压 U_{REF} 固定在 1.25V，调整端（ADJ）的电流很小且十分稳定（50μA），R_1 和 R_2 近似为串联，输出电压可表示为

$$U_o \approx \left(1 + \frac{R_2}{R_1}\right) \times 1.25V \qquad (4-1)$$

图 4-23 中，R_1 跨接在输出端与调整端之间，为保证负载开路时输出电流不小于 5mA，R_1 的最大值为 $R_{1max} = U_{REF}/5mA = 250\Omega$，取 240Ω。本电路要求最大输出电压为 37V，R_2 为输出电压调节电阻，其阻值代入式（4-1）即可求得，取 6.8kΩ，C_2 是为了减小 R_2 两端纹波电压而设置的，C_3 是为了防止输出端负载呈容性时可能出现的阻尼振荡，C_1 为输入端滤波电容，可抵消电路的电感效应和滤除输入线引入的干扰脉冲。VD_1、VD_2 是保护二极管，可选开关二极管 1N4148。

由此可见，调节 R_2 就可实现输出电压的调节。若 $R_2=0$，则 U_o 为最小输出电压。随着 R_2 的增大，U_o 随之增加，当 R_2 为最大值时，U_o 也为最大值，所以 R_2 应按最大输出电压值来选择。

4.3.2　小功率直流稳压电源

常用的小功率直流稳压电源一般由电源变压器、整流电路、滤波电路、稳压电路四部分组成，其组成框图如图 4-24 所示。

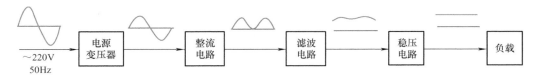

图 4-24　直流稳压电源的组成框图

电源变压器的作用是将电网 220V 或 380V 的工频交流电压变换成符合整流电路需要的交流电压；整流电路的作用是利用具有单向导电性的整流器件二极管、晶闸管等将交流电压转换成单向脉动直流电压；滤波电路的作用是利用具有储能特性的储能元器件电容、电感等滤去单向脉动直流电压中的交流分量，保留其中的直流分量，减小脉动程度，得到比较平滑的直流电压；稳压电路的作用是克服电网电压、负载及温度变化所引起的输出电压的变化，保持输出稳定的直流电压。因此，直流稳压电源的作用是能够将频率为 50Hz、有效值为 220V 的交流电压转换成输出幅值稳定的直流电压。

任务实施

1. 设备与元器件

本任务用到的设备包括指针式万用表、数字式万用表、示波器等。

组装电路所用元器件见表 4-12。

表 4-12　直流稳压电源元器件明细表

序号	名称	元器件标号	规格型号	数量
1	变压器	T	220V/17V（双路）	1
2	集成稳压器	LM7815、LM7915	15V、−15V	2
3	整流二极管	$VD_1 \sim VD_4$	1N4001	4
4	电解电容	C_1、C_2	25V、1000μF	2
5	电容	C_3、C_4	63V、0.33μF	2
6	电容	C_5、C_6	63V、0.1μF	2
7	电解电容	C_7、C_8	25V、22μF	2
8	电阻	R_1、R_2	1.5Ω	2
9	发光二极管	VL_1、VL_2	红色	2
10	其他		印制电路板	

2. 电路分析

正负对称输出的三端稳压电源电路原理图如图 4-25 所示，电源变压器 T 降压，带有中心抽头并接地，一次绕组接交流 220V，二次绕组中间有抽头，输出端有大小相等、极性相反的电压，为双 20V 输出，经 $VD_1 \sim VD_4$（称整流桥或桥堆）整流，电容 C_1、C_2 组成桥式整流电容滤波电路，得到 24V 左右的直流电压。在 C_3、C_4 两端有 24V 左右不稳定的直流电压，经三端集成稳压器 LM7815、LM7915 稳压后，得到 ±15V 双电压。在 LM7815 集成稳压器输出端有 15V 的稳定直流电压，在 LM7915 集成稳压器的输出端有 −15V 的稳定直流电压。在输入端接 C_3、C_4，在输出端接 C_5、C_6 的目的是使稳压器在整个输入电压和输出电流变化范围内，提高稳压器的工作稳定性和改善瞬态响应。

为了进一步减小输出电压的纹波，在输出端并联电解电容 C_7、C_8。VL_1、VL_2 是发光二极管，用作电源指示灯。

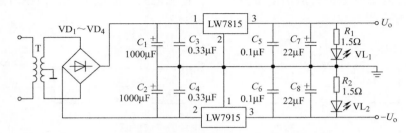

图 4-25　正负对称输出的三端稳压电源电路原理图

3. 任务实施过程

（1）元器件的识别与检测

1）二极管的识别与检测。找出整流二极管 $VD_1 \sim VD_4$，根据二极管壳体的标记，判别二极管的极性，并进行确认；用指针式万用表 $R \times 100$ 档（或 $R \times 1k$ 档），也可以用数字式万用表二极管测量档判别二极管的质量好坏。将数值填入表 4-13。

表 4-13　二极管的识别与检测

二极管符号	正向电阻	反向电阻	质量情况
VD_1			
VD_2			
VD_3			
VD_4			

2）集成稳压器的识别与检测。根据前面所学的知识，判断 LM7815、LM7915 各引脚情况，用万用表 $R \times 1k$ 档测量各引脚之间的电阻值，粗略判断集成稳压器的好坏，并填写表 4-14。

表 4-14　集成稳压器的识别与检测

三端集成稳压器标号	封装形式	面对标注面，引脚向下，画出外形示意图，标出引脚名称	质量情况
LM7815			
LM7915			

（2）直流稳压电源电路的装配

1）根据原理图设计好元器件的布局。

2）在印制电路板上安装元器件。二极管、电容正确成形。注意，元器件成形时，尺寸必须符合电路通用板插孔间距要求。按要求进行装接，不装错，元器件排列整齐并符合工艺要求，尤其应注意二极管、电解电容的极性不要装错。

（3）直流稳压电源电路的调试与检测

1）目视检验。装配完成后进行不通电自检。应对照电路原理图或接线图，逐个元器件、逐条导线地认真检查电路的连线是否正确，元器件的极性是否接反，焊点应无虚焊、假焊、漏焊、搭焊等，布线是否符合要求等。

2）在不通电的情况下，测电阻。用万用表电阻档测变压器一次侧和二次侧的电阻，集成稳压器输入端、输出端对地电阻，判断电路中是否有短路现象。

3）通电检测。当测得各在路直流电阻正常时，即可认为电路中无明显的短路现象。可用单手操作法进行通电调测，它可以有效地避免因双手操作不慎而引起的电击等意外事故。

把变压器一次绕组经 0.5A 的熔断器接入 220V 交流电源，选择万用表交流电压档，选择合适量程测电源变压器一次电压为_____V，二次电压分别为_____V、_____V。

用万用表直流电压档测 LM7815 输入端对地电压为_____V，LM7915 输入端对地电压_____V，LM7815 输出端对地电压为_____V，LM7915 输出端对地电压_____V，并用示波器观察各波形。

（4）故障分析　根据表 4-15 所述故障现象分析出现故障的可能原因，采取相应办法进行解决，完成表格中相应内容的填写，若有其他故障现象及分析在表格下面补充。

表 4-15　故障分析汇总及反馈

故障现象	可能原因	解决办法	是否解决
输出电压不可调节			是 否
输出电压偏低，约为正常输出电压的一半			是 否

（5）收获与总结　通过本实训任务，你掌握了哪些技能？学会了哪些知识？在实训过程中遇到了什么问题？是怎么处理的？请填写在表 4-16 中。

表 4-16　收获与总结

序号	掌握的技能	学会的知识	出现的问题	处理方法
1				
2				
3				
心得体会：				

创 新 方 案

你有更好的思路和做法吗？请给大家分享一下吧。

（1）电路布局时尽量减少跳线。_____

（2）_____

（3）_____

任 务 考 核

根据表 4-17 所列考核内容和考核标准对本次任务的完成情况开展自我评价与小组评价，将评价结果填入表中。

表 4-17　任务综合评价

任务名称			姓名		组号	
考核内容	考核标准		评分标准		自评 得分	组间互评 得分
职业素养 （20分）	·工具摆放、着装等符合规范（2分） ·操作工位卫生良好，保持整洁（2分） ·严格遵守操作规程，不浪费原材料（4分） ·无元器件损坏（6分） ·无用电事故、无仪器损坏（6分）		·工具摆放不规范，扣1分；着装等不符合规范，扣1分 ·操作工位卫生等不符合要求，扣2分 ·未按操作规程操作，扣2分；浪费原材料，扣2分 ·元器件损坏每个扣1分，扣完为止 ·因用电事故或操作不当而造成仪器损坏，扣6分 ·人为故意造成用电事故、损坏元器件、损坏仪器或其他事故，本次任务计0分			
元器件 检测 （10分）	·能使用仪表正确检测元器件（5分） ·正确填写表4-13、表4-14检测数据（5分）		·不会使用仪器，扣2分 ·元器件检测方法错误，每次扣1分 ·数据填写错误，每个扣1分			
装配 （20分）	·元器件布局合理、美观（10分） ·布线合理、美观，层次分明（10分）		·元器件布局不合理、不美观，扣1～5分 ·布线不合理、不美观，层次不分明，扣1～5分 ·布线有断路，每处扣1分；布线有短路，每处扣5分			
调试 （30分）	能使用仪器仪表检测，能正确填写表4-15，并排除故障，达到预期的效果（30分）		·一次调试成功，数据填写正确，得30分 ·填写内容不正确，每处扣1分 ·在教师的帮助下调试成功，扣5分；调试不成功，得0分			
团队合作 （10分）	主动参与，积极配合小组成员，能完成自己的任务（5分）		·参与完成自己的任务，得5分 ·参与未完成自己的任务，得2分 ·未参与未完成自己的任务，得0分			
	能与他人共同交流和探讨，积极思考，能提出问题，能正确评价自己和他人（5分）		·交流能提出问题，正确评价自己和他人，得5分 ·交流未能正确评价自己和他人，得2分 ·未交流未评价，得0分			
创新能力 （10分）	能进行合理的创新（10分）		·有合理创新方案或方法，得10分 ·在教师的帮助下有创新方案或方法，得6分 ·无创新方案或方法，得0分			
最终成绩			教师评分			

思考与提升

1. 串联型稳压电路主要由_____、_____、_____、_____等部分组成。

2. 在一定的限制范围内，输入电压或者负载发生变化时，输出电压变化较_____。

3. 稳压的含义是什么？主要体现在哪些方面？

4. 请叙述元器件在通用印制电路板上的插装和焊接体会。

5. 在制作过程中团队合作有何重要性？如何利用团队合作完成任务？

任务小结

1. 稳压管的三端不能接错，特别是输入端和输出端不能接反，否则器件就会被损坏。
2. 电路组装时应注意：
（1）元器件布局应按信号流向布放、排列整齐、疏密得当、不绕弯路、减少交叉。
（2）装接元器件时按低矮耐热元器件、较大元器件、怕热元器件的顺序进行装接。

思考与练习

4-1   填空题

1. 整流的主要目的是_____，主要是利用_____来实现的。

2. 直流电源是一种能量转换电路，它将_____能量转换为_____能量。

3. 滤波的主要目的是_____，故可以利用_____来实现。

4. 串联型稳压电路中的放大环节所放大的对象是_____。

5. 直流稳压电源由_____、_____、_____、_____四个部分组成，其中以二极管为核心的是_____环节。

6. 整流电路是利用二极管的_____性将交流电变为单向脉动的直流电。稳压二极管是利用二极管的_____特效实现稳压的。

7. 桥式整流由_____只二极管构成，整流桥堆上标有"～"的引脚应与_____相连，标有"+"和"－"的引脚应与_____相连。

8. 硅稳压二极管是工作在_____状态下的硅二极管。在实际工作中，为了保护稳压管，需在外电路串接_____。硅稳压二极管主要工作在_____区。

9. 如图 4-26 所示电路，求：
（1）变压器二次电压 $U_2=$_____V；（2）负载电流 $I_L=$_____mA；（3）流过限流电阻的电流 $I_R=$_____mA；（4）流过稳压二极管的电流为_____mA。

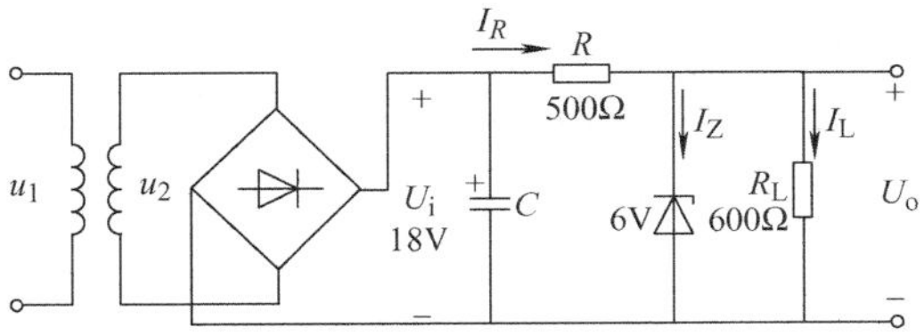

图 4-26   填空题 9 图

10. CW78M12 的输出电压为_____V，最大输出电流为_____A。CW317 为三端可调集成稳压器，能够在_____～_____V 输出电压范围内提供_____A 的最大输出电流。

4-2   单项选择题

1. 图 4-27 所示电路，二极管导通时管压降为 0.7V，反偏时电阻为 ∞，则以下说法正确的是（   ）。

A. VD 导通，$U_{AO}=5.3V$

B. VD 导通，$U_{AO}=-5.3V$

C. VD 导通，$U_{AO}=-6.7V$

D. VD 导通，$U_{AO}=6.7V$

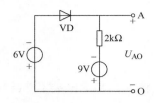

图 4-27　选择题 1 图

2. 在单相桥式整流电路中，若有一只整流二极管接反，则（　　　）。

A. 输出电压约为 $2U_D$　　B. 变为半波直流　　　　　C. 整流二极管将因电流过大而烧坏

3. 桥式整流电容滤波电路中，若变压器二次电压有效值为 10V，现测得输出电压为 14.1V，则说明（　　　）；若测得输出电压为 10V，则说明（　　　）；若测得输出电压为 9V，则说明（　　　）。

A. 滤波电容开路　　　　　B. 负载开路

C. 滤波电容击穿短路　　　D. 其中一个二极管损坏

4. 稳压二极管的工作区是在其伏安特性（　　　）。

A. 正向特性区　　　　　　B. 反向特性区　　　　　　C. 反向击穿区

5. 三端稳压电源输出负电压并可调的是（　　　）。

A. CW79×× 系列　　　　　B. CW337 系列　　　　　C. CW317 系列

6. 图 4-28 所示电路装接正确的是（　　　）。

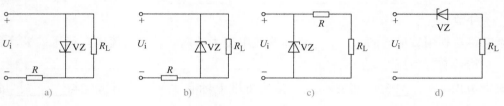

图 4-28　选择题 6 图

A. 图 4-28a　　　　　　　　　　　　　B. 图 4-28b

C. 图 4-28c　　　　　　　　　　　　　D. 图 4-28d

4-3　判断题

1. 电容滤波电路适用于小负载电流，而电感滤波电路适用于大负载电流。　　　　　　（　　　）

2. 电容滤波电路是利用电容的充放电特性使输出电压比较平滑的。　　　　　　　　　（　　　）

3. 硅稳压电路中的限流电阻起到限流和稳压双重作用。　　　　　　　　　　　　　　（　　　）

4. 串联型直流稳压电路中的调整器件（晶体管）工作在开关状态。　　　　　　　　　（　　　）

5. 串联型直流稳压电路中，改变取样电路阻值的大小，可改变输出电压的大小。　　　（　　　）

4-4　在图 4-29 所示各电路中，已知直流电压 $U_i=3V$，电阻 $R=1k\Omega$，二极管的正向压降为 0.7V，求 U_o。

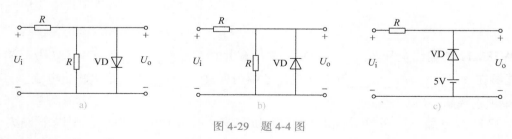

图 4-29　题 4-4 图

4-5　图 4-30a、b 所示电路中，二极管均为理想二极管，输入电压 u_i 波形如图 4-30c 所示，画出输出电压 u_o 的波形图。

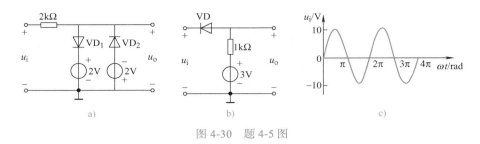

图 4-30　题 4-5 图

4-6　图 4-31 所示稳压二极管电路，其中 $U_{Z1}=7V$，$U_{Z2}=3V$，两管正向导通电压均为 0.7V。该电路的输出电压为多少？为什么？

4-7　已知稳压二极管的稳定电压 $U_Z=6V$，稳定电流的最小值 $I_{Zmin}=5mA$，最大功耗 $P_{ZM}=150mW$。试求图 4-32 所示电路中电阻 R 的取值范围。

图 4-31　题 4-6 图　　　　　　　　　　　　　　图 4-32　题 4-7 图

4-8　在图 4-33 所示桥式整流电容滤波电路中，$U_2=20V$，$R_L=40\Omega$，$C=1000\mu F$。试问：（1）正常工作时，U_o 为多少？（2）如果电路中有一个二极管开路，U_o 又为多大？（3）如果测得 U_o 为下列数值，可能出现了什么故障？① $U_o=18V$；② $U_o=28V$；③ $U_o=9V$。

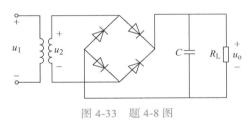

图 4-33　题 4-8 图

4-9　试设计一台输出电压为 24V，输出电流为 1A 的直流电源，电路形式可采用半波整流或全波整流，试确定两种电路形式的变压器二次绕组的电压有效值，并选定相应的整流二极管。

4-10　设计一单相桥式整流、电容滤波电路。要求输出电压 $U_o=48V$，已知负载电阻 $R_L=100\Omega$，交流电源频率为 50Hz，试选择整流二极管和滤波电容器。

项目 5　制作与调试组合逻辑电路

项目剖析

在电子技术中，电路分为两类：模拟电路和数字电路。前面已经介绍过模拟电路的相关内容，从本项目开始介绍数字电路。数字电路又分为两类：组合逻辑电路和时序逻辑电路。组合逻辑电路的特点是不具有记忆功能，即输出变量的状态只取决于该时刻输入变量的状态，与电路原来的输出状态无关。

职业岗位目标

1. 知识目标

（1）各种进制数之间的相互转换。

（2）逻辑门电路的基本使用方法及应用。

（3）组合逻辑电路的分析和设计方法。

（4）电子产品从元器件检测、电路设计、电路组装到功能调试的制作工序。

2. 技能目标

（1）会根据集成电路手册查阅 74LS00 和 74LS10 的引脚功能。

（2）能熟练选择、检测元器件。

（3）能正确使用常用仪器仪表及工具书。

（4）能熟练在面包板、万能电路板或实训平台搭建硬件电路。

（5）能准确进行智能声光控节电开关电路、电子表决器电路、电梯呼叫系统电路的故障分析和排除。

3. 素养目标

（1）具有良好的职业道德和敬业精神，善于寻找解决问题的方法，具备克服困难的毅力。

（2）具备健康管理能力，即注意安全用电和劳动保护，同时注重 6S 的养成和环境保护。

（3）具有团队意识及妥善处理人际关系的能力，小组成员间要做好分工协作，注重沟通和能力训练。

（4）建立"文化自信"，引导建立"节约型"工作理念。

任务 5.1 制作与调试智能声光控节电开关

任务导入

通常在公共场所的照明控制电路是，白天或光线较强的场合即使有较大的声响也控制灯不亮，晚上或光线较暗时遇到声响（如说话声、脚步声等）后灯自动点亮，然后延时（时间可以设定）自动熄灭，适用于楼梯、走廊等只需短时照明的地方。本任务就是制作一个智能声光控节电开关，它可以直接取代普通照明开关而不必更改原有照明线路。

任务分析

智能声光控节电开关电路使用了数字集成电路 CD4011、光敏电阻、传声器、晶闸管等元器件。在夜晚无光照并有声音的条件下，CD4011 输出触发信号使晶闸管触发导通，灯点亮，延时后会自动熄灭。在白天有光照时，即使有声音信号，CD4011 也无触发信号输出，所以灯不亮。该电路可靠性高、外形美观、结构简单、体积小、制作容易，可用作公共场所的照明控制，从而达到节约用电的目的。智能声光控节电开关实物外形图、电路板示意图以及组成框图如图 5-1 所示。

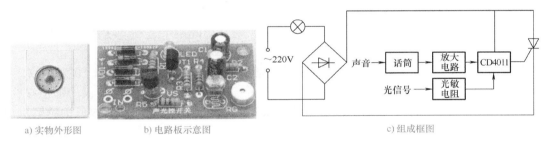

a) 实物外形图　　　b) 电路板示意图　　　c) 组成框图

图 5-1　智能声光控节电开关

CD4011 是智能声光控节电开关的核心元器件，其内部由 4 个与非门 $G_1 \sim G_4$ 组成，原理图如图 5-2 所示，G_1 是音频电信号和光控电信号的控制门，G_2 是反相器，G_3、G_4 是两级整形电路。C_2、R_8 组成整形脉冲的延时电路，控制晶闸管的导通时间，即灯亮后延时关断的时刻。

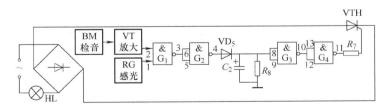

图 5-2　CD4011 原理图

知识链接

5.1.1 数字电路基础知识

1. 数字信号与模拟信号的区别

电信号可分为模拟信号和数字信号两类，分别如图 5-3 和图 5-4 所示。模拟信号是指在时间上和数值上都连续变化的信号；数字信号是指在时间上和数值上都是离散的信号。数字信号常用"1"与"0"表示，在电路中反映的是电平的高与低、信号的有与无。

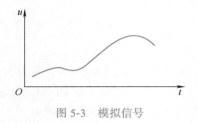

图 5-3　模拟信号

图 5-4　数字信号

处理模拟信号的电路称为模拟电路，而处理数字信号的电路称为数字电路。数字电路具有如下特点：①数字信号简单，只有两个值（0 或 1），在电路中容易实现；②数字电路易于集成化；③数字电路抗干扰能力强，工作可靠稳定；④可对信号进行算术运算和逻辑运算。若用"1"表示高电平，用"0"表示低电平，称为正逻辑；若用"0"表示高电平，用"1"表示低电平，称为负逻辑。这里的"0"和"1"只代表两个对立的状态，而不是数量上的大小。

2. 数制与码制

（1）数制　数制就是计数的方法，即数的进位制。进位方法不同，就有不同的计数体制。例如有"逢十进一"的十进制，有"逢八进一"的八进制，有"逢十六进一"的十六进制，还有"逢二进一"的二进制。基、权和进制是数制的 3 个要素。基是指数码的个数，权是指数码所在位置表示数值的大小，进制是指进位规则。在日常生活中，最常用的是十进制，在数字系统中广泛采用的是二进制和十六进制等。

数制和码制

1）十进制（Decimal）。十进制数是人们日常生活中最常用的一种数制，以 10 为基数，有 0、1、2、3、4、5、6、7、8、9 十个数码；遵循"逢十进一"进位的规则；第 i 位的权，即位权为 10^i。任意十进制数可以表示为各位上的数码与其对应的权乘积之和，称为按权展开。权值中的幂次以小数点的位置为基准，小数点左边（整数部分）为正，按 0、1、2、…的顺序增加；小数点右边（小数部分）为负，按 -1、-2、-3…的顺序变化。

如：$555 = (555)_{10} = (555)_D = 5 \times 10^2 + 5 \times 10^1 + 5 \times 10^0$

$123.45 = (123.45)_{10} = (123.45)_D = 1 \times 10^2 + 2 \times 10^1 + 3 \times 10^0 + 4 \times 10^{-1} + 5 \times 10^{-2}$

2）二进制（Binary）。二进制数以 2 为基数，有 0、1 两个数码；遵循"逢二进一"的进位规则；第 i 位的权，即位权为 2^i。任意二进制数可以表示为各位上的数码与其对应的权乘积之和，称为按权展开。权值中的幂次以小数点的位置为基准，小数点左边（整数部分）为正，按 0、1、2、…的顺序增加；小数点右边（小数部分）为负，按 -1、-2、-3…的顺序变化。

如：$(101.11)_2 = (101.11)_B = 1 \times 2^2 + 0 \times 2^1 + 1 \times 2^0 + 1 \times 2^{-1} + 1 \times 2^{-2}$

二进制数可以通过按权展开的方法方便地转换为十进制数。

3）十六进制（Hexadecimal）。十六进制数以 16 为基数，有 0、1、2、3、4、5、6、7、8、9、A、B、C、D、E、F 十六个数码；遵循"逢十六进一"的进位规则；第 i 位的权，即位权为 16^i。任意十六进制数可以表示为各位上的数码与其对应的权乘积之和，称为按权展开。

十六进制数也可以通过按权展开的方法方便地转换为十进制数。

4）八进制（Octal）。八进制数以 8 为基数，有 0、1、2、3、4、5、6、7 八个数码；遵循"逢八进一"的进位规则；第 i 位的权，即位权为 8^i。任意八进制数可以表示为各位上的数码与其对应的权乘积之和，称为按权展开。八进制数也可以通过按权展开的方法方便地转换为十进制数。

表 5-1 中列出了二进制、八进制、十进制、十六进制这几种不同数制的对照表。

表 5-1　几种不同数制的对照表

十进制	二进制	八进制	十六进制	十进制	二进制	八进制	十六进制
0	0000	0	0	8	1000	10	8
1	0001	1	1	9	1001	11	9
2	0010	2	2	10	1010	12	A
3	0011	3	3	11	1011	13	B
4	0100	4	4	12	1100	14	C
5	0101	5	5	13	1101	15	D
6	0110	6	6	14	1110	16	E
7	0111	7	7	15	1111	17	F

（2）数制的转换

1）非十进制转换成十进制。二进制、八进制、十六进制转换成十进制，只要把它们按照位权展开，求各位数值之和即可得到对应的十进制数。

如：$(101)_2 = 1 \times 2^2 + 0 \times 2^1 + 1 \times 2^0 = 5$

$(437.25)_8 = 4 \times 8^2 + 3 \times 8^1 + 7 \times 8^0 + 2 \times 8^{-1} + 5 \times 8^{-2} = 287.328125$

$(4E8)_{16} = 4 \times 16^2 + 14 \times 16^1 + 8 \times 16^0 = 1256$

练一练： $(101010)_2 = (\quad)_{10}$ 　　　　$(127)_8 = (\quad)_{10}$ 　　　　$(5D)_{16} = (\quad)_{10}$

2）十进制转换成非十进制。十进制转换为非十进制时，要将其整数部分和小数部分分别转换，结果合并为目的数制形式。

① 整数部分的转换。转换方法是采用连续"除基取余"，一直除到商数为 0 为止。最先得到的余数为整数部分的最低位。

【例 5-1】 将 $(218)_{10}$ 转换为二进制。

解：采用"除 2 取余"法，具体的过程为

所以 $(218)_{10} = (11011010)_2$。

② 小数部分的转换。其方法是采用连续"乘基取整"，一直进行到乘积的小数部分为 0 或满足要求的精度为止。最先得到的整数为小数部分的最高位。

【例 5-2】 将 $(0.6875)_{10}$ 转换为二进制。

解：采用"乘 2 取整"法，具体的过程为

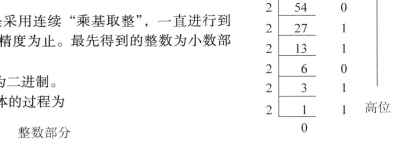

整数部分

$0.6875 \times 2 = 1.375$ 　　　1　高位

$0.375 \times 2 = 0.75$ 　　　0

$0.75 \times 2 = 1.5$ 　　　1

$0.5 \times 2 = 1.0$ 　　　1　低位

所以 $(0.6875)_{10} = (0.1011)_2$。

一个任意的十进制数由整数部分和小数部分构成，转换为二进制数时，整数部分用除 2 取余法，小数部分用乘 2 取整法，然后合并得到结果。

3）二进制与八进制、十六进制间的相互转换。

① 二进制与八进制间的转换。每个八进制数对应 3 位二进制数。二进制数转换成八进制数时，

整数部分和小数部分可以同时进行转换。其方法是：以二进制数的小数点为起点，分别向左、向右每3位分一组，小数部分，当最低位一组不足3位时，在最右边补0；整数部分，当最高位一组不足3位时，在最左边补0，然后将每组二进制数转换成八进制数，并保持原排序。八进制数转换成二进制数时，只需用3位二进制数代替每个相应的八进制数即可。

【例5-3】将（100111011101.1011111111001）$_2$转换为八进制。

解：根据表5-2有

$$\underbrace{100}_{4}\,\underbrace{111}_{7}\,\underbrace{011}_{3}\,\underbrace{101}_{5}\,.\,\underbrace{101}_{5}\,\underbrace{111}_{7}\,\underbrace{111}_{7}\,\underbrace{100}_{4}\,\underbrace{100}_{4}$$

所以（100111011101.1011111111001）$_2$=（4735.57744）$_8$。

表5-2　八进制数和3位二进制数对照表

八进制数	0	1	2	3	4	5	6	7
3位二进制数	000	001	010	011	100	101	110	111

【例5-4】将（35.24）$_8$转换为二进制。

解：（35.24）$_8$=（011101.010100）$_2$=（11101.0101）$_2$。

②二进制与十六进制间的转换。每个十六进制数对应4位二进制数。二进制数转换成十六进制数时，其方法是：以二进制数的小数点为起点，分别向左、向右每4位分一组，把每组二进制数转换成十六进制数；十六进制数转换成二进制数时，只需用4位二进制数代替每个相应的十六进制数即可。

【例5-5】将（100111001001.1001101011001）$_2$转换为十六进制。

解：根据表5-3有

$$\underbrace{1001}_{9}\,\underbrace{1100}_{C}\,\underbrace{1001}_{9}\,.\,\underbrace{1001}_{9}\,\underbrace{1010}_{A}\,\underbrace{1100}_{C}\,\underbrace{1000}_{8}$$

所以（100111001001.1001101011001）$_2$=（9C9.9AC8）$_{16}$。

表5-3　十六进制数和4位二进制数对照表

十六进制数码	4位二进制数	十六进制数码	4位二进制数
0	0000	8	1000
1	0001	9	1001
2	0010	A	1010
3	0011	B	1011
4	0100	C	1100
5	0101	D	1101
6	0110	E	1110
7	0111	F	1111

【例5-6】将（4A.7E）$_{16}$转换为二进制。

解：（4A.7E）$_{16}$=（01001010.01111110）$_2$=（1001010.0111111）$_2$。

（3）码制　码制即编码的方式。用以表示文字、符号等信息的二进制数码称为代码。建立这种代码与文字、符号或其他特定对象之间一一对应关系的过程，称为编码。数字电路处理的是二进制数，而人们习惯使用的是十进制数，所以就产生了用一个4位二进制代码表示1位十进制数字的编码方法。表示十进制数的二进制代码称为二－十进制码，简称为BCD码。它具有二进制数的形式以满足数字系统的要求，又具有十进制数的特点（只有10种有效状态）。BCD码使用4位二进制，有16

种不同的状态组合，从中取出 10 种组合来表示 0 ～ 9 十个数码，可以有多种组合方式，因此常用的 BCD 码有 8421 码、5421 码、2421 码、余 3 码等。其中 8421 码使用最多，其表示方法为：4 位二进制数码的位权从高位到低位依次是 8（2^3）、4（2^2）、2（2^1）、1（2^0）。其对应关系见表 5-4。

表 5-4 常见 BCD 编码

十进制数	8421 码	5421 码	2421 码	余 3 码
0	0000	0000	0000	0011
1	0001	0001	0001	0100
2	0010	0010	0010	0101
3	0011	0011	0011	0110
4	0100	0100	0100	0111
5	0101	1000	1011	1000
6	0110	1001	1100	1001
7	0111	1010	1101	1010
8	1000	1011	1110	1011
9	1001	1100	1111	1100

1）8421 码。8421 码是最常用的 BCD 码，每位的权值由高到低依次为 8、4、2、1，是一种有权码。选取 0000 ～ 1001 这 10 个状态来表示十进制数。因此，在 8421 码中不可能出现 1010、1011、1100、1101、1110、1111。8421 码与对应十进制数的相互转换十分方便，按照编码表逐字符转换即可。

【例 5-7】将十进制数 473 转换为 8421 码。

解：将 4 转换为 0100，7 转换为 0111，3 转换为 0011，所以十进制数 473 转换为 8421 码为 010001110011。

$$473=（473）_{10}=（473）_D=（010001110011）_{8421BCD}。$$

【例 5-8】将十进制数 201.8 转换为 8421 码。

解：$（201.8）_D=（001000000001.1000）_{8421BCD}。$

【例 5-9】将 $（01101001.01011000）_{8421BCD}$ 转换为十进制数。

解：$（01101001.01011000）_{8421BCD}=（69.58）_D。$

在使用 8421 码时一定要注意：

① BCD 码中的每个码字和十进制数中的每个字符是一一对应的，一个 BCD 码整数部分高位的 0 和小数部分低位的 0 都不能省略。

② 有效的编码仅有 10 个，即 0000 ～ 1001。四位二进制数的其余 6 个编码 1010、1011、1100、1101、1110、1111 不是有效编码。

2）5421 码。5421 码是有权码，各位的权值依次为 5、4、2、1。

3）2421 码。2421 码是有权码，各位的权值依次为 2、4、2、1。2421 码是自补码，即两个和为 9 的十进制字符，其对应的 2421 码互为反码，如 2421 码中 0000 和 1111、0001 和 1110 等。

4）余 3 码。余 3 码是无权码，就是找不到一组权值满足所有码字。余 3 码的码字比对应的 8421 码的码字大 3（+0011），余 3 码由此得名，一般使用较少。

【例 5-10】分别用 8421 码、5421 码、2421 码和余 3 码表示十进制数 316.49。

解：$（316.49）_D=（0011\ 0001\ 0110\ .0100\ 1001）_{8421BCD}。$

$（316.49）_D=（0011\ 0001\ 1001\ .0100\ 1100）_{5421BCD}。$

$（316.49）_D=（0011\ 0001\ 1100\ .0100\ 1111）_{2421BCD}。$

$（316.49）_D=（0110\ 0100\ 1001\ .0111\ 1100）_{余3码}。$

5）格雷码。格雷码是无权码，见表 5-5。特点是任意两组相邻代码之间只有一位不同，因而常用于模拟量和数字量的转换，在模拟量发生微小变化而可能引起数字量发生变化时，格雷码只改变 1 位，这样与其他码同时改变两位或多位的情况相比更为可靠，即可减少转换和传输出错的可能性。

表 5-5 格雷码

十进制数	自然二进制数	格雷码
0	0000	0000
1	0001	0001
2	0010	0011
3	0011	0010
4	0100	0110
5	0101	0111
6	0110	0101
7	0111	0100
8	1000	1100
9	1001	1100
10	1010	1111
11	1011	1110
12	1100	1010
13	1101	1011
14	1110	1001
15	1111	1000

6）ASCII 码。上述编码主要用于数值的二进制表示，编码还需要解决符号的二进制表示问题。ASCII 码是一种常用的字符编码，其编码方案见表 5-6。

表 5-6 ASCII 码编码表

$B_3B_2B_1B_0$	$B_6B_5B_4$							
	000	001	010	011	100	101	110	111
0000	NUL	DLE	SP	0	@	P	`	p
0001	SOH	DC1	!	1	A	Q	a	q
0010	STX	DC2	"	2	B	R	b	r
0011	ETX	DC3	#	3	C	S	e	s
0100	EOT	DC4	$	4	D	T	d	t
0101	ENQ	NAK	%	5	E	U	e	u
0110	ACK	SYN	&	6	F	V	f	v
0111	BEL	ETB	'	7	G	W	g	w
1000	BS	CAN	(	8	H	X	h	x
1001	HT	EM	)	9	I	Y	i	y
1010	LF	SUB	*	:	J	Z	j	z
1011	VT	ESC	+	;	K	[	k	{
1100	FF	FS	,	<	L	\	l	|
1101	CR	GS	−	=	M	]	m	}
1110	SO	RS	.	>	N	^	n	~
1111	SI	US	/	?	0	–	o	DEL

ASCII 码采用 7 位二进制编码格式，共有 128 种不同的编码，能够表示十进制字符、英文字母、基本运算字符、控制符和其他符号等。如十进制字符 0 ～ 9 的 7 位 ASCII 码是 0110000 ～ 0111001，采用十六进制数表示为 30h ～ 39h，后缀 h 表示进制（二进制数用 b、十进制数用 d、十六进制数用 h）；大写字母 A ～ Z 的 ASCII 码是 41h ～ 5Ah；小写字母 a ～ z 的 ASCII 码是 61h ～ 7Ah。编码表中 20h ～ 7Fh 对应的所有字符都可以在键盘上找到。

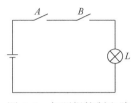

5.1.2 基本逻辑门电路

门电路是数字电路中最基本的逻辑器件，所谓"门"，就是一种开关，在一定条件下能允许信号通过，条件不满足，信号就不通过。门电路的输入信号与输出信号之间存在一定的逻辑关系，所以门电路又称为逻辑门电路。基本门电路有与门、或门和非门。由基本门电路复合而成的门电路有与非门、或非门、与或非门、异或门等。

1. 与逻辑和与门

只有当决定一个事件结果的所有条件都具备时，结果才会发生，这种条件和结果的逻辑关系称为与逻辑关系。与逻辑控制电路如图 5-5 所示。开关 A、B 串联控制一盏灯 L。只有当 A、B 两个开关都闭合时，灯 L 才被点亮，若其中任意一个开关断开，灯 L 就不亮。表 5-7 为状态关系表。开关 A、B 的闭合与灯亮的关系称为逻辑与，也称逻辑乘。与逻辑表达式为 $L = A \cdot B = AB$。

图 5-5 与逻辑控制电路

表 5-7 状态关系表

A	B	L
断开	断开	灭
断开	闭合	灭
闭合	断开	灭
闭合	闭合	亮

实现与逻辑运算的电路叫与门电路，如图 5-6 所示，这是一种由二极管组成的与门电路，图中，A、B 为输入端，L 为输出端。根据二极管导通和截止条件，当输入端全为高电平（逻辑 1）时，二极管 VD1 和 VD2 都截止，则输出端为高电平（逻辑 1）；若输入端有 1 个或 1 个以上为低电平（逻辑 0）时，则对应二极管导通，输出端电压被下拉为低电平（逻辑 0）。与门逻辑符号如图 5-7 所示。

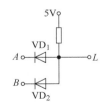

图 5-6 与门电路

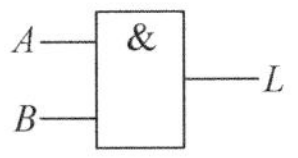

图 5-7 与门逻辑符号

与逻辑真值表见表 5-8，真值表是用来描述逻辑电路的输入和输出逻辑变量间逻辑关系的表格。与门电路的逻辑功能为：全 1 出 1，有 0 出 0。

表 5-8 与逻辑真值表

A	B	L
0	0	0
0	1	0
1	0	0
1	1	1

常用的与门集成电路芯片有四2输入与门74LS08和CD4081，它的内部有4个相同的2端输入与门，每一个与门都可以单独使用，电源电压为5V，共有14个引脚，引脚图如图5-8所示。

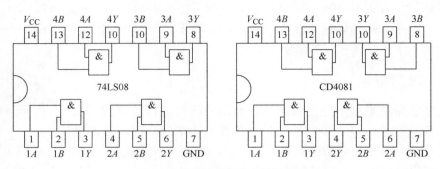

图5-8　常用与门集成电路引脚图

2. 或逻辑和或门

在决定一个事件结果发生的所有条件中，只要其中一个或者一个以上的条件满足，结果就会发生，这种条件和结果的逻辑关系称为或逻辑关系。或逻辑控制电路如图5-9所示。

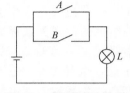

图5-9　或逻辑控制电路

开关A和B并联控制一盏灯L。开关A或B中只要有一个闭合，灯L就亮；只有A、B都断开时，灯L才不亮。这种逻辑关系就称为逻辑或，也称为逻辑加。或逻辑表达式为$L=A+B$。实现或逻辑运算的电路叫或门电路，如图5-10所示，这是由二极管组成的或门电路，图中，A、B为输入端，L为输出端。根据二极管导通和截止条件，只要任一输入端为高电平（逻辑1）时，则与该输入端相连的二极管就导通，则输出端为高电平（逻辑1）；当输入端全为低电平（逻辑0）时，二极管VD_1和VD_2都截止，则输出端为低电平（逻辑0）。或门逻辑符号如图5-11所示。

图5-10　或门电路　　　　　　　　　　　　　　　　图5-11　或门逻辑符号

或逻辑真值表见表5-9，真值表是用来描述逻辑电路的输入和输出逻辑变量间逻辑关系的表格。或门电路的逻辑功能为：全0出0，有1出1。

表5-9　或逻辑真值表

A	B	L
0	0	0
0	1	1
1	0	1
1	1	1

常用的或门集成电路芯片有四2输入或门74LS32和CD4071，引脚图如图5-12所示。

3. 非逻辑和非门

只要条件具备了，结果便不会发生；而条件不具备时，结果一定发生，这种条件和结果的逻辑关系称为非逻辑关系。非逻辑控制电路如图5-13所示。

开关A与灯L并联。开关A闭合，灯L不亮；开关A断开，灯L亮。这种逻辑关系就称为非逻辑关系，即事情的结果和条件呈相反状态。

非逻辑表达式为$L = \bar{A}$。

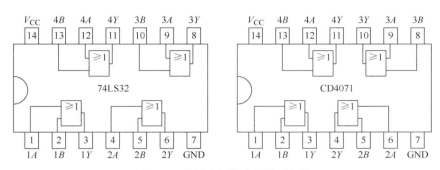

图 5-12　常用或门集成电路引脚图

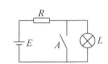

图 5-13　非逻辑控制电路

实现非逻辑运算的电路叫非门电路。晶体管非门电路又称为反相器，利用晶体管的开关作用实现非逻辑功能，其电路如图 5-14 所示。当输入端 A 为低电平（逻辑 0）时，晶体管截止，输出端为高电平（逻辑 1）；当输入端 A 为高电平（逻辑 1）时，晶体管饱和导通，输出端为低电平（逻辑 0）。非门逻辑符号如图 5-15 所示。非逻辑真值表见表 5-10。非门电路的逻辑功能为：有 1 出 0，有 0 出 1。

图 5-14　非门电路　　　图 5-15　非门逻辑符号

表 5-10　非逻辑真值表

A	$\bar{A}$
0	1
1	0

常用非门集成电路芯片有六反相器 74LS04 和 CD4069，引脚图如图 5-16 所示。

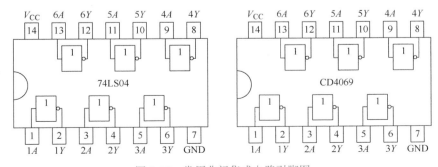

图 5-16　常用非门集成电路引脚图

本书所用的逻辑符号为中国国家标准（GB/T 4728.12—2008）规定的图形符号（简称国标）。除此之外，业界也广泛采用美国 MIL-STD-806B 规定的符号（简称美标），如图 5-17 所示。

a) 与门　　　　b) 或门　　　　c) 非门

图 5-17　美标逻辑符号

4. 复合逻辑门电路

将 3 种基本逻辑门电路适当组合，就构成复合逻辑门。常用的复合逻辑门电路的逻辑表达式、逻辑符号、逻辑功能见表 5-11。

表 5-11　常用的复合逻辑门电路

名称	逻辑表达式	真值表			逻辑符号	逻辑功能
与非门	$L = \overline{AB}$	A 0 0 1 1	B 0 1 0 1	L 1 1 1 0		有 0 出 1 全 1 出 0
或非门	$L = \overline{A+B}$	A 0 0 1 1	B 0 1 0 1	L 1 0 0 0		有 1 出 0 全 0 出 1
与或非门	$L = \overline{AB+CD}$	AB 0 0 1 1	CD 0 1 0 1	L 1 0 0 0		与项为 1 结果为 0 其余输出全为 1
异或门	$L = A \oplus B$	A 0 0 1 1	B 0 1 0 1	L 0 1 1 0		异入出 1 同入出 0
同或门	$L = A \odot B$	A 0 0 1 1	B 0 1 0 1	L 1 0 0 1		同入出 1 异入出 0

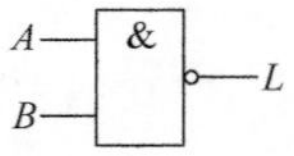

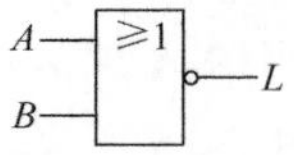

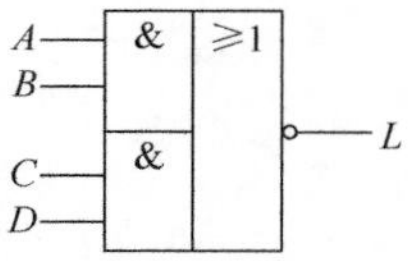

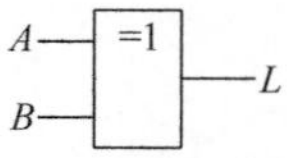

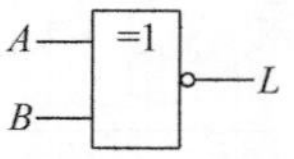

在各种逻辑运算中，除了非运算是单变量运算符，其他都是多变量运算符，多变量的与运算、或运算、与非运算、或非运算都很容易理解。而异或运算是一种对参与运算的"1"的个数的奇偶性敏感运算，多变量做异或运算时，若参与运算的变量中有奇数个取值为"1"，则结果为"1"，否则结果为"0"。同或运算对参与运算的"0"的个数的奇偶性敏感，多变量做同或运算时，若其中有偶数个"0"，则运算结果为"1"，否则为"0"。

5.1.3　集成逻辑门电路

1. 集成门电路的分类

前面介绍的门电路是由二极管或晶体管等器件组成的分立器件门电路。分立器件门电路的缺点是使用器件多、体积大、工作速度低、可靠性差、带负载能力较差等。

数字电路中广泛采用集成电路。所谓集成电路是采用一定的生产工艺，将晶体管电阻、电容等元器件和连线制作在同一块半导体基片上，封装后所构成的电路单元。集成电路具有体积小、可靠性高、工作速度快等许多优点。

目前，广泛使用的是 TTL 系列和 CMOS 系列的集成门电路。在两种不同系列的门电路中，它们虽具有相同的逻辑功能，但两者的结构、制造工艺却不同，其外形尺寸、性能指标也有所差别。

2. TTL 集成门电路

TTL 集成门电路是晶体管－晶体管逻辑门电路，它的输入端和输出端都是由晶体管组成的。集成门电路通常为双列直插式塑料封装，图 5-18 所示的 74LS00 系列是 TTL 系列中主要的应用产品。

引线编号方法是把标志置于左端，逆时针转向自下而上顺序读出序号。图 5-18 中，A、B 为输入端，Y 为输出端。其共用电源端为 14 脚，7 脚为共用接地点。

注意：每个集成电路内部的各个逻辑单元互相独立，可以单独使用，但电源和接地线是公共的。

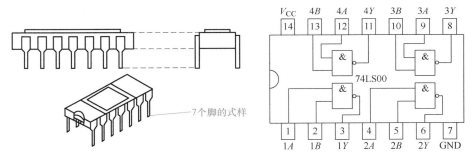

图 5-18　74LS00 结构及引脚排列图外引线分布

3. CMOS 集成门电路

CMOS 集成门电路是由 N 沟道增强型 MOS 场效应晶体管和 P 沟道增强型 MOS 场效应晶体管构成的一种互补对称场效应晶体管集成门电路。它是近年来国内外迅速发展、广泛应用的一种电路。

CMOS 与非门工作原理如下：如图 5-19 所示，当输入信号 A 和 B 同时是高电平时，VF_1 和 VF_2 同时饱和，VF_3 和 VF_4 截止，这时输出端 Y 为低电平；当输入信号 A 和 B 中有一端或两端是低电平时，由于 VF_1 和 VF_2 是串联，所以总有一个或两个管子截止，而 VF_3 和 VF_4 总有一个或两个管子饱和导通，因此输出 Y 为高电平。

常用 CMOS 集成与非门 CD4011 是一种四 2 输入与非门，采用 14 引脚双列直插塑料封装，其引脚排列如图 5-20 所示。

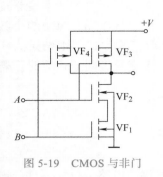

图 5-19 CMOS 与非门

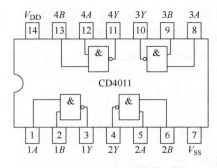

图 5-20 CD4011 引脚排列图

4. 集成门电路使用注意事项

1）在使用集成门电路时，首先要根据工作速度、功耗指标等要求，合理选择逻辑门的类型。然后确定合适的集成门型号。在许多电路中，TTL 和 CMOS 门电路会混合使用，因此，要熟悉各类集成逻辑门电路的性能及主要参数的数据范围。由于产品种类繁多，生产厂家不同，不同型号的产品，乃至同一型号产品的主要参数都有很大的差异，使用时应以产品说明书为准。

2）在 TTL 和 CMOS 门电路混合使用时，无论是 TTL 门驱动 CMOS 门，还是 CMOS 门驱动 TTL 门，都必须做到驱动门能为负载门提供符合要求的高、低电平和足够的输入电流。

3）集成门电路多余的输入端在实际使用时一般不悬空，主要是防止干扰信号串入，造成逻辑错误。对于 CMOS 门电路是绝对不允许悬空的。因为 CMOS 管的输入阻抗很高，更容易接收干扰信号，在外界静电干扰时，还会在悬空的输入端积累高电压，造成栅极击穿。多余输入端的处理一般有以下几种方法：

① 对于与门、与非门，多余输入端应接高电平。可直接接电源的正极，或通过一个数千欧的电阻接电源的正极，如图 5-21a 所示；在前级驱动能力允许时，可与有用输入端并联，如图 5-21b 所示；对于 TTL 门电路，在外界干扰很小时，可以悬空。

② 对于或门、或非门，多余输入端应接低电平。可直接接地，如图 5-22a 所示；或与有用的接入端并联，如图 5-22b 所示。

③ 对于与或非门中不使用的与门，至少一个输入端接地。

④ 多余输入端并联使用会降低速度，一般输入端不并联使用，工作速度慢时，可以将输入端并联使用。

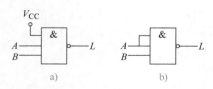

图 5-21 与非门多余输入端处理

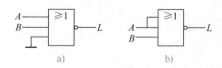

图 5-22 或非门多余输入端处理

5. 输出端的连接

输出端不能接电源或地；同一芯片的相同门电路可并联使用，可提高驱动能力；CMOS 输出接有大电容负载时，在输出端和电容间要接一个限流电阻。

任务实施

1. 设备与元器件

本任务用到的设备包括直流稳压电源、数字式万用表、示波器。

组装电路所用元器件见表 5-12。

表 5-12　元器件明细表

序号	分类	名称	型号规格	数量
1	IC	集成电路	CD4011	1
2	VT_2	单向晶闸管	MCR100-6	1
3	VT_1	晶体管	9014	1
4	$VD_1 \sim VD_5$	整流二极管	1N4007	5
5	R_1	电阻	180kΩ	1
6	R_2、R_3	电阻	20kΩ	2
7	R_4	电阻	2MΩ	1
8	R_5、R_6、R_7	电阻	56kΩ	3
9	R_8	电阻	1.5MΩ	1
10	C_1、C_2	电解电容	22μF/16V	2
11	C_3	圆片电容	104	1
12	BM	驻极体传声器	—	1
13	R_G	光敏电阻	625A 型	1
14	其他	电路板、LED 灯（EL）		

2. 电路分析

智能声光控节电开关电路原理图如图 5-23 所示。

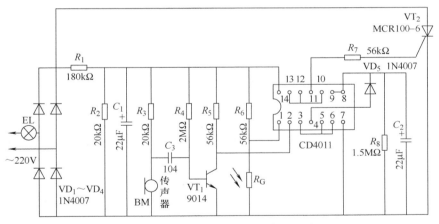

图 5-23　智能声光控节电开关原理图

工作过程如下：声音信号由驻极体送话器 BM 接收并转换成电信号，经 C_3 耦合到 VT_1 的基极进行电压放大，放大的信号送到与非门（G_1）的 2 脚，R_4 是 VT_1 的偏置电阻，C_1 是电源滤波电容。为了使声光控开关在白天断开，即灯不亮，由光敏电阻 R_G 等元器件组成光控电路，R_6 和光敏电阻 R_G 组成串联分压电路，夜晚环境无光时，光敏电阻的阻值很大，R_G 两端的电压高，即为高电平，此时和被放大的音频电信号一起加到 CD4011 的第一个门电路——控制门 G_1 的输入端，控制门打开，G_1 输出为低电平，使 G_2 输出为高电平，经 G_2 整形后通过二极管 VD_5 送至两级整形门电路 G_3、G_4（同

时很快给 C_2 充电），整形后输出的高电平作为触发延迟信号加到单向晶闸管的门极，使晶闸管导通。同时在声控信号或光控信号消失后 G_1 关闭，输出为高电平，使 G_2 输出为低电平，VD_5 截止，充满电后的 C_2 只向 R_8 放电。当放电到一定电平时，经与非门 G_3 使 G_4 输出为低电平，单向晶闸管失去触发信号而截止，完成一次完整的灯由亮到灭的自动熄灭过程。

电路中各个组成部分的作用如下：

整流电路——将交流电变成单方向的脉动直流电；

传声器——将外界的声音信号转变为电信号；

放大电路——将音频电信号进行放大以推动下一级电路工作；

光敏电阻——感光元器件，将光的变化转变为电阻值的变化；

CD4011——与非门集成电路，接收光控电信号和声控电信号，给晶闸管的门极提供触发脉冲电压；

晶闸管——作为电子开关控制灯的亮与灭。

3. 任务实施过程

（1）认识集成电路

1）识别集成电路引脚。集成电路引脚排列顺序的标志一般有色点、凹槽、管键及封装时压出的圆形标志。对于 CD4011 双列直插式集成电路，引脚的识别方法是将集成电路水平放置，引脚向下，标志朝左边，如图 5-24 所示，左下角为引脚 1，然后按逆时针方向数，依次为引脚 2、3、4 等。

图 5-24　集成电路引脚

2）绘制 CD4011 的工作原理图。

（2）检测元器件

1）检测二极管、晶体管、送话器。

2）测量电容、电阻的阻值。

3）若有元器件损坏，请向教师说明情况。

（3）元器件安装与接线　按图 5-23 所示电路图，根据给定的面包板，对元器件进行布局、安装以及接线。

在安装和接线过程中，应注意：

① 9014 型号晶体管需认清管型再安装到相应位置。

② 光敏电阻选用的是 625A 型，有光照射时若电阻为 20kΩ 以下，无光时电阻值大于 100MΩ，则说明该元器件是完好的。

③ 装接与连线时注意电源线和节能灯的连接，做好绝缘处理。

（4）调试与检测电路

1）通电前检查。对照电路原理图检查电源的连接；注意整流二极管、电解电容、晶体管及晶闸管的连接极性。特别要注意集成块的引脚插接顺序。

2）通电检测。在有、无声音和有、无光照 4 种组合情况下检测 CD4011 集成逻辑电路的各脚电位，记录在表 5-13 中。特别关注引脚 2 与引脚 1 电位值的变化，并说出其变化规律。光敏电阻可用不透明的物品盖住从而避免光照。

表 5-13　不同情况下 CD4011 的各脚电位

条件	电位 /V													
	U_1	U_2	U_3	U_4	U_5	U_6	U_7	U_8	U_9	U_{10}	U_{11}	U_{12}	U_{13}	U_{14}
有声有光														
有声无光														
无声有光														
无声无光														

3）训练与思考。改变 R_6，是否可以改变光的亮度？改变 C_2 或 R_8，是否可以改变延时时间的长短？

观察以上调整对灯的工作有何影响，可用示波器观察集成电路 CD4011 的引脚 11 电压波形的变化。

（5）收获与总结　通过本实训任务，你掌握了哪些技能？学会了哪些知识？在实训过程中遇到了什么问题？是怎么处理的？请填写在表 5-14 中。

表 5-14　收获与总结

序号	掌握的技能	学会的知识	出现的问题	处理方法
1				
2				
3				
心得体会：				

创 新 方 案

你有更好的思路和做法吗？请给大家分享一下吧。

（1）合理改变元器件参数，使延时时间（亮度）效果更好。

（2）_____

（3）_____

任 务 考 核

根据表 5-15 所列考核内容和考核标准对本次任务的完成情况开展自我评价与小组评价，将评价结果填入表中。

表 5-15　任务综合评价

任务名称		姓名		组号	
考核内容	考核标准	评分标准		自评得分	组间互评得分
职业素养（20分）	• 工具摆放、着装等符合规范（2分） • 操作工位卫生良好，保持整洁（2分） • 严格遵守操作规程，不浪费原材料（4分） • 无元器件损坏（6分） • 无用电事故、无仪器损坏（6分）	• 工具摆放不规范，扣1分；着装等不符合规范，扣1分 • 操作工位卫生等不符合要求，扣2分 • 未按操作规程操作，扣2分；浪费原材料，扣2分 • 元器件损坏每个扣1分，扣完为止 • 因用电事故或操作不当而造成仪器损坏，扣6分 • 人为故意造成用电事故、损坏元器件、损坏仪器或其他事故，本次任务计0分			
元器件检测（10分）	• 能使用仪表正确检测元器件（5分） • 正确填写表 5-13 检测数据（5分）	• 不会使用仪器，扣2分 • 元器件检测方法错误，每次扣1分 • 数据填写错误，每个扣0.5分			

（续）

任务名称		姓名		组号	
考核内容	考核标准	评分标准		自评得分	组间互评得分
装配（20分）	·元器件布局合理、美观（10分） ·布线合理、美观，层次分明（10分）	·元器件布局不合理、不美观，扣1～5分 ·布线不合理、不美观，层次不分明，扣1～5分 ·布线有断路，每处扣1分；布线有短路，每处扣5分			
调试（30分）	能使用仪器仪表检测，能正确填写数据，并排除故障，达到预期的效果（30分）	·一次调试成功，数据填写正确，得30分 ·填写内容不正确，每处扣1分 ·在教师的帮助下调试成功，扣5分；调试不成功，得0分			
团队合作（10分）	主动参与，积极配合小组成员，能完成自己的任务（5分）	·参与完成自己的任务，得5分 ·参与未完成自己的任务，得2分 ·未参与未完成自己的任务，得0分			
	能与他人共同交流和探讨，积极思考，能提出问题，能正确评价自己和他人（5分）	·交流能提出问题，正确评价自己和他人，得5分 ·交流未能正确评价自己和他人，得2分 ·未交流未评价，得0分			
创新能力（10分）	能进行合理的创新（10分）	·有合理创新方案或方法，得10分 ·在教师的帮助下有创新方案或方法，得6分 ·无创新方案或方法，得0分			
最终成绩		教师评分			

思考与提升

智能声光控节电开关的主要器件之一就是采用了集成与非门CD4011，如图5-2所示，在图中：

1）C_2 起的作用是＿＿＿＿＿＿＿＿＿＿＿＿＿＿＿＿＿＿＿＿＿＿＿＿＿＿＿＿＿＿

2）R_8 起的作用是＿＿＿＿＿＿＿＿＿＿＿＿＿＿＿＿＿＿＿＿＿＿＿＿＿＿＿＿＿＿

任务小结

1. 集成逻辑门电路有两大系列：TTL系列和CMOS系列。

2. 集成逻辑门电路引线的编号判断方法：把标志置于左端，逆时针转向自下而上顺序读出序号。

3. CMOS集成电路使用时输入端不能悬空，存放时要用金属将引脚端接起来或用金属盒加以屏蔽，电源不能接反也不能超压；连接好电路之后，才可通电，不能带电改装电路。

任务 5.2　制作与调试电子表决器电路

任务导入

图5-25所示是我们生活中常见的会议表决器。大家都知道，在一些比赛中，如果我们听到一声铃响，并且看到表示"晋级"的灯亮起来，那么这个电路是怎么设计并制作出来的呢？尝试制作一个关于比赛的电子表决电路。

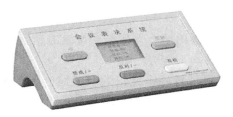

图 5-25　表决器实物

任务分析

设计一个关于比赛的电子表决电路。设比赛有 4 个裁判，当多数人（3 人或 4 人）同意时，表示晋级，否则淘汰，要求用与非门实现。这是一个组合逻辑电路的设计问题，组合逻辑电路是指在任何时刻，输出状态只取决于同一时刻各输入状态的组合，与电路以前状态无关。本任务通过电子表决器电路的设计帮助同学们掌握组合逻辑电路的分析和设计方法。

知识链接

5.2.1　逻辑函数的表示及化简方法

1. 逻辑代数的基本公式和基本定律

和普通代数一样，逻辑代数有一套完整的运算规则，包括公理、定理和定律，用它们对逻辑函数式进行处理，可以完成对电路的化简、变换、分析和设计。

逻辑代数基本公式和基本定律见表 5-16。

表 5-16　逻辑代数基本公式和基本定律

名称	公式 1	公式 2
交换律	$A+B=B+A$	$AB=BA$
结合律	$A+(B+C)=(A+B)+C$	$A(BC)=(AB)C$
分配律	$A+BC=(A+B)(A+C)$	$A(B+C)=AB+AC$
互补律	$A+\bar{A}=1$	$A \cdot \bar{A}=0$
0-1 律	$A+0=A$	$A \cdot 1=A$
	$A+1=1$	$A \cdot 0=0$
对合律	$\bar{\bar{A}}=A$	$\bar{\bar{A}}=A$
重叠律	$A+A=A$	$A \cdot A=A$
吸收律	$A+AB=A$	$A(A+B)=A$
	$A+\bar{A}B=A+B$	$A(\bar{A}+B)=AB$
	$AB+A\bar{B}=A$	$(A+B)(A+\bar{B})=A$
	$AB+\bar{A}C+BC=AB+\bar{A}C$	$(A+B)(\bar{A}+C)(B+C)=(A+B)(\bar{A}+C)$
反演律	$\overline{A+B}=\bar{A}\bar{B}$	$\overline{AB}=\bar{A}+\bar{B}$

2. 逻辑函数的 5 种表示方法

表示一个逻辑函数有多种方法，常用的有真值表、逻辑表达式、逻辑图、波形图、卡诺图等。它们各有特点，既相互联系，又相互转换，现介绍如下。

（1）真值表　真值表是描述逻辑函数各个变量的取值组合和逻辑函数取值之间对应关系的表格。每一个输入变量有 0 和 1 两个取值，n 个变量就有 2^n 个不同的取值组合，如果将输入变量的全部取值组合和对应的输出函数值一一对应地列举出来，即可得到真值表。真值表最大的特点是直观地表示输入和输出之间的逻辑关系。

表 5-17 分别列出了两个变量与、或、与非及异或运算的真值表。下面举例说明列真值表的方法。

表 5-17　两变量函数真值表

变量		函数			
A	B	AB	$A+B$	$\overline{AB}$	$A \oplus B$
0	0	0	0	1	0
0	1	0	1	1	1
1	0	0	1	1	1
1	1	1	1	0	0

【例 5-11】列出函数 $F = \overline{AB}$ 的真值表。

解：该函数有两个输入变量，共有 4 种输入取值组合，分别将它们代入函数表达式，并进行求解，可得到相应的输出函数值。将输入、输出值一一对应列出，即可得到如表 5-18 所示的真值表。

表 5-18　例 5-11 真值表

A	B	F
0	0	1
0	1	1
1	0	1
1	1	0

【例 5-12】列出函数 $F = AB + \overline{A}C$ 的真值表。

解：该函数有 3 个输入变量，共有 $2^3 = 8$ 种输入取值组合，分别将它们代入函数表达式，并进行求解，可得到相应的输出函数值。将输入、输出值一一对应列出，即可得到如表 5-19 所示的真值表。

表 5-19　例 5-12 真值表

A	B	C	F
0	0	0	0
0	0	1	1
0	1	0	0
0	1	1	1
1	0	0	0
1	0	1	0
1	1	0	1
1	1	1	1

注意：在列真值表时，输入变量的取值组合应按照二进制递增的顺序排列，这样做既不易遗漏，也不会重复。

（2）逻辑表达式　逻辑表达式是用与、或、非等运算表示逻辑函数中各变量之间逻辑关系的代数式。逻辑表达式的特点是直观简单，便于化简。例如：$F=A+B$，$Y=A\cdot B+C+D$ 等。

【例 5-13】已知逻辑函数式 $Y=A+\overline{BC}+\overline{AC}$，列写出与它对应的真值表。

解：将输入变量 A、B、C 的各组取值代入函数式，算出函数 Y 的值，并对应的填入表 5-20 中。

表 5-20　例 5-13 真值表

A	B	C	Y
0	0	0	1
0	0	1	1
0	1	0	1
0	1	1	0
1	0	0	1
1	0	1	1
1	1	0	1
1	1	1	1

（3）逻辑图　逻辑电路图是由逻辑符号表示的逻辑函数图形称为逻辑电路图，简称逻辑图。例如，$F=\overline{\overline{\overline{A\cdot B}}\cdot\overline{\overline{A\cdot B}}}$ 的逻辑图如图 5-26 所示。

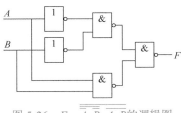

图 5-26　$F=\overline{\overline{\overline{A\cdot B}}\cdot\overline{\overline{A\cdot B}}}$ 的逻辑图

【例 5-14】试画出逻辑函数 $Y=\overline{A}B+A\overline{B}$ 的逻辑图。

解：将逻辑函数表达式中各变量之间的逻辑关系用与、或、非等逻辑符号表达出来，就可以画出逻辑图。$Y=\overline{A}B+A\overline{B}$ 的逻辑图如图 5-27 所示。

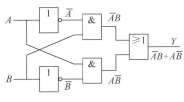

图 5-27　例 5-14 逻辑图

（4）波形图　将输入变量所有可能的取值与对应的输出按时间顺序依次排列起来画出的时间波形，称为函数的波形图或时序图。

【例 5-15】试分析图 5-28 所示波形图中 Y 与 A、B 之间的逻辑关系。

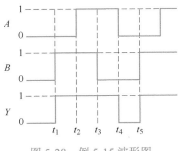

图 5-28　例 5-15 波形图

解：由波形图可见，$t_1 \sim t_2$ 期间，$A=0$，$B=1$，$Y=1$；$t_2 \sim t_3$ 期间，$A=1$，$B=1$，$Y=1$；$t_3 \sim t_4$ 期间，$A=1$，$B=0$，$Y=1$；$t_4 \sim t_5$ 期间，$A=0$，$B=0$，$Y=0$。可见，只要 A、B 有一个是 1，$Y=1$；只有 A、B 同时为 0，Y 才为 0。因此，$Y=A+B$。

（5）卡诺图（Karnaugh Map） 卡诺图是图形化的真值表。如果把各种输入变量取值组合下的输出函数值填入一种特殊的方格图中，即可得到逻辑函数的卡诺图。

3. 逻辑函数的化简

逻辑函数最终由逻辑电路来实现。逻辑电路的设计不仅要求功能正确，还希望电路越简单越好。这对于节省元器件，优化生产工艺，降低成本，提高系统的可靠性，提高产品在市场的竞争力是非常重要的。同一个逻辑函数的表达式可以写成不同的表达形式。对逻辑函数进行化简和变换，可以得到最简的逻辑函数式或所需要的形式，设计出最简洁的逻辑电路。最简的逻辑函数式，就是要求乘积项的数目是最少的，且在满足乘积项数目最少的条件下，每个乘积项中所含变量的个数最少。

逻辑函数化简的方法有代数化简法和卡诺图化简法等几种，重点介绍卡诺图化简法。

（1）代数化简法 代数化简法就是根据逻辑代数的运算定律，通过项的合并$(AB + A\bar{B} = A)$、项的吸收（$A+AB=A$）、消去冗余变量$(A + \bar{A}B = A + B)$等手段进行表达式变换，使表达式中的项（与或式中的乘积项、或与式中的和项）的个数最少，同时也使每项所含变量个数最少。

利用逻辑代数的基本定律和公式对逻辑函数表达式进行化简，常用以下几种方法。

1）并项法。利用公式$A + \bar{A} = 1$，将两项合并一项，并消去一个变量。

例如：$Y = \bar{A}\bar{B}C + \bar{A}BC = \bar{A}C(\bar{B} + B) = \bar{A}C$

2）吸收法。利用公式$A + AB = A$，消去多余项。

例如：$Y = A\bar{B} + A\bar{B}CD(E + F) = A\bar{B}\left[1 + CD(E + F)\right] = A\bar{B}$

3）消项法。利用公式$A + \bar{A}B = A + B$，消去多余的变量因子。

例如：$Y = AB + \bar{A}C + \bar{B}C = AB + (\bar{A} + \bar{B})\,C = AB + \overline{AB}C = AB + C$

4）配项法。利用公式$A = A(B + \bar{B})$进行配项，以便消去多余项。

例如：$Y = \bar{A} + AB + \bar{B}C = \bar{A} + \bar{A}B + AB + \bar{B}C = \bar{A} + B + \bar{B}C = \bar{A} + B + C$

【例 5-16】化简下列逻辑函数：

$Y_1 = A\bar{B} + \bar{A}\bar{B} + ACD + \bar{A}CD$

$Y_2 = AB(C + D) + D + \bar{D}(A + B)(\bar{B} + \bar{C})$

解：$Y_1 = A\bar{B} + \bar{A}\bar{B} + ACD + \bar{A}CD = (A + \bar{A})\,\bar{B} + (A + \bar{A})\,CD = \bar{B} + CD$

$\quad Y_2 = AB(C + D) + D + \bar{D}(A + B)(\bar{B} + \bar{C})$

$\quad\quad = ABC + ABD + D + A\bar{B} + A\bar{C} + B\bar{C}$

$\quad\quad = ABC + D + A\bar{B} + A\bar{C} + B\bar{C}$

$\quad\quad = A(BC + \bar{B} + \bar{C}) + D + B\bar{C}$

$\quad\quad = A + D + B\bar{C}$

【例 5-17】试用代数法化简下列逻辑函数：

$F_1 = A\bar{B} + ACD + \bar{A}\bar{B} + \bar{A}CD$

$F_2 = AB + AB\bar{C} + AB(\bar{C} + D)$

解：$F_1 = A\bar{B} + ACD + \bar{A}\bar{B} + \bar{A}CD = A(\bar{B} + CD) + \bar{A}(\bar{B} + CD) = \bar{B} + CD$

$\quad F_2 = AB + AB\bar{C} + AB(\bar{C} + D) = AB[1 + \bar{C} + (\bar{C} + D)] = AB$

用代数法化简逻辑函数时，要能熟练运用逻辑代数基本公式，当表达式比较复杂时，求解困难，而且不易判断结果是否最简，所以代数化简法只能作为函数化简的辅助手段。

（2）卡诺图化简法　卡诺图是逻辑函数的图解化简法。它克服了公式化简法对最终结果难以确定的缺点。当逻辑函数的自变量个数较少（6个以内）时，卡诺图法是逻辑函数化简的有效手段。由代数化简法可知，若两个乘积项只有一个变量不同，即存在$A + \bar{A}$的情形时，这两个乘积项可以合并，例如，$ABC + \bar{A}BC = BC$。符合这种条件的项称为逻辑相邻项。逻辑函数的化简就是寻找、合并逻辑相邻项的过程。卡诺图是变形的真值表，用方格图表示自变量取值和相应的函数值，其函数值0和1分别对应表达式中的最大项和最小项，构造特点是各行（各列）自变量取值按循环码排列，使卡诺图中任意两个相邻方格对应的最小项（或最大项）只有一个自变量不同，从而将逻辑相邻项转换为几何相邻项，方便相邻项的合并。卡诺图化简法具有确定的化简步骤，能比较方便地获得逻辑函数的最简与或式。为了更好地掌握这种方法，必须理解下面几个概念。

1）最小项。在n个变量的逻辑函数中，如乘积（与）项中包含全部变量，且每个变量在该乘积项中或以原变量或以反变量只出现一次，则该乘积就定义为逻辑函数的最小项。n个变量的最小项有2^n个。

3个输入变量全体最小项的编号见表5-21。

表5-21　3变量最小项表

$A\ B\ C$	最小项	简记符号
0　0　0	$\bar{A}\bar{B}\bar{C}$	m_0
0　0　1	$\bar{A}\bar{B}C$	m_1
0　1　0	$\bar{A}B\bar{C}$	m_2
0　1　1	$\bar{A}BC$	m_3
1　0　0	$A\bar{B}\bar{C}$	m_4
1　0　1	$A\bar{B}C$	m_5
1　1　0	$AB\bar{C}$	m_6
1　1　1	ABC	m_7

2）最小项表达式。如一个逻辑函数式中的每一个与项都是最小项，则该逻辑函数式称为最小项表达式（又称标准与或式）。任何一种形式的逻辑函数式都可以利用基本定律和配项法化为最小项表达式，并且最小项表达式是唯一的。

【例5-18】把$L = \bar{A}B\bar{C} + AB\bar{C} + \bar{B}CD + \bar{B}C\bar{D}$化成标准与或式。

解：从表达式中可以看出L是4变量的逻辑函数，但每个乘积项中都缺少一个变量，不符合最小项的规定。为此，将每个乘积项利用配项法把变量补足为4个变量，并进一步展开，即得最小项。

$$L = \bar{A}B\bar{C}(D + \bar{D}) + AB\bar{C}(D + \bar{D}) + \bar{B}CD(A + \bar{A}) + \bar{B}C\bar{D}(A + \bar{A})$$
$$= \bar{A}B\bar{C}D + \bar{A}B\bar{C}\bar{D} + AB\bar{C}D + AB\bar{C}\bar{D} + \bar{B}CDA + \bar{B}CD\bar{A} + \bar{B}C\bar{D}A + \bar{B}C\bar{D}\bar{A}$$

3）相邻最小项。如两个最小项中只有一个变量为互反变量，其余变量均相同，则这样的两个最小项为逻辑相邻，并把它们称为相邻最小项，简称相邻项。如$\bar{A}B\bar{C}$和$\bar{A}BC$，其中的C和$\bar{C}$互为反变量，其余变量$\bar{A}B$都相同。

4）最小项卡诺图。用2^n个小方格对应n个变量的2^n个最小项，并且使逻辑相邻的最小项在几何位置上也相邻，按这样的相邻要求排列起来的方格图，称为n个输入变量的最小项卡诺图，又称最小项方格图。图 5-29 所示为 2 ～ 4 变量的最小项卡诺图。图中横向变量和纵向排列顺序，保证了最小项在卡诺图中的循环相邻性。

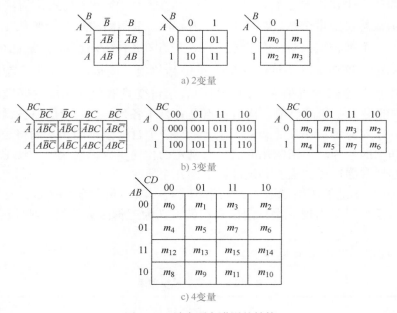

图 5-29   最小项卡诺图的结构

5）用卡诺图表示逻辑函数的步骤。

① 在卡诺图上合并最小项（或最大项）。卡诺图中的 2^n 个相邻的最小项（或最大项）合并为一项，消去 n 个取值不同的自变量。如图 5-30a 所示，2 个相邻最小项 m_1、m_2 合并为乘积项 $\overline{A}\,\overline{B}D$，消去 1 个取值不同的自变量；4 个相邻最小项 m_{12}、m_{13}、m_{14}、m_{15} 合并为 AB，消去 2 个取值不同的自变量。同样最大项可以合并为 1 个和项，消去取值不同的自变量。如图 5-30b 所示，2 个相邻最大项 m_5、m_7 合并为 $A+\overline{B}+\overline{D}$，4 个相邻最大项 m_0、m_2、m_8、m_{10} 合并为 $B+D$。卡诺图中函数值 1 或 0 可以被多个圈使用，这种用法符合重叠律 $A+A=A$ 或 $A \cdot A=A$。

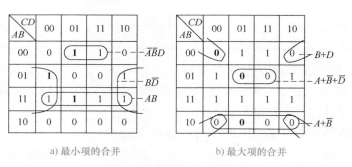

a) 最小项的合并   b) 最大项的合并

图 5-30   卡诺图中相邻项的合并

一般地，卡诺图中圈 1 是合并最小项，每个圈中的最小项合并为一个乘积项，所有卡诺圈对应的乘积项之和就是最简与或式；卡诺图中圈 0 就是合并最大项，每个圈中的最大项合并为一个和项，所有卡诺圈对应的和项之积就是最简或与式。

② 卡诺图上圈 1（或 0）的原则。卡诺图上圈 1 用于求最简与或式，圈 0 用于求最简或与式，在卡诺图化简中体现为圈的个数最少，每个圈尽可能大（包含的 1 或 0 最多）。为了防止化简后的表达式中出现冗余项，必须保证卡诺图中的每个圈中至少有一个 1（或 0）是没有被其他圈圈过的。

③ 卡诺图化简举例。

【例 5-19】 用卡诺图化简函数 $F(A, B, C, D) = \sum m(0, 3, 9, 11, 12, 13, 15)$，写出最简与或式。

解： 画出 4 变量卡诺图，填入最小项。在图 5-31 中，化简时先圈孤立的 1（该最小项无法和其他最小项合并），圈出 m_0，结果是 $\overline{A}\,\overline{B}\,\overline{C}\,\overline{D}$；然后，圈只有一个合并方向的 1，$m_3$ 和 m_{11} 合并，化简结果是 $\overline{B}CD$，m_{12} 和 m_{13} 合并，结果是 $AB\overline{C}$；最后，m_9 和周围的 3 个 1 合并，结果是 AD。至此，所有的 1 都被圈过了，最简与或式就是这 4 个圈化简的乘积项之和，即 $F = \overline{A}\,\overline{B}\,\overline{C}\,\overline{D} + \overline{B}CD + AB\overline{C} + AD$。

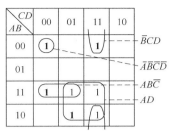

图 5-31 例 5-19 卡诺图

【例 5-20】 用卡诺图化简函数 $F(A, B, C, D) = \sum m(1, 2, 4, 5, 6, 7, 11)$，写出最简与或式。

解： 根据 F 的最小项表达式填写卡诺图中的 1，其余位置填 0，如图 5-32 所示。

圈 1 求最简与或式。首先是圈孤立的 1（m_{11}），然后是为了化简 m_1 和 m_2 所画的两个圈，最后是为了化简 m_4 所画的圈。至此，所有的 1 都已圈过。每个圈对应一个乘积项，圈中的自变量取值为 1 时，乘积项中的该自变量为原变量，否则为反变量。将每个圈对应的乘积项相加，得到最简与或式：$F = \overline{A}BCD + \overline{A}\,\overline{C}D + \overline{A}C\overline{D} + \overline{A}B$。

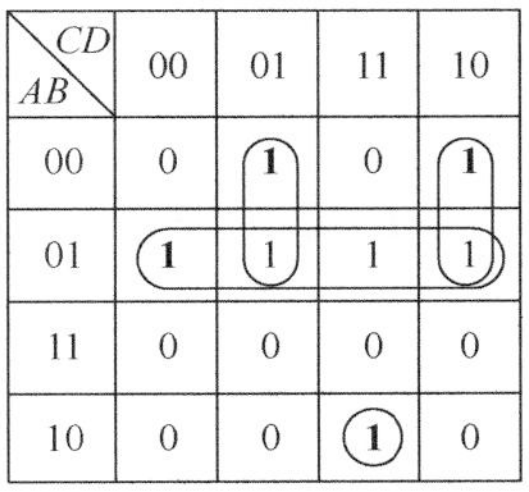

图 5-32 例 5-20 卡诺图

【例 5-21】 用卡诺图化简函数 $F = \overline{A}B + A\overline{B}D$，写出最简或与式。

解： 已知函数是与或式，可以根据与或运算的特点得出：当 $AB=01$ 以及 $ABD=101$ 时，$F=1$，然后直接填写卡诺图。要得到最简或与式，卡诺图中圈 0，如图 5-33 所示，化简 m_1、m_{13} 只有一种圈法，而化简 m_8 有两种不同的圈法，分别是（$m_0m_2m_8m_{10}$）和（$m_8m_{10}m_{12}m_{14}$）。由此可以写出两个不同形式的或与式：$F = (A+B)(\overline{A}+\overline{B})(\overline{A}+D)$ 或 $F = (A+B)(\overline{A}+\overline{B})(B+D)$。

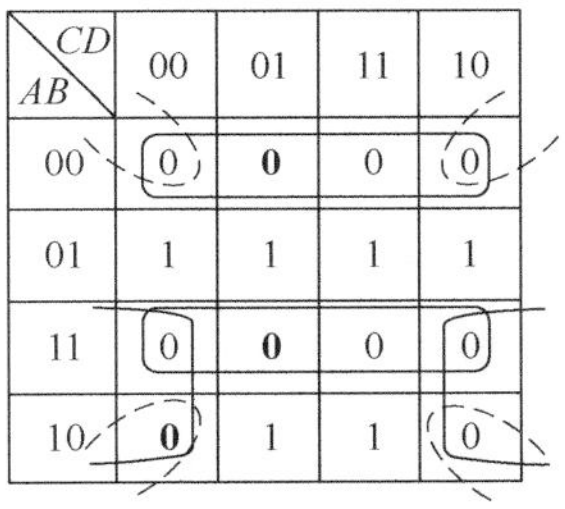

显然，这两个或与式对应的电路规模完全相同，只是电路的输入信号不同，所以这两个或与式都是最简或与式。

图 5-33 例 5-21 卡诺图

④ 非完全描述逻辑函数的化简。到目前为止，讨论的函数都是完全描述函数，即对于任意自变量的取值，都有确定的函数值。而在实际应用中，还存在非完全描述函数，这种函数自变量的某些取值是不会出现的；或是在某些自变量取值下的函数值为 0 或 1，对电路的功能没有影响。此时的函数值无须定义或无法定义，称为任意项，用 "Φ" 表示。

【例 5-22】 某逻辑电路的输入是 8421 码，当输入的数可以被 3 整除时，电路输出为 1，否则输出为 0，试通过卡诺图化简求出该函数的最简与或式。

解： 用自变量 A、B、C、D 的取值表示输入的 8421 码，当 $ABCD$ 取值为 0000 ～ 1001 时，分别表示相应的 8421 码。根据题意，自变量取值对应的十进制数为 0、3、6、9 时，函数值 $F=1$；自变量取值为其他 8421 码时，$F=0$。在自变量的取值范围为 1010 ～ 1111 的条件下，F 的取值无法定义，$F=\Phi$。画出卡诺图如图 5-34 所示。

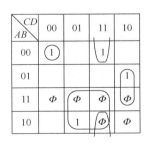

图 5-34 例 5-22 卡诺图

化简时，任意项既可以看作 0，也可以看作 1。如图 5-34 中，若 Φ 看作为 1 有利于化简，就将 Φ 和 1 圈在一起，否则就弃之不顾。圈毕，读出各圈对应的乘积项，写出最简与或式 $F = \overline{A}\,\overline{B}\,\overline{C}\,\overline{D} + \overline{B}CD + BC\overline{D} + AD$。卡诺图化简后，所有任意项的取值都确定了，和 1 圈在一起的 Φ 的值是 1，其他 Φ 是 0。在实际电路中，是不存在不确定的输出值的。

无效的输入值对实际电路的输出是有害的。对于该电路，当输入了 1010 ～ 1111 等值后，输出或为 0 或为 1。但这些输出值并不表示整除的信息，容易造成误解。该电路不具备识别输入是否为 8421 码的能力，若要防止非 8421 码带来的错误输出，电路应该另设一个 8421 码检测输出端，用于判别输入信号是不是 8421 码。

含任意项的逻辑函数的常用表示方法如下。

1）最小项表达式。

$$F = \sum m(\quad) + \sum \Phi(\quad) \qquad 或 \qquad \begin{cases} F = \sum m(\quad) \\ \sum \Phi(\quad) = 0 \end{cases}$$

例 5-22 的逻辑函数可以写成

$$F = \sum m(0,3,6,9) + \sum \Phi(10,11,12,13,14,15) \qquad 或 \qquad \begin{cases} F = \sum m(0,3,6,9) \\ \sum \Phi(10,11,12,13,14,15) = 0 \end{cases}$$

2）最大项表达式。 $F = \prod M(\quad) \cdot \prod \Phi(\quad) \qquad 或 \qquad \begin{cases} F = \prod M(\quad) \\ \prod \Phi(\quad) = 1 \end{cases}$

例 5-22 的逻辑函数也可以写成

$$F = \prod M(1,2,3,4,5,6,7,8) \cdot \prod \Phi(10,11,12,13,14,15) \qquad 或 \qquad \begin{cases} F = \prod M(1,2,3,4,5,6,7,8) \\ \prod \Phi(10,11,12,13,14,15) = 1 \end{cases}$$

3）其他约束条件表示方式。

由于 $\sum \Phi(10,11,12,13,14,15) = A\overline{B}C\overline{D} + A\overline{B}CD + AB\overline{C}\overline{D} + AB\overline{C}D + ABC\overline{D} + ABCD = AB + AC$

例 5-22 的逻辑函数还可以表示为

$$\begin{cases} F = \sum m(0,3,6,9) \\ 约束条件：AB + AC = 0 \end{cases}$$

约束条件理解为：函数 F 的自变量取值必须受到 $AB+AC=0$ 的约束，符合该条件的自变量取值就是 0000～1001。

5.2.2 组合逻辑电路的基本知识

1. 组合逻辑电路的概念

组合逻辑电路由各种门电路按一定的逻辑功能要求组合连接而成，它和时序逻辑电路共同构成数字电路。其特点是任一时刻的电路输出信号仅取决于该时刻的输入信号，而与信号作用前电路原来所处的状态无关。

组合逻辑电路框图如图 5-35 所示，图中 $X_1 \sim X_n$ 代表输入变量，$Y_1 \sim Y_m$ 代表输出变量。

组合逻辑电路的概念及编码器

图 5-35　组合逻辑电路框图

2. 组合逻辑电路的分析方法

组合逻辑电路的分析是根据给定的组合逻辑电路，确定其输入与输出之间的逻辑关系，验证和说明此电路逻辑功能的过程。分析方法一般按以下步骤进行：

1）根据给定的逻辑电路图，写出输出端的逻辑函数表达式。

2）对所得到的表达式进行化简和变换，得到最简式。

3）根据最简式列出真值表。

4）分析真值表，确定电路的逻辑功能。

组合逻辑电路的分析框图如图 5-36 所示。

图 5-36　组合逻辑电路的分析框图

【例 5-23】试分析图 5-37 所示电路的逻辑功能。

解：（1）根据已知电路，写出输出端的逻辑表达式，并进行化简。

$$Y_1 = \overline{A + B + C}, \quad Y_2 = \overline{A + \overline{B}}, \quad Y_3 = \overline{Y_1 + Y_2 + \overline{B}}$$

$$Y = \overline{Y_3} = Y_1 + Y_2 + \overline{B} = \overline{A + B + C} + \overline{A + \overline{B}} + \overline{B}$$

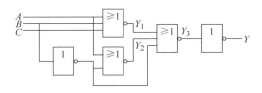

图 5-37　例 5-23 逻辑图

最简与或表达式为 $Y = \overline{A}\,\overline{B}\,\overline{C} + \overline{A}B + \overline{B} = \overline{A}B + \overline{B} = \overline{A} + \overline{B}$。

（2）列出真值表，真值表见表 5-22。

表 5-22　组合逻辑电路真值表

输入			输出
A	B	C	Y
0	0	0	1
0	0	1	1
0	1	0	1
0	1	1	1
1	0	0	1
1	0	1	1
1	1	0	0
1	1	1	0

（3）分析确定电路的逻辑功能。电路的输出 Y 只与输入 A、B 有关，而与输入 C 无关。Y 和 A、B 的逻辑关系为：A、B 中只要有一个为 0，$Y=1$；A、B 全为 1 时，$Y=0$。所以，Y 和 A、B 的逻辑关系为与非运算的关系。

3. 组合逻辑电路的设计方法

组合逻辑电路的设计与分析正好相反，根据给定的功能要求，采用某种设计方法，得到满足功能要求且最简单的组合逻辑电路。基本设计步骤如下：

1）分析设计要求，确定全部输入变量和输出变量，根据设计要求列真值表。

2）根据真值表，写出输出函数表达式。

3）对输出函数表达式进行化简，用公式法或卡诺图法都可以。

4）简化和变换逻辑表达式，画逻辑电路图。对逻辑函数进行化简，得到最简逻辑表达式，使设计出的电路合理。如对电路有特殊要求，需要对表达式进行变换。

组合逻辑电路的设计步骤如图 5-38 所示。

图 5-38　组合逻辑电路的设计步骤

【例 5-24】用与非门设计一个举重裁判表决电路。设举重比赛有 3 个裁判，一个主裁判和两个副裁判。杠铃完全举上的裁决由每一个裁判按自己面前的按钮来确定。只有当两个或两个以上裁判判明成功，并且其中有一个为主裁判时，表明成功的灯才亮。

解：（1）分析命题，列真值表。设主裁判为变量 A，副裁判分别为 B 和 C，表示成功与否的灯为 Y，根据逻辑要求列出真值表，见表 5-23。

表 5-23　举重裁判表决电路真值表

输入			输出
A	B	C	Y
0	0	0	0
0	0	1	0
0	1	0	0
0	1	1	0
1	0	0	0
1	0	1	1
1	1	0	1
1	1	1	1

（2）由真值表写出输出表达式。找出真值表中输出函数为 1 的各行，在其对应的变量组合中，变量取值为 0 的用反变量，变量取值为 1 的用原变量，用这些变量组成与项，构成基本的乘积项；然后将各个基本乘积项相加，就得到对应的逻辑函数表达式。

$$Y=A\overline{B}C+AB\overline{C}+ABC$$

（3）利用公式法化简逻辑函数，得到最简输出逻辑表达式为

$$Y=A\overline{B}C+AB\overline{C}+ABC=A\overline{B}C+AB\overline{C}+ABC+ABC=AB（C+\overline{C}）+AC（B+\overline{B}）=AB+AC$$

转换为与非门表示为 $Y=\overline{\overline{AB}\,\overline{AC}}$。

（4）画逻辑图，如图 5-39 所示。

【例 5-25】某培训班开有微机原理、信息处理、数字通信和网络技术 4 门课程，如果通过考试，可分别获得 5 分、4 分、3 分和 2 分。若课程未通过考试，得 0 分。规定至少要获得 9 个学分才可结业。设计一个判断学生能否结业的电路，用与非门实现。

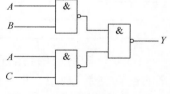

图 5-39　举重裁判表决电路逻辑图

解：（1）定义变量 A、B、C、D 分别表示微机原理、信息处理、数字通信和网络技术考试结果，取值为 1 表示通过，0 表示未通过。定义变量 F 表示该生能否结业，1 表示可以结业，0 表示不能结业。

（2）列出真值表，见表 5-24。

表 5-24　例 5-25 的真值表

$A\ B\ C\ D$	F	$A\ B\ C\ D$	F
0 0 0 0	0	1 0 0 0	0
0 0 0 1	0	1 0 0 1	0
0 0 1 0	0	1 0 1 0	0
0 0 1 1	0	1 0 1 1	1
0 1 0 0	0	1 1 0 0	1
0 1 0 1	0	1 1 0 1	1

（续）

A B C D	F	A B C D	F
0 1 1 0	0	1 1 1 0	1
0 1 1 1	1	1 1 1 1	1

（3）卡诺图化简，如图 5-40a 所示，得到最简与或表达式 $F=AB+BCD+ACD$，并将表达式转换成与非－与非表达式 $F=\overline{\overline{AB}\cdot\overline{BCD}\cdot\overline{ACD}}$。

（4）采用与非门设计出实现电路，如图 5-40b 所示。

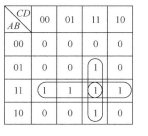
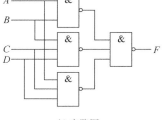

a) 卡诺图化简　　　　　　　　b) 电路图

图 5-40　例 5-25 卡诺图和电路

【例 5-26】试设计一个四舍五入电路，该电路输入 1 位 8421 码，当其小于 5 时，输出为 0（舍去）；当其大于（或等于）5 时，输出为 1（计入）。要求用最少的或非门实现。

解：（1）设用 $ABCD$ 表示输入 8421 码，定义函数 F 为 0 表示"舍"、1 表示"入"。

（2）根据四舍五入规则，在真值表（或卡诺图）中列出自变量和函数的所有取值关系。因为输入为 8421 码，不应出现 1010～1111 等输入取值，其对应函数值应为 Φ。可直接画出卡诺图，如图 5-41a 所示。

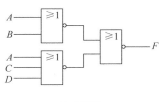

a) 卡诺图化简　　　　　　　　b) 电路图

图 5-41　例 5-26 卡诺图和电路

（3）在卡诺图上圈 0 得到最简或与式，变换为最简或非式。

$$F=(A+B)(A+C+D)=\overline{\overline{A+B}+\overline{A+C+D}}$$

（4）用或非门实现该电路，如图 5-41b 所示。

任务实施

1. 设备与元器件

本任务用到的设备包括直流稳压电源、数字式万用表等。

组装电路所用元器件见表 5-25。

表 5-25　电子表决器电路元器件明细表

序号	元器件	名称	型号规格	数量
1	U_1	四 2 输入与非门	74LS00	1
2	U_2	二 4 输入与非门	74LS20	1
3	R_1、R_2、R_3、R_4	电阻	1kΩ	4
4	R_5	电阻	300Ω	1
5	S_1、S_2、S_3、S_4	按钮	普通	4
6	LED	发光二极管	单色发光二极管	1

2. 电路功能集成芯片分析

74LS00 是四 2 输入与非门，内部有 4 个与非门，每个与非门有 2 个输入端、1 个输出端。74LS20 是二 4 输入与非门，内部有 2 个与非门，每个与非门有 4 个输入端、1 个输出端。74LS00 和 74LS20 引脚及内部电路图如图 5-42 所示。

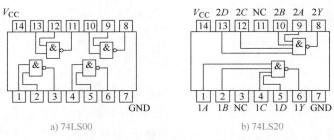

a) 74LS00　　　　　　　　　　b) 74LS20

图 5-42　74LS00 和 74LS20 引脚及内部电路图

3. 任务实施过程

（1）识读芯片引脚　识读 74LS00 和 74LS20 引脚。

（2）设计电子表决器电路　设计要求：4 个裁判中，当 3 人以上同意时，表示晋级，否则淘汰。用与非门实现电路。

1）写出真值表。根据要求写出输入、输出量及高低电平的含义，并写出真值表。

2）写出输出表达式。由真值表写出输出表达式。

3）逻辑变换。对表达式进行化简，并根据设计要求对最简表达式进行逻辑变换。

4）画出逻辑电路图。

按要求完成电子表决器，并填写表 5-26。

表 5-26　电子表决器

检查内容	学生完成情况	出现的问题	问题是否解决
输入、输出量及高低电平的含义			是 否
真值表			是 否
输出表达式			是 否
逻辑电路图（可以附活页纸）			是 否

（3）识别元器件　根据逻辑电路图列出元器件清单，配齐元器件。

（4）检测元器件　保证元器件质量良好，若有元器件损坏，请说明情况。

（5）元器件安装与接线　按逻辑电路图，根据给定的面包板，对元器件进行布局、安装以及接线。在安装和接线过程中，应注意：

① 元器件、导线安装及字标方向符合要求。

② 装接发光二极管时，注意极性不要接反，接反不发光，如果电压过大还会击穿发光二极管。

③ 安装顺序由低到高。

（6）调试与检测电路

1）确定输入和输出。保证输入端 A、B、C、D 连接到 4 个电平开关，输出端 Y 连接电平指示灯。

2）验证电路的逻辑功能。接通电源，拨动输入端 A、B、C、D 的电平开关进行不同的组合，观察电平指示灯的亮灭，验证电路的逻辑功能，记录在表 5-27 中。如果输出结果与输入中的多数一致，则表明电路功能正确，即多数人同意，表决结果为同意；多数人不同意，表决结果为不同意。

表 5-27　验证电路功能记录表

A	B	C	D	Y	A	B	C	D	Y
0	0	0	0		1	0	0	0	
0	0	0	1		1	0	0	1	
0	0	1	0		1	0	1	0	
0	0	1	1		1	0	1	1	
0	1	0	0		1	1	0	0	
0	1	0	1		1	1	0	1	1
0	1	1	0		1	1	1	0	0
0	1	1	1		1	1	1	1	1

（7）收获与总结　通过本实训任务，你掌握了哪些技能？学会了哪些知识？在实训过程中遇到了什么问题？是怎么处理的？请填写在表 5-28 中。

表 5-28　收获与总结

序号	掌握的技能	学会的知识	出现的问题	处理方法
1				
2				
3				
心得体会：				

创新方案

你有更好的思路和做法吗？请给大家分享一下吧。

（1）合理改变元器件参数，使四人表决器仍能正常使用。

（2）合理改进电路，采用与或门尝试实现表决器功能。

（3）

任务考核

根据表 5-29 所列考核内容和考核标准对本次任务的完成情况开展自我评价与小组评价，将评价结果填入表中。

表 5-29　任务综合评价

任务名称		姓名		组号	
考核内容	考核标准	评分标准		自评得分	组间互评得分
职业素养（20分）	·工具摆放、着装等符合规范（2分） ·操作工位卫生良好，保持整洁（2分） ·严格遵守操作规程，不浪费原材料（4分） ·无元器件损坏（6分） ·无用电事故、无仪器损坏（6分）	·工具摆放不规范，扣1分；着装等不符合规范，扣1分 ·操作工位卫生等不符合要求，扣2分 ·未按操作规程操作，扣2分；浪费原材料，扣2分 ·元器件损坏每个扣1分，扣完为止 ·因用电事故或操作不当而造成仪器损坏，扣6分 ·人为故意造成用电事故、损坏元器件、损坏仪器或其他事故，本次任务计0分			
元器件检测（10分）	·能使用仪表正确检测元器件（5分） ·正确填写表 5-26、表 5-27 数据（5分）	·不会使用仪器，扣2分 ·元器件检测方法错误，每次扣1分 ·数据填写错误，每个扣1分			
装配（20分）	·元器件布局合理、美观（10分） ·布线合理、美观，层次分明（10分）	·元器件布局不合理、不美观，扣1～5分 ·布线不合理、不美观，层次不分明，扣1～5分 ·布线有断路，每处扣1分；布线有短路，每处扣5分			
调试（30分）	能使用仪器仪表检测，能正确填写数据，并排除故障，达到预期的效果（30分）	·一次调试成功，数据填写正确，得30分 ·填写内容不正确，每处扣1分 ·在教师的帮助下调试成功，扣5分；调试不成功，得0分			
团队合作（10分）	主动参与，积极配合小组成员，能完成自己的任务（5分）	·参与完成自己的任务，得5分 ·参与未完成自己的任务，得2分 ·未参与未完成自己的任务，得0分			
	能与他人共同交流和探讨，积极思考，能提出问题，能正确评价自己和他人（5分）	·交流能提出问题，正确评价自己和他人，得5分 ·交流未能正确评价自己和他人，得2分 ·未交流未评价，得0分			
创新能力（10分）	能进行合理的创新（10分）	·有合理创新方案或方法，得10分 ·在教师的帮助下有创新方案或方法，得6分 ·无创新方案或方法，得0分			
最终成绩		教师评分			

思考与提升

1. 74LS00 是_____输入与门，内部有_____个与非门。

2. 74LS20 是_____输入与非门，内部有_____个与非门。

3. 与非门的运算规则是_____。

任务小结

1. 74LS20 中的 4 输入与非门只能用到 3 个输入端，对于多余的输入端可采用以下方法中的一种处理：悬空；接高电平，即通过限流电阻与电源相连接；与使用的输入端并联使用。

2. 74 系列集成电路属于 TTL 门电路，其输入端悬空可视为输入高电平；CMOS 门电路的多余输入端禁止悬空，否则容易损害集成电路。

任务 5.3　制作与调试简易电梯呼叫系统

任务导入

在高楼林立的现代，电梯在人们的生活中无处不在，为人们的出行提供了便利快捷，本次任务尝试设计并制作一套简易电梯呼叫系统。

任务分析

设计并制作一套简易电梯呼叫系统，如图 5-43 所示。假设有 9 层楼层，每一层楼设置一个按钮，如需要乘坐电梯时，按下按钮。若多层同时呼叫时，只响应最高层的呼叫，并显示所响应的楼层。在数字电路中处理的数据均为二进制数，利用编码器对 9 个按钮进行编码，楼层的显示采用数码管实现，数码管需要显示译码器驱动。因此简易电梯呼叫系统由 4 部分组成，即呼叫按钮、编码器、译码器和数码显示管。简易电梯呼叫系统组成框图如图 5-44 所示。

图 5-43　简易电梯呼叫系统

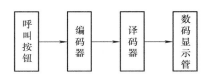

图 5-44　简易电梯呼叫系统组成框图

知识链接

在组合电路中，每个门电路都可以实现一个单一功能，但多个门电路的功能加在一起，才能构成一套完整的逻辑，这就是个体与整体的辩证关系，要充分发挥个人在创新团队中的作用，在提高团队凝聚力和综合性创新能力的同时实现个人的创造力和核心力。

组合逻辑电路在数字系统中应用非常广泛，为了实际工程应用方便，常把某些具有特定逻辑功能的组合电路设计成标准化电路，并制造成中小规模集成电路产品，常见的有加法器、编码器、译码器、数据选择器、数据分配器、运算器等。

5.3.1　加法器

在数字系统如计算机中，运算器中的加法器是最重要也是最基本的运算单元。计算器中的加、减、乘、除等运算都是化作若干加法运算进行的。加法器包括半加器和全加器两种。

1. 半加器

半加器是实现两个一位二进制数相加求和，并向高位进位的逻辑电路。特点是不考虑来自低位的进位。有两个输入端，即加数 A_i 和被加数 B_i；两个输出端，即本位和 S_i 与向高位的进位 C_i。根据二进制加法运算规律列出真值表，见表 5-30。

根据真值表可以看出，A_i 和 B_i 相同时，S_i 为 0，A_i 和 B_i 不相同时，S_i 为 1，这是异或门的逻辑关系；只有当 A_i 和 B_i 都是 1 时，C_i 为 1，这是与逻辑关系。写出逻辑表达式为

$$S_i = \overline{A_i}B_i + A_i\overline{B_i} = A_i \oplus B_i \qquad\qquad C_i = A_iB_i$$

由逻辑表达式画出逻辑图，由一个异或门和一个与门组成，如图 5-45a 所示。半加器逻辑符号如图 5-45b 所示。

表 5-30　半加器的真值表

输入		输出	
A_i	B_i	S_i	C_i
0	0	0	0
0	1	1	0
1	0	1	0
1	1	0	1

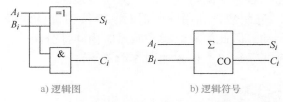

a) 逻辑图　　　　　　　　　　b) 逻辑符号

图 5-45　半加器逻辑图和逻辑符号

2. 全加器

全加器是实现两个 1 位二进制数相加，同时考虑低位向高位的进位的电路。有 3 个输入端：加数 A_i、被加数 B_i 和低位进位 C_{i-1}；两个输出端：本位和 S_i 与向高位的进位 C_i。根据二进制加法运算规律列出真值表，见表 5-31。

表 5-31　全加器的真值表

输入			输出	
A_i	B_i	C_{i-1}	S_i	C_i
0	0	0	0	0
0	0	1	1	0
0	1	0	1	0
0	1	1	0	1
1	0	0	1	0
1	0	1	0	1
1	1	0	0	1
1	1	1	1	1

根据真值表写出逻辑表达式。先分析输出为 1 的条件，将输出为 1 的各行中的输入变量为 1 者取原变量，为 0 者取反变量，再将它们用与的关系写出。例如，$S_i=1$ 的条件有 4 个，写出与关系应为 $\overline{A_i}\,\overline{B_i}C_{i-1}$、$\overline{A_i}B_i\overline{C_{i-1}}$、$A_i\overline{B_i}\,\overline{C_{i-1}}$、$A_iB_iC_{i-1}$，显然将输入变量的实际值带入，结果都为 1，由于这四者中任何一个得到满足，S_i 都为 1，因此这四者是或的关系。由此可得 S_i 的表达式为

$$S_i = \overline{A_i}\,\overline{B_i}C_{i-1} + \overline{A_i}B_i\overline{C_{i-1}} + A_i\overline{B_i}\,\overline{C_{i-1}} + A_iB_iC_{i-1}$$

同理可得 C_i 的表达式为

$$C_i = \overline{A_i}B_iC_{i-1} + A_i\overline{B_i}C_{i-1} + A_iB_i\overline{C_{i-1}} + A_iB_iC_{i-1}$$

对逻辑函数式进行化简得

$$S_i = A_i \oplus B_i \oplus C_{i-1}$$

$$C_i = A_iB_i + (A_i \oplus B_i)C_{i-1}$$

由逻辑表达式画出逻辑图如图 5-46a 所示，逻辑符号如图 5-46b 所示。

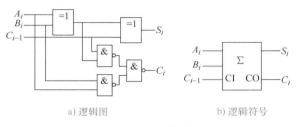

a) 逻辑图　　　　　　　　　　b) 逻辑符号

图 5-46　全加器

单个半加器或全加器只能实现两个 1 位二进制数相加。要完成多位二进制数相加，需将多个全加器进行相连。4 位串行进位的加法器如图 5-47 所示，每位相加必须等低一位的进位信号产生后运行，因此运算速度比较慢，适合工作速度不高的场合。74HC283 为具有超前进位的 4 位全加器，其引脚图和逻辑符号如图 5-48 所示。能够实现两个 4 位二进制数加法，每位有一个和输出，最后的进位 C_4 由第 4 位提供。

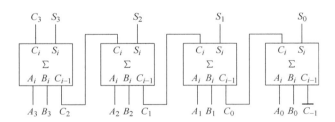

图 5-47　4 位串行进位加法器

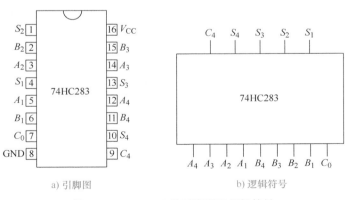

a) 引脚图　　　　　　　　　　b) 逻辑符号

图 5-48　74HC283 的引脚图和逻辑符号

5.3.2　编码器

在数字系统中，有时需要将某一信息变换为特定的代码，这就需要编码器来完成，而各种信息常常以二进制代码的形式表示。用二进制代码表示文字、符号或者数码等特定对象的过程，称为编码。

实现编码功能的逻辑电路，称为编码器。常用的编码器有二进制编码器、二—十进制编码器、优先编码器等。

1. 二进制编码器

用 n 位二进制代码对 $N=2^n$ 个信号进行编码的电路叫作二进制编码器。

【例 5-27】用非门和与非门，设计一个编码器，将 $0 \sim 7$ 这 8 个十进制数编成二进制代码。

解：（1）确定输入、输出变量。根据 $8=2^3$，编码器有 8 个输入端，分别用 $I_0 \sim I_7$ 表示，3 个输出端，用 Y_0、Y_1、Y_2 表示。假设输入端有编码请求时信号为 1，无编码请求时信号为 0，列出真值表，见表 5-32。从表 5-32 中可以看出，当某一个输入端为高电平时，输出与该输入对应的数码。

表 5-32　例 5-27 真值表

输入								输出		
I_0	I_1	I_2	I_3	I_4	I_5	I_6	I_7	Y_2	Y_1	Y_0
1	0	0	0	0	0	0	0	0	0	0
0	1	0	0	0	0	0	0	0	0	1
0	0	1	0	0	0	0	0	0	1	0
0	0	0	1	0	0	0	0	0	1	1
0	0	0	0	1	0	0	0	1	0	0
0	0	0	0	0	1	0	0	1	0	1
0	0	0	0	0	0	1	0	1	1	0
0	0	0	0	0	0	0	1	1	1	1

（2）根据真值表写出逻辑表达式为

$$Y_2 = I_4 + I_5 + I_6 + I_7 \qquad Y_1 = I_2 + I_3 + I_6 + I_7 \qquad Y_0 = I_1 + I_3 + I_5 + I_7$$

（3）根据要求将逻辑表达式转换为与非形式为

$$Y_2 = \overline{\overline{I_4 I_5 I_6 I_7}} \qquad Y_1 = \overline{\overline{I_2 I_3 I_6 I_7}} \qquad Y_0 = \overline{\overline{I_1 I_3 I_5 I_7}}$$

（4）根据逻辑表达式画出逻辑图，如图 5-49 所示，用 3 位输出实现对 8 位输入信号（低电平有效）的编码，当 $I_1 \sim I_7$ 均取值为 0 时，输出 $Y_2 Y_1 Y_0 = 000$，故 I_0 可以不画。

这种编码器在任何时刻只允许输入一个编码信号。例如，当 I_5 为 1，其余为 0 时，输出为 101。

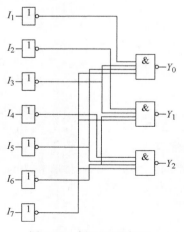

图 5-49　例 5-27 逻辑图

2. 二—十进制编码器

二—十进制编码器是指用 4 位二进制代码表示 1 位十进制数（0 ～ 9）的编码电路，也称 10 线—4 线编码器，它有 10 个信号输入端和 4 个输出端。4 位二进制代码共有 $2^4=16$ 种状态，任选其中 10 种状态可以表示 0 ～ 9 这 10 个数字。二—十进制编码方案很多，最常用的 8421 码。

【例 5-28】用非门和与非门，设计一个二—十进制编码器，将 0 ～ 9 十进制数编成 8421 码输出。

解：（1）确定输入、输出变量。编码器有 10 个输入端，分别用 I_0 ～ I_9 表示，4 个输出端，用 Y_0、Y_1、Y_2、Y_3 表示。假设输入端有编码请求时信号为 1，无编码请求时信号为 0，列出真值表见表 5-33。

表 5-33　二—十进制编码器真值表

输入										输出			
I_0	I_1	I_2	I_3	I_4	I_5	I_6	I_7	I_8	I_9	Y_3	Y_2	Y_1	Y_0
1	0	0	0	0	0	0	0	0	0	0	0	0	0
0	1	0	0	0	0	0	0	0	0	0	0	0	1
0	0	1	0	0	0	0	0	0	0	0	0	1	0
0	0	0	1	0	0	0	0	0	0	0	0	1	1
0	0	0	0	1	0	0	0	0	0	0	1	0	0
0	0	0	0	0	1	0	0	0	0	0	1	0	1
0	0	0	0	0	0	1	0	0	0	0	1	1	0
0	0	0	0	0	0	0	1	0	0	0	1	1	1
0	0	0	0	0	0	0	0	1	0	1	0	0	0
0	0	0	0	0	0	0	0	0	1	1	0	0	1

（2）由真值表列出逻辑表达式

$$Y_0 = I_1 + I_3 + I_5 + I_7 + I_9, \quad Y_1 = I_2 + I_3 + I_6 + I_7$$
$$Y_2 = I_4 + I_5 + I_6 + I_7, \quad Y_3 = I_8 + I_9$$

（3）将表达式转换为与非形式

$$Y_0 = \overline{\overline{I_1 I_3 I_5 I_7 I_9}}, \quad Y_1 = \overline{\overline{I_2 I_3 I_6 I_7}}$$
$$Y_2 = \overline{\overline{I_4 I_5 I_6 I_7}}, \quad Y_3 = \overline{\overline{I_8 I_9}}$$

（4）画出逻辑电路图，如图 5-50 所示。

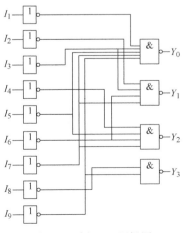

图 5-50　例 5-28 逻辑图

当一个输入端信号为高电平时，4个输出端的取值组成对应的4位二进制代码，电路能对任一输入信号进行编码，但是该电路要求任何时刻只允许一个输入端有信号输入，其余输入端无信号，否则，电路不能正常工作。输入变量之间有一定的约束关系。

3. 优先编码器

二进制编码器要求任何时刻只允许有一个输入信号有效，否则输出将发生混乱，当同时有多个输入信号有效时，不能使用二进制编码器。

优先编码器可以避免这种情况发生。优先编码器事先对所有输入信号进行优先级别排序，允许两位以上的输入信号同时有效。但任何时刻只对优先级最高的输入信号编码，对优先级别低的输入信号则不响应，从而保证编码器可靠工作。优先编码器广泛应用于计算机的优先中断系统、键盘编码系统中。常用的集成优先编码器芯片有10线—4线、8线—3线两种。8线—3线优先编码器有74LS148，10线—4线优先编码器有74LS147、CC40147等。

74LS148是8线—3线优先编码器，将8条数据线（0～7）进行3线（4-2-1）二进制（八进制）优先编码，即对最高位数据线进行译码。利用输入选通端（$\overline{EI}$）和输出使能端（EO）可进行八进制扩展。74LS148的引脚图和逻辑图如图5-51所示，74LS148功能真值表见表5-34。

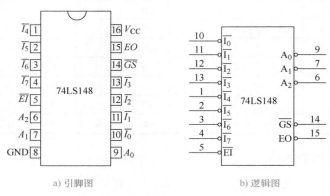

a) 引脚图　　　　b) 逻辑图

图 5-51　74LS148 的引脚图和逻辑图

表 5-34　74LS148 功能真值表

输入									输出				
$\overline{EI}$	$\overline{I_0}$	$\overline{I_1}$	$\overline{I_2}$	$\overline{I_3}$	$\overline{I_4}$	$\overline{I_5}$	$\overline{I_6}$	$\overline{I_7}$	A_2	A_1	A_0	$\overline{GS}$	EO
1	×	×	×	×	×	×	×	×	1	1	1	1	1
0	1	1	1	1	1	1	1	1	1	1	1	1	0
0	×	×	×	×	×	×	×	0	0	0	0	0	1
0	×	×	×	×	×	×	0	1	0	0	1	0	1
0	×	×	×	×	×	0	1	1	0	1	0	0	1
0	×	×	×	×	0	1	1	1	0	1	1	0	1
0	×	×	×	0	1	1	1	1	1	0	0	0	1
0	×	×	0	1	1	1	1	1	1	0	1	0	1
0	×	0	1	1	1	1	1	1	1	1	0	0	1
0	0	1	1	1	1	1	1	1	1	1	1	0	1

其中，$\overline{I_0} \sim \overline{I_7}$为8个输入信号端，$A_2$、$A_1$、$A_0$为3个输出端，$\overline{EI}$为输入选通端，$EO$为输出使能端，$\overline{GS}$为片优选编码输出端。

当$\overline{EI}=1$时，不论8个输入端为何种状态，3个输出端均为高电平，即$A_2A_1A_0=111$，且$\overline{GS}$和EO

均为高电平，编码器处于非工作状态；当 $\overline{EI}$=0 时，编码器工作，若无信号输入，即 8 个输入端全为高电平，则输出端 $A_2A_1A_0$=111，且 $\overline{GS}$ 为高电平，EO 为低电平；当某一输入端有低电平输入，且比它优先级别高的输入端没有低电平输入时，输出端才输出与输入端对应的二进制代码的反码，$\overline{GS}$ 为低电平，EO 为高电平。例如，当 $\overline{I_5}$=0 且 $\overline{I_7}$、$\overline{I_6}$ 为高电平时，不管其他输入端输入 0 或 1，输出只对 $\overline{I_5}$ 编码，输出为 010，为 5 对应的二进制代码的反码。

5.3.3 译码器

译码是编码的逆操作，就是把二进制代码转换成高低电平信号输出，实现译码的电路称为译码器。译码器也是一个多输入、多输出的组合逻辑电路。译码器同时也是数据分配器，即将单个数据由多路端口输出。常用的译码器有二进制译码器、二—十进制译码器和显示译码器。

1. 二进制译码器

如果译码器输入的二进制代码为 N 位，输出的信号个数为 2^N，这样的译码器被称为二进制译码器，也称为 N 线—2^N 线译码器。

2 线—4 线译码器逻辑图如图 5-52 所示，其中 A、B 为输入端，用来输入 2 位二进制代码；$\overline{EI}$ 为输入选通端，低电平有效；$\overline{Y_0}$～$\overline{Y_3}$ 为输出端，低电平有效。

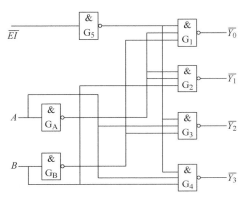

图 5-52 2 线—4 线译码器逻辑图

当 $\overline{EI}$ 为高电平时，G_5 门输出低电平，把 G_1～G_4 门封锁，无论 A、B 输入端是高电平或低电平，输出端均为高电平。当 $\overline{EI}$ 为低电平时，G_5 门输出高电平，把 G_1～G_4 门释放，对于 A、B 输入端每一种二进制代码组合，对应一个输出端为低电平，其他输出端为高电平，完成译码工作。真值表见表 5-35，表中的"×"为任意输入状态，可以表示高电平，也可以表示低电平。

表 5-35 2 线—4 线译码器真值表

输入			输出			
$\overline{EI}$	A	B	$\overline{Y_3}$	$\overline{Y_2}$	$\overline{Y_1}$	$\overline{Y_0}$
1	×	×	1	1	1	1
0	0	0	1	1	1	0
0	0	1	1	1	0	1
0	1	0	1	0	1	1
0	1	1	0	1	1	1

【例 5-29】设计一个 3 位二进制译码器。

解：（1）确定输入、输出变量。由题意知，输入变量是 3 位二进制代码，用 A_0、A_1、A_2 表示，

有 $2^3=8$ 种状态，输出端与之对应，用 $Y_0 \sim Y_7$ 表示，又称为 3 线—8 线译码器。

（2）列真值表。真值表见表 5-36。

表 5-36　例 5-29 真值表

输入			输出							
A_2	A_1	A_0	Y_0	Y_1	Y_2	Y_3	Y_4	Y_5	Y_6	Y_7
0	0	0	1	0	0	0	0	0	0	0
0	0	1	0	1	0	0	0	0	0	0
0	1	0	0	0	1	0	0	0	0	0
0	1	1	0	0	0	1	0	0	0	0
1	0	0	0	0	0	0	1	0	0	0
1	0	1	0	0	0	0	0	1	0	0
1	1	0	0	0	0	0	0	0	1	0
1	1	1	0	0	0	0	0	0	0	1

（3）列出逻辑表达式

$$Y_0 = \overline{A_2}\,\overline{A_1}\,\overline{A_0}, \quad Y_1 = \overline{A_2}\,\overline{A_1}\,A_0, \quad Y_2 = \overline{A_2}\,A_1\,\overline{A_0}, \quad Y_3 = \overline{A_2}\,A_1\,A_0, \quad Y_4 = A_2\,\overline{A_1}\,\overline{A_0}$$

（4）根据逻辑表达式画出逻辑电路图，如图 5-53 所示。

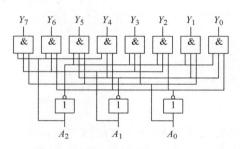

图 5-53　例 5-29 逻辑图

集成二进制译码器 74LS138 引脚图和逻辑符号如图 5-54 所示。有 3 个代码输入端 $A_2A_1A_0$ 和 3 个控制输入端 G_1、$\overline{G_{2A}}$、$\overline{G_{2B}}$，也称片选端，8 个输出端为 $\overline{Y_0} \sim \overline{Y_7}$，有效输出电平为低电平。表 5-37 为 74LS138 的功能真值表，从表中可知，当片选控制端 $G_1=1$，$\overline{G_{2A}} + \overline{G_{2B}} = \overline{G_2} = 0$ 时，译码器工作，允许译码；否则，译码器停止工作，输出端全部为高电平。

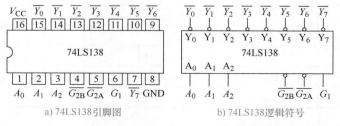

a) 74LS138引脚图　　　　　　b) 74LS138逻辑符号

图 5-54　集成二进制译码器 74LS138 引脚图和逻辑符号

表 5-37 74LS138 的功能真值表

| 输入 | | | | | 输出 | | | | | | | |
| 使能 | | 选择 | | | | | | | | | | |
G_1	$\overline{G_2}$	A_2	A_1	A_0	$\overline{Y_7}$	$\overline{Y_6}$	$\overline{Y_5}$	$\overline{Y_4}$	$\overline{Y_3}$	$\overline{Y_2}$	$\overline{Y_1}$	$\overline{Y_0}$
×	1	×	×	×	1	1	1	1	1	1	1	1
0	×	×	×	×	1	1	1	1	1	1	1	1
1	0	0	0	0	1	1	1	1	1	1	1	0
1	0	0	0	1	1	1	1	1	1	1	0	1
1	0	0	1	0	1	1	1	1	1	0	1	1
1	0	0	1	1	1	1	1	1	0	1	1	1
1	0	1	0	0	1	1	1	0	1	1	1	1
1	0	1	0	1	1	1	0	1	1	1	1	1
1	0	1	1	0	1	0	1	1	1	1	1	1
1	0	1	1	1	0	1	1	1	1	1	1	1

2. 二—十进制译码器

把二—十进制代码译成 10 个十进制数字信号的电路，称为二—十进制译码器。二—十进制译码器的输入是十进制数的 4 位二进制编码（BCD 码），分别用 A_3、A_2、A_1、A_0 表示；输出的是与 10 个十进制数字相对应的 10 个信号，用 $\overline{Y_9} \sim \overline{Y_0}$ 表示。由于二—十进制译码器有 4 根输入线、10 根输出线，所以又称为 4 线—10 线译码器。

74LS42 是二—十进制译码器，也称 BCD 译码器，它的功能是将输入的 1 位 BCD 码（4 位二元符号）译成 10 个高、低电平输出信号。其引脚图和逻辑符号如图 5-55 所示，真值表见表 5-38。

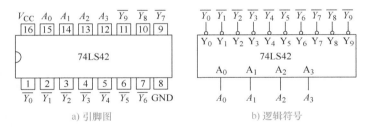

a) 引脚图　　　　　　　　　b) 逻辑符号

图 5-55 引脚图和逻辑符号

表 5-38 74LS42 的功能真值表

| 输入 | | | | 输出 | | | | | | | | | |
A_3	A_2	A_1	A_0	$\overline{Y_0}$	$\overline{Y_1}$	$\overline{Y_2}$	$\overline{Y_3}$	$\overline{Y_4}$	$\overline{Y_5}$	$\overline{Y_6}$	$\overline{Y_7}$	$\overline{Y_8}$	$\overline{Y_9}$
0	0	0	0	0	1	1	1	1	1	1	1	1	1
0	0	0	1	1	0	1	1	1	1	1	1	1	1
0	0	1	0	1	1	0	1	1	1	1	1	1	1
0	0	1	1	1	1	1	0	1	1	1	1	1	1
0	1	0	0	1	1	1	1	0	1	1	1	1	1
0	1	0	1	1	1	1	1	1	0	1	1	1	1
0	1	1	0	1	1	1	1	1	1	0	1	1	1
0	1	1	1	1	1	1	1	1	1	1	0	1	1

（续）

输入				输出									
A_3	A_2	A_1	A_0	$\overline{Y_0}$	$\overline{Y_1}$	$\overline{Y_2}$	$\overline{Y_3}$	$\overline{Y_4}$	$\overline{Y_5}$	$\overline{Y_6}$	$\overline{Y_7}$	$\overline{Y_8}$	$\overline{Y_9}$
1	0	0	0	1	1	1	1	1	1	1	1	0	1
1	0	0	1	1	1	1	1	1	1	1	1	1	0
1	0	1	0	1	1	1	1	1	1	1	1	1	1
1	0	1	1	1	1	1	1	1	1	1	1	1	1
1	1	0	0	1	1	1	1	1	1	1	1	1	1
1	1	0	1	1	1	1	1	1	1	1	1	1	1
1	1	1	0	1	1	1	1	1	1	1	1	1	1
1	1	1	1	1	1	1	1	1	1	1	1	1	1

该译码器具有 4 个输入端、10 个输出端，因为 $N<2^N$，所以又称为部分译。由表 5-38 可知，当输入端出现 1010 ～ 1111 这 6 组无效数码时，输出端全为高电平。若将最高位看作使能端，该电路可当作 3 线—8 线译码器使用。

3. 显示译码器

在数字系统中，常常需要将译码输出显示成十进制数字或其他符号。因此，希望译码器能直接驱动数字显示器，或者能与显示器配合使用。用来驱动各种显示器件，从而将用二进制代码表示的数字、文字、符号译成人们习惯的形式直观地显示出来的电路，称为显示译码器。

发光二极管显示器又称 LED 数码管，是由七段发光二极管构成"8"字形（若要显示小数点，则应为八段发光二极管）。外加正向电压时二极管导通，发出清晰的光，有红、黄、绿等色。只要按规律控制各发光段的亮、灭，就可以显示各种字形或符号。LED 数码管具有工作电压低、体积小、寿命长、可靠性高等优点。按照高低电平的驱动方式，LED 数码管分为共阴极和共阳极两种，如图 5-56 所示。

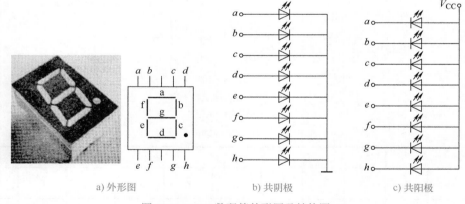

a) 外形图　　　　　b) 共阴极　　　　　c) 共阳极

图 5-56　LED 数码管外形图及结构图

共阴极数码管将二极管的阴极连接为公共端，阳极为控制端。要使二极管发光，公共端接地，a ～ h 段应接高电平。共阳极数码管的公共端为二极管的阳极，要使二极管发光，公共端接电源正极，a ～ h 段应接低电平。

数码管通常采用集成显示译码器进行驱动，集成显示译码器的型号有很多，常用的型号见表 5-39。

表 5-39　常用的集成显示译码器

型号	功能说明	备注
74LS46	BCD- 七段译码驱动器	输出低电平有效
74LS47	BCD- 七段译码驱动器	输出低电平有效
74LS48	BCD- 七段译码 / 内部上拉输出驱动器	输出高电平有效
74LS247	BCD- 七段 15V 输出译码驱动器	输出低电平有效
74LS248	BCD- 七段译码升压输出驱动器	输出高电平有效
74LS249	BCD- 七段译码开路输出驱动器	输出高电平有效
CC4511	BCD- 锁存七段译码驱动器	输出高电平有效
CC4513	BCD- 锁存七段译码驱动器（消隐）	输出高电平有效

74LS48 引脚图如图 5-57 所示。$A_3 \sim A_0$ 为 4 线输入，$a \sim g$ 为译码器的输出。表 5-40 为 74LS48 的功能真值表。

图 5-57　74LS48 引脚图

表 5-40　74LS48 的功能真值表

输入			$\overline{BI} / \overline{RBO}$	输出	字形
$\overline{LT}$	$\overline{RBI}$	$A_3\ A_2\ A_1\ A_0$		$Y_a\ Y_b\ Y_c\ Y_d\ Y_e\ Y_f\ Y_g$	
1	1	0　0　0　0	1	1　1　1　1　1　1　0	⌐
1	×	0　0　0　1	1	0　1　1　0　0　0　0	
1	×	0　0　1　0	1	1　1　0　1　1　0　1	
1	×	0　0　1　1	1	1　1　1　1　0　0　1	
1	×	0　1　0　0	1	0　1　1　0　0　1　1	
1	×	0　1　0　1	1	1　0　1　1　0　1　1	
1	×	0　1　1　0	1	0　0　1　1　1　1　1	
1	×	0　1　1　1	1	1　1　1　0　0　0　0	
1	×	1　0　0　0	1	1　1　1　1　1　1　1	
1	×	1　0　0　1	1	1　1　1　0　0　1　1	
1	×	1　0　1　0	1	0　0　0　1　1　0　1	
1	×	1　0　1　1	1	0　0　1　1　0　0　1	
1	×	1　1　0　0	1	0　1　0　0　0　1　1	
1	×	1　1　0　1	1	1　0　0　1　0　1　1	
1	×	1　1　1　0	1	0　0　0　1　1　1　1	
1	×	1　1　1　1	1	0　0　0　0　0　0　0	
×	×	×　×　×　×	0	0　0　0　0　0　0　0	消隐
1	0	0　0　0　0	0	0　0　0　0　0　0　0	灭0
0	×	×　×　×　×	1	1　1　1　1　1　1　1	测试

由真值表可以看出，当 $A_3A_2A_1A_0$=0000 ～ 1001 时，输出控制 LED 数码管显示 0 ～ 9。例如，当 $A_3A_2A_1A_0$=0011 时，$a \sim g$=1111001，输出显示十进制的"3"。当 $A_3A_2A_1A_0$=1010 ～ 1111 时，输出为

稳定的非数字信号。

为了增强器件的功能，在 74LS48 中还设置了一些辅助端。这些辅助端的功能如下：

1）试灯输入端 $\overline{LT}$。低电平有效。当 $\overline{LT}$=0 时，数码管的七段应全亮，与输入的译码信号无关。本输入端用于测试数码管的好坏。

2）动态灭零输入端 $\overline{RBI}$。低电平有效。当 $\overline{LT}$=1、$\overline{RBI}$=0 且译码输入全为 0 时，该位输出不显示，即 0 字被熄灭；当译码输入不全为 0 时，该位正常显示。本输入端用于消隐无效的 0，如数据 0034.50 可显示为 34.5。

3）灭灯输入 / 动态灭零输出端 $\overline{BI}/\overline{RBO}$。这是一个特殊的端钮，有时用作输入，有时用作输出。当 $\overline{BI}/\overline{RBO}$ 作为输入使用，且 $\overline{BI}/\overline{RBO}$=0 时，数码管七段全灭，与译码输入无关，该功能多用于数码器的动态显示。当 $\overline{BI}/\overline{RBO}$ 作为输出使用时，受控于 $\overline{LT}$ 和 $\overline{RBI}$：当 $\overline{LT}$=1 且 $\overline{RBI}$=0 时，$\overline{BI}/\overline{RBO}$=0；其他情况下，$\overline{BI}/\overline{RBO}$=1。该功能主要用于显示多位数字时，多个译码器之间的连接。

5.3.4 数据选择器

数据选择器又叫多路转换器，能根据输入的地址信号，从多路数据输入中选择与地址信号所对应的一路传送到输出，其功能如图 5-58 所示，通过开关的转换，把输入信号 D_3、D_2、D_1、D_0 中的一个信号传送到输出端。

集成数据选择器的种类很多，常用的数据选择器有 2 选 1（74LS157）、4 选 1（74LS153）、8 选 1（74LS151）、16 选 1（74LS150）等类型。

图 5-59 所示是 8 选 1 数据选择器 74LS151 的引脚图。它有 8 个数据输入端 $D_7 \sim D_0$，3 个地址输入端 A_2、A_1、A_0，2 个互补输出端 Y 和 $\overline{Y}$，使能端为低电平有效。74LS151 真值表见表 5-41。

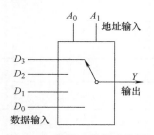

图 5-58　数据选择器功能图

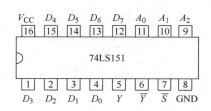

图 5-59　74LS151 引脚图

表 5-41　74LS151 真值表

输入				输出
$\overline{S}$	A_2	A_1	A_0	Y
1	×	×	×	0
0	0	0	0	D_0
0	0	0	1	D_1
0	0	1	0	D_2
0	0	1	1	D_3
0	1	0	0	D_4
0	1	0	1	D_5
0	1	1	0	D_6
0	1	1	1	D_7

由真值表可知，输入地址码变量的每个取值组合对应一路输入数据。当 $\overline{S}=1$ 时，输出 $Y=0$，数据选择器不工作；当 $\overline{S}=0$ 时，数据选择器工作，其输出为

$$Y = \overline{A_2}\,\overline{A_1}\,\overline{A_0}D_0 + \overline{A_2}\,\overline{A_1}A_0 D_1 + \overline{A_2}A_1\overline{A_0}D_2 + \overline{A_2}A_1 A_0 D_3 + A_2\overline{A_1}\,\overline{A_0}D_4 + A_2\overline{A_1}A_0 D_5 + A_2 A_1\overline{A_0}D_6 + A_2 A_1 A_0 D_7$$

由数据选择器输出端的逻辑表达式可见，当数据选择器的输入数据全部为 1 时，输出为地址输入变量全体最小项的和。因此，它是一个逻辑函数的最小项输出器。任意逻辑函数都可以写成最小项表达式，所以，用数据选择器也可以实现逻辑函数。当逻辑函数变量的个数与数据选择器的地址输入变量个数相同时，可直接用数据选择器实现逻辑函数。

1. 设备与元器件

本任务用到的设备包括直流稳压电源、数字式万用表等。

组装电路所用元器件见表 5-42。

表 5-42　简易电梯呼叫系统元器件明细

名称	元器件标号	规格型号	名称	元器件标号	规格型号
按钮	$SB_1 \sim SB_9$	四脚按钮	编码器	U_1	74LS147
数码管	DS_1	SM420501K 共阴极	译码器	U_2	74LS48
电阻	$R_1 \sim R_{16}$	1kΩ，1/4W	非门	U_3	74LS04

2. 电路分析

简易电梯呼叫系统电路图如图 5-60 所示。简易电梯呼叫系统由 4 部分组成，即呼叫按钮、编码器、译码器和数码管显示。选用 9 个按钮，当按钮闭合时，为低电平；断开时，为高电平。多个楼层同时呼叫时，只响应最高层，需要选用集成 10 线—4 线优先编码器 74LS147。优先编码器的输出经非门反相后送给七段显示译码器 74LS48，译码器的输出直接驱动数码管显示楼层数。

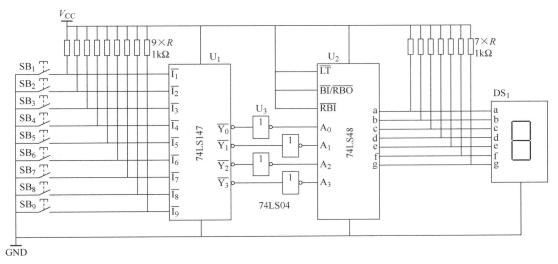

图 5-60　简易电梯呼叫系统电路图

电梯楼层电平输入信息、编码和译码的对应转换真值表见表 5-43。

表 5-43 电梯楼层电平输入信息、编码和译码的对应转换真值表

楼层输入									编码输出				译码输入				显示字符
T_1	T_2	T_3	T_4	T_5	T_6	T_7	T_8	T_9	Y_3	Y_2	Y_1	Y_0	A_3	A_2	A_1	A_0	
1	1	1	1	1	1	1	1	1	1	1	1	1	0	0	0	0	0
0	1	1	1	1	1	1	1	1	1	1	1	0	0	0	0	1	1
×	0	1	1	1	1	1	1	1	1	1	0	1	0	0	1	0	2
×	×	0	1	1	1	1	1	1	1	1	0	0	0	0	1	1	3
×	×	×	0	1	1	1	1	1	1	0	1	1	0	1	0	0	4
×	×	×	×	0	1	1	1	1	1	0	1	0	0	1	0	1	5
×	×	×	×	×	0	1	1	1	1	0	0	1	0	1	1	0	6
×	×	×	×	×	×	0	1	1	1	0	0	0	0	1	1	1	7
×	×	×	×	×	×	×	0	1	0	1	1	1	1	0	0	0	8
×	×	×	×	×	×	×	×	0	0	1	1	0	1	0	0	1	9

3. 任务实施过程

（1）识别元器件

1）确定其引脚排列。查集成电路手册，熟悉 74LS147、74LS48、74LS04 和数码管的功能及引脚排列。

2）配齐元器件。根据元器件清单，确认元器件是否齐全。

（2）检测元器件

1）电阻阻值的测量。使用万用表，选择适当的档位进行测量。

2）数码管的测量。将万用表置于二极管检测档，对于共阴极数码管，黑表笔接数码管的公共端（COM端，通常是引脚3、8），红表笔分别接触其他引脚，观察各个笔画段是否发光，可判别各引脚所对应的笔画段有无损坏，如图 5-61 所示。对于共阳极数码管，只需把万用表的红、黑表笔对调即可，测试方法相同。

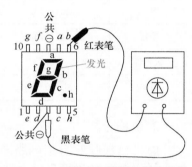

图 5-61 万用表检测数码管示意图

3）74LS147 优先编码功能检测。将一块 74LS147 接通电源和地，在 9 个输入端加上输入信号，输出端接电平指示灯，将测试结果填入表 5-44 中。

表 5-44 74LS147 优先编码功能检测

输入										输出			
$\overline{I_9}$	$\overline{I_8}$	$\overline{I_7}$	$\overline{I_6}$	$\overline{I_5}$	$\overline{I_4}$	$\overline{I_3}$	$\overline{I_2}$	$\overline{I_1}$	$\overline{I_0}$	$\overline{Y_3}$	$\overline{Y_2}$	$\overline{Y_1}$	$\overline{Y_0}$
1	1	1	1	1	1	1	1	1	1				
0	×	×	×	×	×	×	×	×	×				
1	0	×	×	×	×	×	×	×	×				
1	1	0	×	×	×	×	×	×	×				
1	1	1	0	×	×	×	×	×	×				
1	1	1	1	0	×	×	×	×	×				
1	1	1	1	1	0	×	×	×	×				
1	1	1	1	1	1	0	×	×	×				
1	1	1	1	1	1	1	0	×	×				
1	1	1	1	1	1	1	1	0	×				

如果检测准确，可以看出，编码器按信号级别高低进行编码，且 $\overline{I_9}$ 状态信号的级别是最高的，$\overline{I_0}$ 状态信号的级别是最低的。

（3）数码显示电路的装配

1）元器件布局。原理图如图 5-62 所示，合理布局元器件。

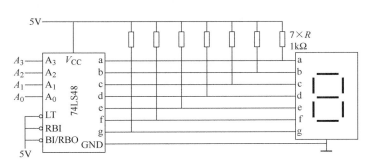

图 5-62 数码显示电路图

2）在万能电路板上安装元器件。注意，元器件成形时，尺寸必须符合电路通用板插孔间距要求。按要求进行装接，不要装错，元器件排列整齐并符合工艺要求，尤其应注意集成电路和数码管引脚不要装错。

3）装配完成后进行自检。装配完成后，应重点检查装配的准确性，焊点应无虚焊、假焊、漏焊、搭焊等。

4）验证功能。检查电路连接，确认无误后再接通电源，将输入端 $A_0 \sim A_3$ 在不同时刻接高低电平，观察数码管显示情况。

（4）译码功能测试 将 74LS48 的 $\overline{LT}$、$\overline{RBI}$ 和 $\overline{BI/RBO}$ 端接高电平，输入端接电平开关，输入十进制 $0 \sim 9$ 的 8421 码，则输出端 $a \sim g$ 会得到一组相应的 7 位二进制代码，数码管显示相应的十进制数，并将输入端电平和输出端电平填到表 5-45 中。

表 5-45 译码功能测试结果

显示字符	输入 8421 码				输出字形码						
	A_3	A_2	A_1	A_0	a	b	c	d	e	f	g
0											
1											
2											
3											
4											
5											
6											
7											
8											
9											

（5）简易电梯呼叫系统电路的装配 装配步骤及要求同数码显示电路。

（6）简易电梯呼叫系统电路的调试与检测

1）目视检验。装配完成后进行不通电自检。应对照电路原理图或接线图，逐个元器件、逐条导线地认真检查电路的连线是否正确，元器件的极性是否接反，焊点应无虚焊、假焊、漏焊、搭焊等，布线是否符合要求等。

2）通电检测。9个楼层按钮在不同时刻接低电平，如果电路正常工作，则数码管将分别显示楼层号码。如果没有显示或显示的号码不正确，则说明电路有故障，应予以排除。编码器、译码器和数码管可以构成很多实用电路，在很多玩具和控制系统中我们也能找到它的身影。

（7）故障分析　根据表5-46所述故障现象分析出现故障的可能原因，采取相应办法进行解决，完成表格中相应内容的填写，若有其他故障现象及分析在表格下面补充。

表5-46　故障分析汇总及反馈

故障现象	可能原因	解决办法	是否解决
数码管无显示			是 否
数码管显示数错误			是 否

（8）收获与总结　通过本实训任务，你掌握了哪些技能？学会了哪些知识？在实训过程中遇到了什么问题？是怎么处理的？请填写在表5-47中。

表5-47　收获与总结

序号	掌握的技能	学会的知识	出现的问题	处理方法
1				
2				
3				
心得体会：				

创新方案

你有更好的思路和做法吗？请给大家分享一下吧。

（1）＿＿＿＿＿＿＿＿＿＿＿＿＿＿＿＿＿＿＿＿＿＿＿＿＿＿＿＿＿＿＿＿＿＿＿＿＿

（2）＿＿＿＿＿＿＿＿＿＿＿＿＿＿＿＿＿＿＿＿＿＿＿＿＿＿＿＿＿＿＿＿＿＿＿＿＿

（3）＿＿＿＿＿＿＿＿＿＿＿＿＿＿＿＿＿＿＿＿＿＿＿＿＿＿＿＿＿＿＿＿＿＿＿＿＿

任务考核

根据表5-48所列考核内容和考核标准对本次任务的完成情况开展自我评价与小组评价，将评价结果填入表中。

表 5-48　任务综合评价

任务名称			姓名			组号	
考核内容	考核标准		评分标准			自评得分	组间互评得分
职业素养（20分）	·工具摆放、着装等符合规范（2分） ·操作工位卫生良好，保持整洁（2分） ·严格遵守操作规程，不浪费原材料（4分） ·无元器件损坏（6分） ·无用电事故、无仪器损坏（6分）		·工具摆放不规范，扣1分；着装等不符合规范，扣1分 ·操作工位卫生等不符合要求，扣2分 ·未按操作规程操作，扣2分；浪费原材料，扣2分 ·元器件损坏，每个扣1分，扣完为止 ·因用电事故或操作不当而造成仪器损坏，扣6分 ·人为故意造成用电事故、损坏元器件、损坏仪器或其他事故，本次任务计0分				
元器件检测（10分）	·能使用仪表正确检测元器件（5分） ·正确填写表5-44、表5-45（5分）		·不会使用仪器，扣2分 ·元器件检测方法错误，每次扣1分 ·数据填写错误，每个扣0.5分				
装配（20分）	·元器件布局合理、美观（10分） ·布线合理、美观，层次分明（10分）		·元器件布局不合理、不美观，扣1～5分 ·布线不合理、不美观，层次不分明，扣1～5分 ·布线有断路，每处扣1分；布线有短路，每处扣5分				
调试（30分）	能使用仪器仪表检测，能正确填写表5-46，并排除故障，达到预期的效果（30分）		·一次调试成功，数据填写正确，得30分 ·填写内容不正确，每处扣1分 ·在教师的帮助下调试成功，扣5分；调试不成功，得0分				
团队合作（10分）	主动参与，积极配合小组成员，能完成自己的任务（5分）		·参与完成自己的任务，得5分 ·参与未完成自己的任务，得2分 ·未参与未完成自己的任务，得0分				
	能与他人共同交流和探讨，积极思考，能提出问题，能正确评价自己和他人（5分）		·交流能提出问题，正确评价自己和他人，得5分 ·交流未能正确评价自己和他人，得2分 ·未交流未评价，得0分				
创新能力（10分）	能进行合理的创新（10分）		·有合理创新方案或方法，得10分 ·在教师的帮助下有创新方案或方法，得6分 ·无创新方案或方法，得0分				
最终成绩			教师评分				

思考与提升

1. 元器件焊接的先后顺序应遵循什么原则？
2. 简易电梯呼叫系统电路采用什么组合逻辑电路设计？这种电路设计有何特点？
3. 简易电梯呼叫系统电路焊接中，跳线布局有哪些注意事项？

任务小结

1. 在电路板上插、焊元器件顺序按照先低后高、先小后大、先耐热后怕热的顺序，如先插、焊电阻器，再插、焊瓷片电容，最后插、焊芯片和数码管（注意芯片方向）。

2. 安装集成电路要观察表面的缺口标识，将手部放电，不要装反方向。

3. 集成电路安装的要求：

（1）元器件的支撑肩紧靠焊盘。

（2）元器件引脚伸出长度在规定范围。

（3）元器件的倾斜不应超出元器件最大高度。

4.连接好电路之后，才可通电，不能带电改装电路。

思考与练习

5-1　填空题

1.数字电路中，输入、输出信号之间的关系是_____关系，所以数字电路也称为_____电路。在_____关系中，最基本的关系是_____、_____和_____。

2.二进制数只有_____和_____两个数码，其计数的基数是_____，加法运算进位关系为_____。

3.常用的复合逻辑运算有_____、_____、_____、_____、_____。

4.最简与或表达式是指在表达式中_____最少，且_____也最少。

5.卡诺图是将代表_____的小方格按_____原则排列而构成的方格图。卡诺图的画图规则：任意两个几何位置相邻的_____之间，只允许_____的取值不同。

6.组合逻辑电路的特点是输出状态只取决于_____，与电路原有状态_____，其基本单元电路是_____。

7.编码器按功能的不同分为三种：_____、_____、_____；译码器按功能的不同分为三种：_____、_____、_____。

8.输入3位二进制代码的二进制译码器应有_____个输入端，共输出_____个最小项。

9.全加器有3个输入端，它们分别为_____、_____和_____；有2个输出端，分别为_____、_____。

10.在多路数据选送过程中，能够根据需要将其中任意一路挑选出来的电路，称之为_____器，也称为_____开关。

5-2　单项选择题

1.数字电路中的工作信号为（　　　）。

A.随时间连续变化的电信号　　　　　　　　B.脉冲信号　　　C.直流信号

2.与十进制数138相对应的二进制数是（　　　）。

A.10001000　　　　　　　B.10001010　　　　　　C.10000010

3.（1000100101110101）$_{8421BCD}$ 对应的十进制数为（　　　）。

A.8561　　　　　　　　　B.8975　　　　　　　C.7AD3　　　　　　D.7971

4.和逻辑式 $\overline{AB}$ 表示不同逻辑关系的逻辑式是（　　　）。

A.$\overline{A}+\overline{B}$　　　　B.$\overline{A} \cdot \overline{B}$　　　　C.$\overline{AB}+\overline{B}$　　　　D.$A\overline{B}+\overline{A}$

5.图5-63所示逻辑符号的逻辑式为（　　　）。

A.$Y=A+B$　　　　B.$Y=AB$　　　　C.$Y=A \oplus B$　　　　D.$Y=A \odot B$

6.逻辑门电路的逻辑符号如图5-64所示，能实现 $Y=AB$ 逻辑功能的是（　　　）。

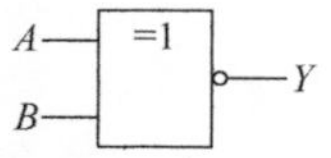

图 5-63　选择题 5 图

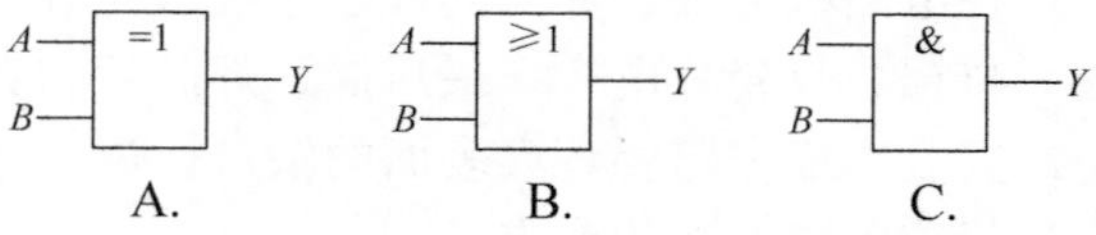

图 5-64　选择题 6 图

7. 逻辑符号如图 5-65 所示，表示与门的是（　　　）。

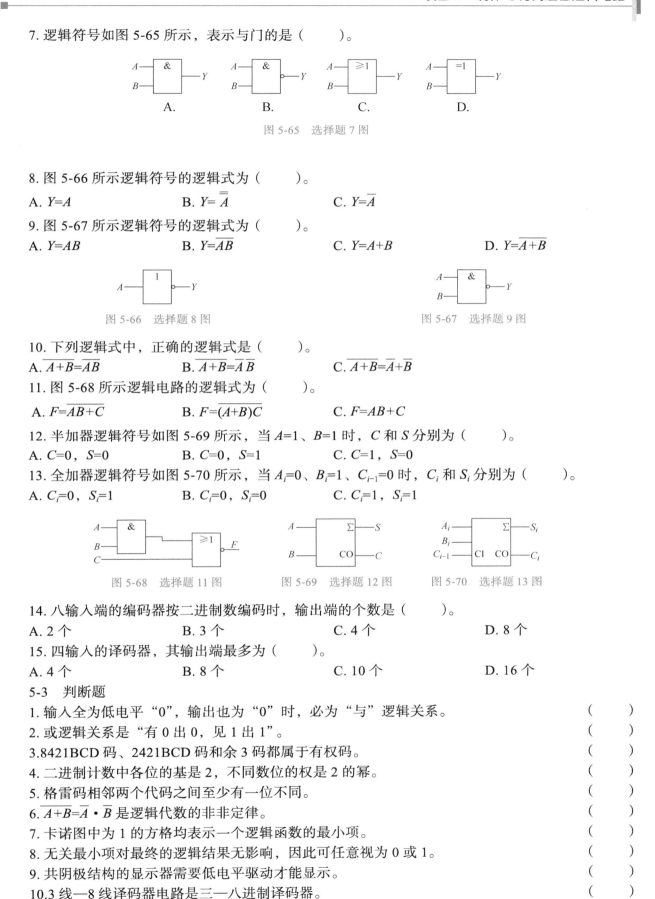

图 5-65　选择题 7 图

8. 图 5-66 所示逻辑符号的逻辑式为（　　　）。

A. $Y=A$　　　　　　　B. $Y=\overline{\overline{A}}$　　　　　　　C. $Y=\overline{A}$

9. 图 5-67 所示逻辑符号的逻辑式为（　　　）。

A. $Y=AB$　　　　　　B. $Y=\overline{AB}$　　　　　　C. $Y=A+B$　　　　　　D. $Y=\overline{A+B}$

图 5-66　选择题 8 图　　　　　　　　　　　　　　　图 5-67　选择题 9 图

10. 下列逻辑式中，正确的逻辑式是（　　　）。
A. $\overline{A+B}=\overline{A}\,\overline{B}$　　　　　　B. $\overline{A+B}=\overline{A}\,\overline{B}$　　　　　　C. $\overline{A+B}=\overline{A}+\overline{B}$

11. 图 5-68 所示逻辑电路的逻辑式为（　　　）。
A. $F=\overline{AB+C}$　　　　　　B. $F=\overline{(A+B)C}$　　　　　　C. $F=AB+C$

12. 半加器逻辑符号如图 5-69 所示，当 $A=1$、$B=1$ 时，C 和 S 分别为（　　　）。
A. $C=0$，$S=0$　　　　B. $C=0$，$S=1$　　　　C. $C=1$，$S=0$

13. 全加器逻辑符号如图 5-70 所示，当 $A_i=0$、$B_i=1$、$C_{i-1}=0$ 时，C_i 和 S_i 分别为（　　　）。
A. $C_i=0$，$S_i=1$　　　　B. $C_i=0$，$S_i=0$　　　　C. $C_i=1$，$S_i=1$

图 5-68　选择题 11 图　　　　　图 5-69　选择题 12 图　　　　　图 5-70　选择题 13 图

14. 八输入端的编码器按二进制数编码时，输出端的个数是（　　　）。
A. 2 个　　　　　　B. 3 个　　　　　　C. 4 个　　　　　　D. 8 个

15. 四输入的译码器，其输出端最多为（　　　）。
A. 4 个　　　　　　B. 8 个　　　　　　C. 10 个　　　　　　D. 16 个

5-3　判断题

1. 输入全为低电平"0"，输出也为"0"时，必为"与"逻辑关系。　　　　　　　　　　（　　）

2. 或逻辑关系是"有 0 出 0，见 1 出 1"。　　　　　　　　　　　　　　　　　　　（　　）

3. 8421BCD 码、2421BCD 码和余 3 码都属于有权码。　　　　　　　　　　　　　　（　　）

4. 二进制计数中各位的基是 2，不同数位的权是 2 的幂。　　　　　　　　　　　　（　　）

5. 格雷码相邻两个代码之间至少有一位不同。　　　　　　　　　　　　　　　　　（　　）

6. $\overline{A+B}=\overline{A}\cdot\overline{B}$ 是逻辑代数的非非定律。　　　　　　　　　　　　　　　（　　）

7. 卡诺图中为 1 的方格均表示一个逻辑函数的最小项。　　　　　　　　　　　　　（　　）

8. 无关最小项对最终的逻辑结果无影响，因此可任意视为 0 或 1。　　　　　　　　（　　）

9. 共阴极结构的显示器需要低电平驱动才能显示。　　　　　　　　　　　　　　　（　　）

10. 3 线—8 线译码器电路是三—八进制译码器。　　　　　　　　　　　　　　　　（　　）

5-4　化简下列逻辑表达式：

（1）$F=AB+\overline{A}C+BC$

（2）$F=AB\overline{C}+A\overline{B}C+\overline{A}BC+B(\overline{A}+B+C)$

（3）$F=\overline{A}B+AC+\overline{B}C$

5-5　用卡诺图化简下列逻辑函数：

（1）$F=\Sigma m（3，4，5，10，11，12）+\Sigma d（1，2，13）$

（2）$F（A，B，C，D）=\Sigma m（1，2，3，5，6，7，8，9，12，13）$

5-6　已知逻辑门及输入波形如图 5-71 所示，试分别画出输出 F_1、F_2、F_3 的波形，并写出逻辑表达式。

5-7　已知逻辑图和输入的波形如图 5-72 所示，试画出输出 F 的波形。

5-8　分析如图 5-73 所示逻辑电路图的功能。

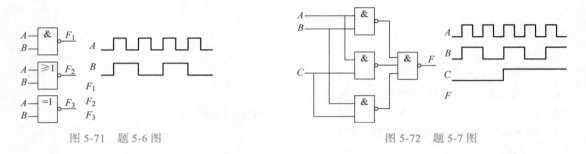

图 5-71　题 5-6 图　　　　　　　　　　　　　图 5-72　题 5-7 图

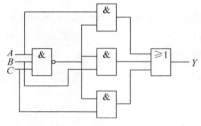

图 5-73　题 5-8 图

5-9　用与非门设计一个组合逻辑电路，完成如下功能：只有当 3 个裁判（包括裁判长）或裁判长和一个裁判认为杠铃已举起并符合标准时，按下按键，使灯亮（或铃响），表示此次举重成功，否则，表示举重失败。

5-10　设计一个故障显示电路。要求：两台电动机 A 和 B 正常工作时，绿灯 F_1 亮；A 或 B 发生故障时，黄灯 F_2 亮；A 和 B 都发生故障时，红灯 F_3 亮。

项目 6　制作与调试时序逻辑电路

项目剖析

组合逻辑电路的输出没有记忆功能，其输出状态只取决于输入信号是否存在，当去掉输入信号后，相应的输出也随之消失。时序逻辑电路由存储电路和组合逻辑电路组成，在任何一个时刻的输出状态不仅取决于当时的输入信号，还取决于电路的原状态，具有存储电路状态的记忆功能。触发器是一个具有记忆功能的二进制信息存储器件，是构成时序逻辑电路的基本单元，能够接收、保持和输出信号。

职业岗位目标

1. 知识目标

（1）常见触发器的电路组成、逻辑符号、逻辑功能和工作原理。
（2）时序逻辑电路的特性和分析方法。
（3）寄存器和计数器的电路功能、工作原理、常见类型及使用方法。
（4）时序逻辑电路的分析、设计方法。

2. 技能目标

（1）能正确选择、检测元器件。
（2）能准确查阅、识别与选取数字集成电路资料。
（3）能正确使用常用仪器仪表。
（4）能正确分析竞赛抢答器电路、流水线计数器电路的故障原因，并能排除故障。
（5）熟练使用面包板或万能电路板搭建硬件电路，并能够使用仪器仪表进行电路的测试和调试。

3. 素养目标

（1）自主查阅并学习相关理论知识，并能举一反三。
（2）总体考虑电路布局与连接规范，使电路美观实用。
（3）具备健康管理能力，即注意安全用电和劳动保护，同时注重 6S 的养成和环境保护。
（4）细心、耐心、精益求精要贯穿任务始终。
（5）注重沟通能力及团队协作训练。
（6）具有创新思维习惯。

任务 6.1　制作与调试竞赛抢答器

任务导入

抢答器是一种常用于智力竞赛和知识竞赛等场合的电子设备。本次任务制作一个竞赛抢答器。

任务分析

设计一个竞赛抢答器，有 3 位参赛选手，每位选手面前有一个抢答按钮和一个 LED 显示灯，哪位选手先按下抢答按钮，对应的 LED 显示灯亮，同时使其他人的抢答信号无效，触发器的"记忆"作用，使抢答器电路工作更可靠、稳定。通过学习各种常用触发器的电路原理、功能和电路特点，触发器的逻辑功能测试和应用，建立时序逻辑电路的基本概念，为后面学习时序逻辑电路打下基础。

知识链接

触发器是一个具有记忆功能的二进制信息存储器件，是构成时序逻辑电路的基本单元，能够接收、保持和输出信号，起到信息接收、存储、传输的作用。触发器具有两个基本特征：

1）触发器具有两个稳定状态，分别称为"0"状态和"1"状态，在没有外界信号作用时，触发器维持原来的稳定状态不变，即触发器具有记忆功能。

2）在一定的外界信号作用下，触发器可以从一个稳定状态转变到另一个稳定状态。转变的过程称为翻转。

触发器按照逻辑功能可分为 RS 触发器、JK 触发器、D 触发器和 T 触发器等；从结构上可分为基本触发器、钟控触发器、主从触发器等；从触发方式上可分为电平触发型、主从触发型、边沿触发型。

6.1.1　RS 触发器

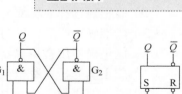

基本 RS 触发器

1. 基本 RS 触发器

（1）"与非"型基本 RS 触发器

1）电路组成。"与非"型基本 RS 触发器由两个与非门 G_1 和 G_2 交叉连接组成，逻辑结构图如图 6-1a 所示，逻辑符号如图 6-1b 所示。$\overline{R}$ 和 $\overline{S}$ 是两个输入端，字母上的非号表示低电平触发有效，在逻辑符号上用小圆圈表示；Q 和 $\overline{Q}$ 是两个状态相反的输出端。规定 $Q=1$、$\overline{Q}=1$ 的状态为触发器的 1 状态，记作 $Q=1$；规定 $Q=0$、$\overline{Q}=1$ 的状态为触发器的 0 状态，记作 $Q=0$。

图 6-1　"与非"型基本 RS 触发器

2）逻辑功能。

① 当 $\overline{R}=0$、$\overline{S}=1$ 时，触发器置 0。因为 $\overline{R}=0$，G_2 门输出高电平，即 $\overline{Q}=1$，这时 G_1 门输入均为高电平，输出为低电平，即 $Q=0$，触发器被置 0。使触发器置为 0 状态的输入端 $\overline{R}$ 称为置 0 端，也称复位端或清零端，低电平有效。

② 当 $\overline{R}=1$、$\overline{S}=0$ 时，触发器置 1。因为 $\overline{S}=0$，G_1 门输出为高电平，即 $Q=1$，G_2 门输入均为高电平，输出为低电平，即 $\overline{Q}=0$，触发器被置 1。使触发器置位 1 的输入端 $\overline{S}$ 称为置 1 端，也称置位端，低电平有效。

③ 当 $\overline{R}=1$、$\overline{S}=1$ 时，触发器保持原有状态不变。若触发器原状态为 0 态，则 $Q=0$ 反馈到 G_2 门输入端，使 $\overline{Q}=1$，G_1 门输入均为高电平，使 $Q=0$，电路保持 0 状态不变；如果电路原状态为 1 态，则电路同样保持 1 态不变。

④ 当 $\overline{R}=0$、$\overline{S}=0$ 时，触发器状态不定。触发器输出 $Q=\overline{Q}=1$，既不是 0 态也不是 1 态。并且由于与非门延迟时间不可能完全相等，在两输入端的 0 同时撤除或同时由 0 变为 1 时，将不能确定触发器是处于 1 状态还是 0 状态。所以触发器不允许出现这种情况，应当禁止。

触发器接收输入信号之前的状态，也就是触发器原来的稳定状态，称为现态，用 Q^n 表示；触发器接收输入信号之后所处的新的稳定状态，称为次态，用 Q^{n+1} 表示。表示触发器的次态与输入信号、触发器的现态之间的对应关系的真值表，称为功能表，见表 6-1。

表 6-1　"与非"型基本 RS 触发器的功能表

$\overline{R}$	$\overline{S}$	Q^n	Q^{n+1}	逻辑功能
0	0	0	×	不定（禁用）
		1	×	
0	1	0	0	置 0
		1	0	
1	0	0	1	置 1
		1	1	
1	1	0	0	保持
		1	1	

根据功能表，"与非"型基本 RS 触发器的逻辑功能可用式（6-1）所示：

$$\begin{cases} Q^{n+1} = S + \overline{R}Q^n \\ \overline{S} + \overline{R} = 1（约束条件） \end{cases} \tag{6-1}$$

式（6-1）反映了触发器的次态 Q^{n+1}、现态及输入信号 R、S 之间的逻辑关系，称为触发器的特性方程。其中，约束条件表示基本 RS 触发器的输入端不允许同时出现为 0 的情况。

由上述可见，"与非"型基本 RS 触发器具有保持、置 0 和置 1 的逻辑功能。

3）真值表。由"与非"型基本 RS 触发器的逻辑功能可列出其真值表，见表 6-2。

表 6-2　"与非"型基本 RS 触发器的真值表

$\overline{R}$　$\overline{S}$	Q^{n+1}	逻辑功能
0　　0	不定	避免
0　　1	0	置 0
1　　0	1	置 1
1　　1	Q^n	保持

4）时序图（又称波形图）。时序图是以输出状态随时间变化的波形图的方式来描述触发器的逻辑功能。用波形图的形式可以形象地表达输入信号、输出信号、电路状态等的取值在时间上的对应关系。在图 6-1a 所示电路中，假设触发器的初始状态为 $Q=0$，$\overline{Q}=1$，触发信号 $\overline{R}$ 和 $\overline{S}$ 的波形已知，则 Q 和 $\overline{Q}$ 的波形如图 6-2 所示。

这种最简单的 RS 触发器是各种多功能触发器的基本组成部分，所以称为基本 RS 触发器。

（2）"或非"型基本 RS 触发器

1）电路组成。基本 RS 触发器除了可用上述与非门组成外，也可以利用两个或非门来组成，其逻辑结构图和逻辑符号如图 6-3 所示。这种触发器的触发信号是高电平有效。

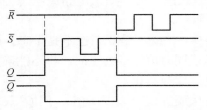

图 6-2 "与非"型基本 RS 触发器时序图

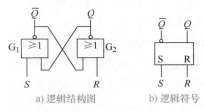

图 6-3 "或非"型基本 RS 触发器

2）逻辑功能。根据 R、S 输入的不同，可以得出"或非"型基本 RS 触发器的逻辑功能。

① 当 $R=0$、$S=0$ 时，触发器保持原状态不变。

② 当 $R=0$、$S=1$ 时，即在 S 端输入高电平时，不论原有 Q 为何状态，触发器都置 1。

③ 当 $R=1$、$S=0$ 时，即在 R 端输入高电平时，不论原有 Q 为何状态，触发器都置 0。

④ 当 $R=1$、$S=1$ 时，即在 R、S 端同时输入高电平时，两个或非门的输出全为 0，当两输入端的高电平同时消失时，由于或非门延迟时间的差异，触发器的输出状态是 1 态还是 0 态将不能确定，即状态不定，因此应当避免这种情况。

3）真值表和时序图。根据上述逻辑关系，可以列出由或非门组成的基本 RS 触发器的真值表，见表 6-3，其时序图如图 6-4 所示。

表 6-3 "或非"型基本 RS 触发器真值表

R	S	Q^{n+1}	逻辑功能
0	0	Q^n	保持
0	1	1	置 1
1	0	0	置 0
1	1	不定	避免

基本 RS 触发器具有以下特点：

① 触发器的次态不仅与输入信号状态有关，而且与触发器的现态有关。

② 电路具有两个稳定状态，即 0 状态和 1 状态。在无外来触发信号作用时，电路将保持原状态不变。

③ 在外加触发信号有效时，电路可以触发翻转，实现置 0 或置 1。该电路为低电平有效。

④ 在稳定状态下两个输出端的状态和必须是互补关系，即有约束条件。

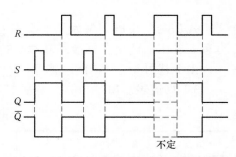

图 6-4 "或非"型基本 RS 触发器时序图

2. 同步 RS 触发器

基本 RS 触发器的输出状态直接受输入信号控制，只要输入信号变化，输出就随之变化。在生活中，常常会遇到如图 6-5 所示的情况：要等时间到了，几个门同时打开，即同步。在实际应用中，一个数字系统常包括多个触发器，希望各触发器能按一定的时间节拍，协调一致地工作，为此引

同步 RS 触发器

入同步信号，使这些触发器只有在同步信号到达时才能按输入信号改变状态。通常把这个同步控制信号称为时钟信号，简称时钟，用 CP 表示。把受时钟控制的触发器统称为时钟触发器或同步触发器。

（1）电路组成　同步 RS 触发器是同步触发器中最简单的一种，其逻辑结构图和逻辑符号如图 6-6 所示。图中 G_1 和 G_2 组成基本 RS 触发器，G_3 和 G_4 组成输入控制门电路。CP 是时钟脉冲的输入控制信号，S、R 是输入端，Q 和 $\bar{Q}$ 是互补输出端。

图 6-5　同步概念示意图　　　　　　　　　图 6-6　同步 RS 触发器

（2）逻辑功能

1）当 $CP=0$ 时，控制门 G_3 和 G_4 被封锁，输入信号 S、R 不起作用，基本触发器保持原来状态不变。

2）当 $CP=1$ 时，控制门 G_3 和 G_4 被打开，输入信号被接收，G_3 和 G_4 输出为 $\bar{S}$、$\bar{R}$，其工作原理与基本 RS 触发器相同。

同步 RS 触发器的功能表见表 6-4。

表 6-4　同步 RS 触发器的功能表

CP	R	S	Q^n	Q^{n+1}	逻辑功能
0	×	×	×	Q^n	保持
1	0	0	0	0	保持
1	0	0	1	1	
1	0	1	0	1	置1
1	0	1	1	1	
1	1	0	0	0	置0
1	1	0	1	0	
1	1	1	0	×	不定（禁用）
1	1	1	1	×	

根据功能表可知，同步 RS 触发器的逻辑功能可用式（6-2）所示：

$$\begin{cases} Q^{n+1} = S + \bar{R}Q^n \\ RS = 0\text{（约束条件）} \end{cases} \tag{6-2}$$

其中，约束条件表示同步 RS 触发器的输入端不允许同时出现 1 的情况。

（3）真值表　根据上述逻辑关系，可以列出由或非门组成的同步 RS 触发器的真值表，见表 6-5。

表 6-5　同步 RS 触发器真值表

CP	输入信号		输出状态 Q^{n+1}	逻辑功能
	S	R		
0	×	×	Q^n	保持
1	0	0	Q^n	保持
1	0	1	0	置0
1	1	0	1	置1
1	1	1	不定	避免

【例 6-1】已知同步 RS 触发器的 CP、S、R 波形如图 6-7 所示，试画出同步 RS 触发器的输出波形。

设触发器初态为 0。

解：根据同步 RS 触发器的逻辑功能，可直接画出输出波形，其输出波形如图 6-7 所示。

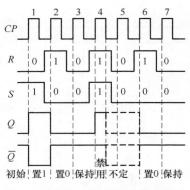

图 6-7　同步 RS 触发器工作波形图

同步 RS 触发器具有以下特点：

1）时钟电平控制。在 $CP=1$ 期间同步 RS 触发器接收输入信号，$CP=0$ 时同步 RS 触发器保持状态不变。多个同步 RS 触发器可以在同一个时钟脉冲控制下同步工作，方便用户使用。而且同步 RS 触发器只在 $CP=1$ 时工作，$CP=0$ 时被禁止，与基本 RS 触发器相比，其抗干扰能力增强。

2）R、S 之间有约束。不允许出现 R 和 S 同时为 1 的情况，否则会使触发器处于不确定的状态。

3）存在空翻问题。由于当 $CP=1$ 时，同步 RS 触发器的 G_3 和 G_4 门都是开放的，都能接收输入信号，因此在 $CP=1$ 期间，如果输入信号发生多次变化，触发器的状态也会发生相应的改变。这种在 $CP=1$ 期间，由于输入信号变化而引起的触发器翻转的现象，称为触发器的空翻现象。

由于同步 RS 触发器存在空翻现象，其应用范围也就受到了限制。它不能用来构成移位寄存器和计数器。因为在这些部件中，当 $CP=1$ 时，不可避免地会使触发器的输入信号发生变化，从而出现空翻，使这些部件不能按时钟脉冲的节拍正常工作。此外，这种触发器在 $CP=1$ 期间，如遇到一定强度的正向脉冲干扰，使 S、R 信号发生变化时，也会引起空翻现象，所以它的抗干扰能力也差。

6.1.2　主从 JK 触发器

为了解决因电平触发引起的空翻现象及输入端之间存在的约束现象，对同步触发器进行改进，从而设计出主从 JK 触发器。

图 6-8 所示是主从 JK 触发器的逻辑结构图和逻辑符号。它由两个可控 RS 触发器串联组成，FF_1 称为主触发器，FF_2 称为从触发器。时钟脉冲先使主触发器翻转，然后使从触发器翻转，这就是"主从型"的由来。此外，还有一个非门将两个触发器联系起来。J 和 K 是信号输入端，分别与 $\overline{Q}$ 和 Q 构成与逻辑关系，称为主触发器的 S 端和 R 端，即 $S=J\overline{Q}$，$R=KQ$。从触发器的 S 端和 R 端即为主触发器的输出端 Q_1 和 $\overline{Q_1}$。$\overline{S_D}$ 是直接置 1 端，$\overline{R_D}$ 是直接置 0 端，$\overline{S_D}$ 和 $\overline{R_D}$ 端是在触发器工作之初，用来预置触发器的初始状态的，不受时钟控制，低电平有效。在触发器正常工作时，$\overline{S_D}$ 和 $\overline{R_D}$ 端始终处于 1 态（高电平），即 $\overline{R_D}=\overline{S_D}=1$。

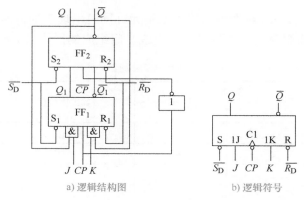

a) 逻辑结构图　　　　　　　　b) 逻辑符号

图 6-8　主从 JK 触发器

为了提高触发器的抗干扰能力和可靠性，触发器只在时钟脉冲的下降沿（CP 由 $1\rightarrow0$）或上升沿（CP 由 $0\rightarrow1$）才接收信号，并按输入信号决定触发器状态，其他时刻触发器状态保持不变，这样的触发器称为边沿触发器。JK 触发器有上升沿触发和下降沿触发两种。为了区别于电平触发，在逻辑符号中靠近 CP 输入端方框的内侧加入"^"符号，表示边沿触发，如果没有，表示电平触发。下降沿触发的逻辑符号在 CP 输入端靠近方框处用一小圆圈表示，如图 6-8b 所示，如果没有小圆圈，表示上升沿触发。

主从 JK 触发器中的主触发器和从触发器工作在 CP 的不同时区。当 $CP=1$ 时，主触发器 FF_1 正常工作，主触发器的输出状态 Q_1 和 $\overline{Q_1}$ 随输入信号 J、K 状态变化而改变；此时 $\overline{CP}=0$，从触发器 FF_2 封锁，输出状态保持不变。

当 CP 由 1 负跃变成 0 时，主触发器 FF_1 封锁，输出状态 Q_1 和 $\overline{Q_1}$ 保持不变；由于 $\overline{CP}=1$，从触发器 FF_2 正常工作，由于 $S_2=Q_1$，$R_2=\overline{Q_1}$，从触发器的输出状态由主触发器的状态决定。

下面从 4 种情况分析 JK 触发器的逻辑功能。

1）$J=0$，$K=0$。因主触发器保持初态不变，所以当 CP 脉冲下降沿到来时，触发器保持原态不变，即 $Q^{n+1}=Q^n$。

2）$J=1$，$K=0$。设触发器的初始状态 $Q^n=0$，则当 $CP=1$ 时，主触发器输出 $Q_1=1$，$\overline{Q_1}=0$，当 CP 脉冲下降沿到来时，从触发器置 1，即 $Q^{n+1}=1$。若初态 $Q^n=1$，则也有相同的结论，即 $Q^{n+1}=1$。

3）$J=0$，$K=1$。设触发器的初始状态 $Q^n=0$，则当 $CP=1$ 时，主触发器输出 $Q_1=0$，$\overline{Q_1}=1$，当 CP 脉冲下降沿到来时，从触发器置 0，即 $Q^{n+1}=0$。若初态 $Q^n=1$，则也有相同的结论，即 $Q^{n+1}=0$。

4）$J=1$，$K=1$。设触发器的初始状态 $Q^n=0$，则当 $CP=1$ 时，主触发器输出 $Q_1=1$，$\overline{Q_1}=0$，当 CP 脉冲下降沿到来时，从触发器翻转为 1，即 $Q^{n+1}=1$。若初态 $Q^n=1$，则当 $CP=1$ 时，主触发器输出 $Q_1=0$，$\overline{Q_1}=1$。当 CP 脉冲下降沿到来时，从触发器翻转为 0，即 $Q^{n+1}=0$。次态和初态相反，即 $Q^{n+1}=\overline{Q^n}$，实现翻转。

可见，主从 JK 触发器是一种具有保持、翻转、置 1、置 0 功能的触发器，克服了 RS 触发器的禁用状态，是一种使用灵活、功能强、性能好的触发器。主从 JK 触发器的功能表见表 6-6。

表 6-6　主从 JK 触发器的功能表

J	K	Q^n	Q^{n+1}	逻辑功能
×	×	×	Q^n	保持
0	0	0	0	保持
		1	1	
0	1	0	0	置 0
		1	0	
1	0	0	1	置 1
		1	1	
1	1	0	1	翻转
		1	0	

根据主从 JK 触发器的功能特性，可以得到特征方程为

$$Q^{n+1}=J\overline{Q^n}+\overline{K}Q^n \tag{6-3}$$

【例 6-2】图 6-8 所示的主从 JK 触发器，若 CP、J、K 的输入信号波形如图 6-9 所示，试画出 Q 端的输出波形，假定触发器的初态为 0。

解：根据主从 JK 触发器的逻辑功能可画出输出 Q 端的波形图。

主从 JK 触发器的特点如下：

1）主、从分时控制，克服了触发器在一个时钟周期内多次翻转的特点，性能上有了很大的改进。

2）主从触发器功能完善、使用方便，但存在一次变化现象。在 $CP=1$ 期间，主触发器接收了输入激励信号发生一次翻转后，主触发器就一直保持不变，不再随输入激励信号 J、K 的变化而变化，这种现象称为一次变化现象。为避免一次变化现象，比较简单的办法是使用主从 JK 触发器时，保证在 $CP=1$ 期间，J、K 保持不变。

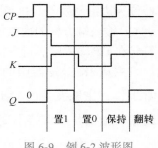

图 6-9　例 6-2 波形图

74LS112 为负边沿触发的双 JK 触发器，引脚图如图 6-10a 所示。$\overline{S_D}$、$\overline{R_D}$ 分别为异步置 1 端和异步置 0 端，均为低电平有效。CC4027 为 CP 上升沿触发，且其异步输入端 R_D 和 S_D 为高电平有效。引脚图如图 6-10b 所示。

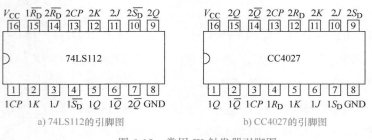

a) 74LS112的引脚图　　　　b) CC4027的引脚图

边沿 JK 触发器和边沿 D 触发器

图 6-10　常用 JK 触发器引脚图

6.1.3　D 触发器

D 触发器可以由 JK 触发器演变而来，图 6-11a 所示为由 JK 触发器 J 端通过非门与 K 端相连，转换成 D 触发器。其逻辑符号如图 6-11b 所示。

D 触发器的逻辑功能如下：

1）当 D=1 时，相当于 $J=1$、$K=0$ 的条件，此时，不管触发器原来的状态如何，CP 脉冲的下降沿到来后，触发器总是置于 1。

2）当 D=0 时，相当于 $J=0$，$K=1$ 的条件，此时，不管触发器原来的状态如何，CP 脉冲的下降沿到来后，触发器总是置于 0。

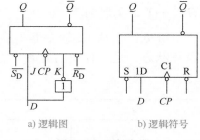

a) 逻辑图　　　b) 逻辑符号

图 6-11　D 触发器

D 触发器的功能表见表 6-7。

表 6-7　D 触发器的功能表

D	Q^n	Q^{n+1}
0	0	0
0	1	0
1	0	1
1	1	1

根据 D 触发器的功能特性，可以得到特征方程为

$$Q^{n+1} = D \tag{6-4}$$

【例 6-3】若 D 触发器的 CP、D 输入信号波形如图 6-12 所示，试画出 Q 端的输出波形，假定触发器的初态为 0。

解：根据 D 触发器的逻辑功能可画出输出 Q 端的波形图。

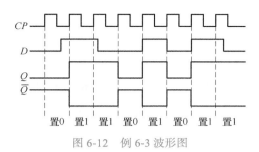

图 6-12　例 6-3 波形图

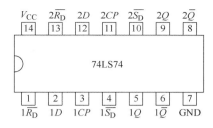

图 6-13　74LS74 的引脚图

D 触发器的主要特点如下：

1）抗干扰能力强，因为 D 触发器只允许时钟脉冲 CP 的上升沿到来的时刻，改变触发器的状态。

2）只具有置 1、置 0 功能。

D 触发器具有暂存数据的功能，且边沿特性好，抗干扰能力强，是构成时序逻辑电路的重要部件。常用的集成 D 触发器是 74LS74，它是双上升沿 D 触发器，每个触发器仍然具有低电平有效的异步置 1、置 0 端 $\overline{R_D}$、$\overline{S_D}$，其引脚图如图 6-13 所示，其功能表见表 6-8。

表 6-8　74LS74 的功能表

输入				输出	逻辑功能
异步输入端		时钟	同步输入端	Q	
$\overline{R_D}$	$\overline{S_D}$	CP	D		
0	0	×	×	不允许	不允许
0	1	×	×	0	异步置 0
1	0	×	×	1	异步置 1
1	1	↑	0	0	同步置 0
1	1	↑	1	1	同步置 1

6.1.4　T 触发器和 T′ 触发器

在实际应用的触发器电路经常用到 T 触发器和 T′ 触发器，但实际集成产品中没有这两种类型的电路，可以是由 JK 触发器或 D 触发器转换而来。同一电路结构的触发器可以做成不同的逻辑功能；同一逻辑功能的触发器可以用不同的电路结构来实现。

把 JK 触发器的 J、K 端连接起来作为输入端，构成 T 触发器，如图 6-14a 所示。根据输入信号 T 取值的不同，具有保持和翻转功能，即当 $T=0$ 时能保持状态不变；当 $T=1$ 时，每来一个 CP 脉冲，触发器状态翻转一次。T 触发器的功能表见表 6-9。

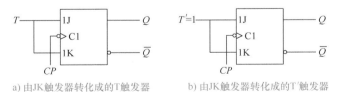

a) 由JK触发器转化成的T触发器　　b) 由JK触发器转化成的T′触发器

图 6-14　T 触发器和 T′ 触发器

表 6-9　T 触发器的功能表

T	Q^n	Q^{n+1}	功能
0	0	0	$Q^{n+1}=Q^n$　保持
0	1	1	
1	0	1	$Q^{n+1}=\overline{Q^n}$　翻转
1	1	0	

将 T 代入 JK 触发器的特性方程中得到 T 触发器的特性方程为

$$Q^{n+1} = T\overline{Q^n} + \overline{T}Q^n \qquad (6\text{-}5)$$

T 触发器的逻辑功能为：当 $T=0$ 时，$Q^{n+1}=Q^n$，输入时钟脉冲 CP 时，触发器仍保持原来状态不变，即具有保持功能；当 $T=1$ 时，$Q^{n+1}=\overline{Q^n}$，每输入一个时钟脉冲 CP，触发器的状态变化一次，即具有翻转功能。

将 JK 触发器的 J 和 K 相连作为 T′ 输入端，并接成高电平 1，就构成 T′ 触发器，如图 6-14b 所示。

T′ 触发器实际上是 T 触发器输入 $T=1$ 时的一个特例，每来一个时钟脉冲就翻转一次。T′ 触发器的特性方程为

$$Q^{n+1} = \overline{Q^n} \qquad (6\text{-}6)$$

 任务实施

1. 设备与元器件

本任务用到的设备包括直流稳压电源、数字式万用表等。

组装电路所用元器件见表 6-10。

表 6-10　元器件明细表

序号	元器件	名称	型号规格	数量
1	U_1	3 输入与非门	74LS10	1
2	U_2	RS 触发器	74LS279	1
3	$R_1 \sim R_6$	电阻	1kΩ	6
4	$R_7 \sim R_9$	电阻	330Ω	3
5	S_A、S_B、S_C、S_R	按钮	普通	4
6	VL_A、VL_B、VL_C	发光二极管	普通	3

74LS10 是 3 输入与非门，内部有 3 个与非门，74LS279 是 RS 触发器，每块芯片上有 4 个 RS 触发器，每个 RS 触发器有 R 和 S 两个输入以及一个输出端 Q。74LS10 内部电路图和 74LS279 引脚图如图 6-15 所示。

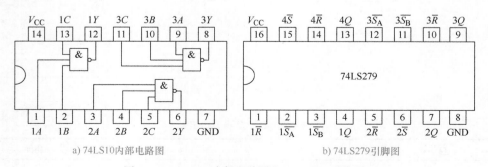

a) 74LS10内部电路图　　　　　　b) 74LS279引脚图

图 6-15　74LS10 内部电路图和 74LS279 引脚图

2. 电路分析

三人抢答器电路原理图如图 6-16 所示。

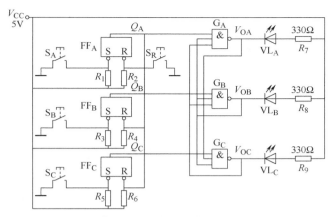

图 6-16　三人抢答器电路原理图

电路具有如下功能：按钮 S_R 由主持人控制，为总清零和强制控制按钮。当按钮被按下时抢答电路清零，松开后允许抢答。按钮 S_A、S_B、S_C 为抢答按钮，当按下按钮时对应的指示灯被点亮。此时再按其他抢答按钮均无效，指示灯仍保持第一个按钮按下时的状态。

按下输入端的按钮 S_A、S_B、S_C 进行不同组合（分别用 S_A、S_B、S_C 表示按钮的状态，按下为 0，松开为 1），观察指示灯 VL_A、VL_B、VL_C 的亮灭（分别用 Y_A、Y_B、Y_C 表示指示灯的状态，亮为 1，灭为 0）。

3. 任务实施过程

（1）识读 74LS10 和 74LS279 引脚

（2）74LS10 和 74LS279 集成电路功能测试　在实验台断电情况下，将 74LS10 和 74LS279 插入适当位置，用导线将 V_{CC} 和 GND 分别接到直流电源的 5V 和接地处，将输入端连接到电平开关，输出端接电平指示灯插孔。依次检测 74LS10 每个与非门和 74LS279 每个触发器，将结果分别记录在表 6-11 和表 6-12 中。注意：使用时把 $1\overline{S}_A$ 和 $1\overline{S}_B$ 连一起，作为 $1\overline{S}$ 使用；把 $3\overline{S}_A$ 和 $3\overline{S}_B$ 连一起，作为 $3\overline{S}$ 使用。

表 6-11　74LS10 的检测记录

$1A$	$1B$	$1C$	$1Y$	$2A$	$2B$	$2C$	$2Y$	$3A$	$3B$	$3C$	$3Y$
0	0	0		0	0	0		0	0	0	
0	0	1		0	0	1		0	0	1	
0	1	0		0	1	0		0	1	0	
0	1	1		0	1	1		0	1	1	
1	0	0		1	0	0		1	0	0	
1	0	1		1	0	1		1	0	1	
1	1	0		1	1	0		1	1	0	

表 6-12　74LS279 的检测记录

$1\overline{R}$	$1\overline{S}$	$1Q$	$2\overline{R}$	$2\overline{S}$	$2Q$	$3\overline{R}$	$3\overline{S}$	$3Q$	$4\overline{R}$	$4\overline{S}$	$4Q$
0	0		0	0		0	0		0	0	
0	1		0	1		0	1		0	1	
1	0		1	0		1	0		1	0	
1	1		1	1		1	1		1	1	

（3）元器件安装与接线　按照如图 6-16 所示电路图，根据给定的面包板，对元器件进行布局、安装以及接线。

1）发放元器件与面包板、导线等。学生根据电路图，仔细核对。

2）布局。学生根据电路原理图，合理布局电路元器件。

3）连线。在通电前，先用万用表检查各集成电路的电源接线是否正确，各元器件安装完毕，保证放置合理，经检查无误后进行连线。

（4）三人抢答器电路的调试与检测　选择 74LS279 中的 3 个基本 RS 触发器，选择 74LS10 3 输入与非门连接电路，输入端连接基本 RS 触发器的输出端，输出端连接电平指示灯。验证电路的逻辑功能，记录在表 6-13 中。

表 6-13　三人抢答器电路记录表

| $S_R=0$ | | | | | | $S_R=1$ | | | | | |
| 输入 | | | 输出 | | | 输入 | | | 输出 | | |
S_A	S_B	S_C	Y_A	Y_B	Y_C	S_A	S_B	S_C	Y_A	Y_B	Y_C
0	0	0				0	0	0			
0	0	1				0	0	1			
0	1	0				0	1	0			
0	1	1				0	1	1			
1	0	0				1	0	0			
1	0	1				1	0	1			
1	1	0				1	1	0			
1	1	1				1	1	1			

（5）收获与总结　通过本实训任务，你掌握了哪些技能？学会了哪些知识？在实训过程中遇到了什么问题？是怎么处理的？请填写在表 6-14 中。

表 6-14　收获与总结

序号	掌握的技能	学会的知识	出现的问题	处理方法
1				
2				
3				
心得体会：				

创 新 方 案

你有更好的思路和做法吗？请给大家分享一下吧。

（1）合理改进电路，当抢答人抢答时能发出声音提醒抢答成功。

（2）＿＿＿

（3）＿＿＿

任 务 考 核

根据表 6-15 所列考核内容和考核标准对本次任务的完成情况开展自我评价与小组评价，将评价结果填入表中。

表 6-15　任务综合评价

任务名称			姓名		组号	
考核内容	考核标准		评分标准		自评得分	组间互评得分
职业素养（20 分）	• 工具摆放、着装等符合规范（2 分） • 操作工位卫生良好，保持整洁（2 分） • 严格遵守操作规程，不浪费原材料（4 分） • 无元器件损坏（6 分） • 无用电事故、无仪器损坏（6 分）		• 工具摆放不规范，扣 1 分；着装等不符合规范，扣 1 分 • 操作工位卫生等不符合要求，扣 2 分 • 未按操作规程操作，扣 2 分；浪费原材料，扣 2 分 • 元器件损坏，每个扣 1 分，扣完为止 • 因用电事故或操作不当而造成仪器损坏，扣 6 分 • 人为故意造成用电事故、损坏元器件、损坏仪器或其他事故，本次任务计 0 分			
元器件检测（10 分）	• 能使用仪表正确检测元器件（5 分） • 正确填写表 6-11、表 6-12 数据（5 分）		• 不会使用仪器，扣 2 分 • 元器件检测方法错误，每次扣 1 分 • 数据填写错误，每个扣 1 分			
装配（20 分）	• 元器件布局合理、美观（10 分） • 布线合理、美观，层次分明（10 分）		• 元器件布局不合理、不美观，扣 1～5 分 • 布线不合理、不美观，层次不分明，扣 1～5 分 • 布线有断路，每处扣 1 分；布线有短路，每处扣 5 分			
调试（30 分）	能使用仪器仪表检测，能正确填写表 6-13 数据，并排除故障，达到预期的效果（30 分）		• 一次调试成功，数据填写正确，得 30 分 • 填写内容不正确，每处扣 1 分 • 在教师的帮助下调试成功，扣 5 分；调试不成功，得 0 分			
团队合作（10 分）	主动参与，积极配合小组成员，能完成自己的任务（5 分）		• 参与完成自己的任务，得 5 分 • 参与未完成自己的任务，得 2 分 • 未参与未完成自己的任务，得 0 分			
	能与他人共同交流和探讨，积极思考，能提出问题，能正确评价自己和他人（5 分）		• 交流能提出问题，正确评价自己和他人，得 5 分 • 交流未能正确评价自己和他人，得 2 分 • 未交流未评价，得 0 分			
创新能力（10 分）	能进行合理的创新（10 分）		• 有合理创新方案或方法，得 10 分 • 在教师的帮助下有创新方案或方法，得 6 分 • 无创新方案或方法，得 0 分			
最终成绩			教师评分			

思考与提升

1. 74LS10 是_____输入与非门，内部有_____个与非门；74LS279 是 RS 触发器，每块芯片上有_____个 RS 触发器，每个 RS 触发器有 R 和 S 两个输入端以及一个输出端 Q。

2. 在三人抢答器电路中，当所有按钮都未按下时，每个 RS 触发器的 R 端接_____电平，S 端为电平，Q 端输出_____电平，与非门输出端为_____电平，3 个 LED 灯_____；当按下 S_A、S_B、S_C 任意一按钮时，相应的 RS 触发器的 R 端接_____电平，S 端为_____电平，Q 端输出_____电平，对应的与非门输出端为_____电平，对应的 LED 灯_____；再按下其他抢答开关时，LED 灯_____。当按下 S_R 按钮时，3 个 RS 触发器的 R 端接_____电平，Q 端输出_____电平，3 个 LED 灯_____。

任 务 小 结

在安装接线及故障检查过程中，应注意：

1. 布线应便于检查、排除故障和更换元器件。

2. 插接集成电路芯片时，先校准两排引脚，使之与插孔对应，轻轻用力将芯片插上，然后在确定引脚与插孔完全吻合后，再稍用力将其插紧，以免集成电路的引脚弯曲、折断或者接触不良。

3. 在元器件布局时，尽量保证用的导线量少一些，导线的长度适宜，不要过长，以免对电路性能造成影响。

4. 不允许将集成电路芯片方向插反，一般 IC 的正确方向是缺口（或标记）朝左，引脚序号从左下方的第一个引脚开始，按逆时针方向依次递增至左上方的第一个引脚。

5. 电路不能完成预定的逻辑功能时，就称电路有故障，产生故障的原因有操作不当、设计不当、元器件使用不当或功能不正常、仪器和集成元器件出现故障。

任务 6.2　制作与调试流水线计数装置

任 务 导 入

计数器广泛应用于日常生活中的各种电子设备，给人们的工作、生活和娱乐带来极大方便。那么计数器的工作原理是什么？如何设计一个简单的计数装置呢？

任 务 分 析

本任务利用计数器设计和制作流水线中的计数装置，流水线示意图如图 6-17 所示。当传送带上每经过一个工件，红外接收头便向计数器送出一个计数脉冲，当计满 8 个工件时，计数器便向继电器发出计数进位脉冲。继电器驱动装箱装置工作，完成最后的包装工序。利用十进制同步计数器74LS160 设计一个流水线八进制计数装置，通过数码管实时显示工件数。通过本任务，学习时序逻辑电路的分析和设计方法、集成计数器的工作原理及电路设计，使学生能够熟练应用时序逻辑电路的分析方法，判断 N 进制时序逻辑电路的逻辑功能，能够根据集成计数器的逻辑功能表，熟练设计不同进制计数器。

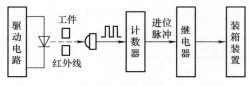

图 6-17　流水线示意图

知 识 链 接

6.2.1　时序逻辑电路的概述

1. 时序逻辑电路的基本特征

在数字电路中，凡是任一时刻的稳定输出不仅取决于该时刻的输入，而且还与电路原来的状态有关的，都叫作时序逻辑电路，简称时序电路。时序逻辑电路由组合逻辑电路和存储电路两部分组成。

时序逻辑电路组成框图如图6-18所示。其中，$A_1 \sim A_n$代表时序逻辑电路的输入；$Y_1 \sim Y_m$代表时序逻辑电路的输出；$X_1 \sim X_s$代表存储电路的输入；$Q_1 \sim Q_r$代表存储电路的输出。

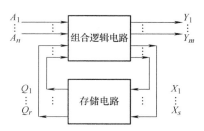

组合逻辑电路的作用是完成逻辑运算或算术运算等操作，由门电路组成，其输出信号必须反馈到存储电路的输入端，以便决定下一时刻存储电路的状态。存储电路的作用是记忆处理中间结果，主要由具有记忆功能的触发器组成，其状态必须反馈到组合逻辑电路的输入端，与输入信号共同决定组合逻辑电路的输出。

图6-18　时序逻辑电路组成框图

时序逻辑电路是一种重要的数字逻辑电路，它与组合逻辑电路的功能和特点不同。组合逻辑电路在任一时刻的输出仅取决于当时的输入，与过去的历史无关，即有什么样的输入就有什么样的输出。从电路的组成来看，它不含任何具有存储功能的触发器。时序逻辑电路在任一时刻的输出不仅取决于该时刻的输入，而且还与电路原来的状态有关。从电路组成来看，它包含有触发器，而触发器就是最简单、最基本的时序逻辑电路。

时序逻辑电路的分类有很多种，但主要按照存储电路中各触发器是否由统一时钟控制，分为同步时序电路与异步时序电路两类。同步时序电路中，存储电路里所有触发器有一个统一的时钟源，它们的状态在同一时刻更新。异步时序电路中，没有统一的时钟脉冲或没有时钟脉冲，电路的状态更新不是同时发生的。

2. 时序逻辑电路的分析方法

对时序逻辑电路进行分析，就是找出电路的逻辑功能。具体来说，就是根据逻辑电路分析列出状态表，然后画出状态转换图和波形图，找出输出状态和输出函数在时钟及输入变量的作用下的变化规律，并给出该电路的功能分析描述。

6.2.2　寄存器

在数字电路中，寄存器是一种重要的单元电路，其功能是用来存放数据、指令等。寄存器是由具有存储功能的触发器组合起来构成的。1个触发器可以存储1位二进制数，存放n位二进制数码的寄存器，需用n个触发器来构成。寄存器按照逻辑功能的不同，可分为数码寄存器和移位寄存器两大类。

1. 数码寄存器

具有接收数码、寄存数码、输出数码和清除数码功能的寄存器称为数码寄存器。图6-19所示是由4个D触发器构成的4位二进制数码寄存器的逻辑图。

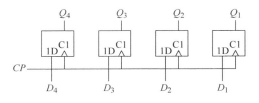

4个触发器的时钟输入端连接在一起，受时钟脉冲CP的同步控制，$D_1 \sim D_4$是寄存器并行的数据输入端，用于输入4位二进制数码；$Q_1 \sim Q_4$是寄存器的并行输出端，用于输出4位二进制数码。

图6-19　4位二进制数码寄存器

若要将4位二进制数码$D_4D_3D_2D_1 = 1010$存入寄存器中，只要在时钟脉冲CP输入端加时钟脉冲。当CP上升沿出现时，4个触发器的输出端$Q_4Q_3Q_2Q_1 = 1010$，于是4位二进制数码同时存入4个触发器中。当外部电路需要这组数据时，可以从$Q_4Q_3Q_2Q_1$端读出。

当接收脉冲CP到来后，输入数据$D_4D_3D_2D_1$就一齐送入D触发器，这种输入方式称为并行输入。寄存器在输出时也是各位同时输出的，称这种输出方式为并行输出。因此这种数码寄存器称为并行输入－并行输出数码寄存器。

74LS175 是由 4 个 D 触发器构成的集成电路，可以用来构成寄存器、抢答器等功能部件。4D 锁存器 74LS175 引脚图如图 6-20 所示，在其外引脚中，D_0、D_1、D_2、D_3 是 4 位数码的并行输入端，MR 是清零端，CP 是时钟脉冲输入端，Q_0、$\overline{Q_0}$、Q_1、$\overline{Q_1}$、Q_2、$\overline{Q_2}$、Q_3、$\overline{Q_3}$ 是 4 位数码的并行输出端。表 6-16 为 74LS175 的功能表。

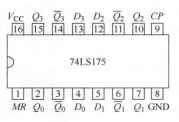

数码寄存器和移位寄存器

图 6-20　74LS175 引脚图

表 6-16　74LS175 的功能表

输入						输出			
MR	CP	D_0	D_1	D_2	D_3	Q_0	Q_1	Q_2	Q_3
0	×	×	×	×	×	1	1	1	1
1	↑	D_0	D_1	D_2	D_3	D_0	D_1	D_2	D_3
1	0	×	×	×	×	保持			
1	1	×	×	×	×	保持			

2. 移位寄存器

移位寄存器是一种不仅能存储数码，还能使寄存的数码移位的寄存器。移位寄存器可分成单向移位寄存器和双向移位寄存器。

由边沿 D 触发组成的 4 位右移移位寄存器如图 6-21 所示，其中第一个触发器 FF_0 的输入端接收输入信号，其余的每个触发器的输入端均与前面一个触发器的输出端 Q 端相连。

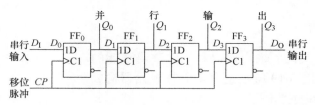

图 6-21　4 位右移移位寄存器

移位寄存器的工作原理如下：设寄存器中各触发器初态均为 0 状态，串行输入数码为 "1011"，当输入第一个数码 "1" 时，这时 $D_0=1$，$D_1=Q_0=0$，$D_2=Q_1=0$，$D_3=Q_2=0$，在第一个移位脉冲 CP 上升沿作用下，FF_0 由 0 态翻转到 1 态，第一个数码 "1" 进入触发器 FF_0，其原来的状态 $Q_0=0$ 移入 FF_0 中，数码向右移了一位，同理，FF_1、FF_2、FF_3 中的数码也都依次向右移一位。这时，寄存器的状态为 $Q_3Q_2Q_1Q_0=0001$。当输入第二个数码 "0" 时，在第二个移位脉冲 CP 上升沿作用下，第二个数码 "0" 进入触发器 FF_0，其原来的状态 $Q_0=1$ 移入 FF_1 中，数码向右移了一位，同理，FF_1、FF_2、FF_3 中的数码也都依次向右移一位。这时，寄存器的状态为 $Q_3Q_2Q_1Q_0=0010$。依次类推，在移位脉冲的作用下，数码由低位到高位存入寄存器，实现了右移。在移位脉冲作用下，触发器的状态转换关系见表 6-17。

表 6-17　右移移位寄存器的状态转换表

时钟编号 CP	寄存器状态					
	Q_3	Q_2	Q_1	Q_0	D_1	
0	0	0	0	0	1 ↑	第一个串入的数码"1"
1	0	0	0	1	0 ↑	第二个串入的数码"0"
2	0	0	1	0	1 ↑	第三个串入的数码"1"
3	0	1	0	1	1 ↑	第四个串入的数码"1"
4	1	0	1	1	×	
				← 1011 向右移（向高位移）		

若需要从移位寄存器中取出数码，可从每位触发器的输出端引出，这种输出方式称并行输出。另一种输出方式是由最后一级触发器 FF$_3$ 输出端引出。若寄存器中已存有数码 1011，每来一个移位脉冲输出一个数码（即将寄存器中的数码右移一位），则再来 4 个移位脉冲后，4 位数码全部逐个输出，这种方式称为串行输出。

移位寄存器也可以进行左移位。原理和右移寄存器没有本质的区别，规定向高位移称为右移，向低位移称为左移，而不管纸面上的方向如何。

把左移和右移移位寄存器组合起来，加上移位方向控制信号，便可方便地构成双向移位寄存器。74LS194 逻辑图和引脚功能示意图如图 6-22 所示，这是一种具有并行输出、并行输入、左移、右移、保持等多种功能的 4 位双向移位寄存器，其中 $D_0 \sim D_3$ 为并行输入端，$Q_0 \sim Q_3$ 为并行输出端，D_{SR} 为右移串行输入端，D_{SL} 为左移串行输入端，S_1、S_0 为操作模式控制端，R_D 为无条件直接清零端，CP 为时钟脉冲输入端。

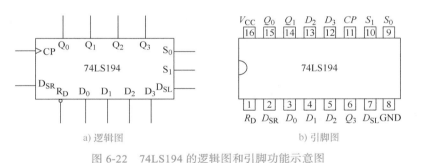

a) 逻辑图　　　　　　　　　　b) 引脚图

图 6-22　74LS194 的逻辑图和引脚功能示意图

74LS194 的功能表见表 6-18。

表 6-18　74LS194 的功能表

输入										输出				工作模式
清零	控制		串行输入		时钟	并行输入				输出				
R_D	S_1	S_0	D_{SL}	D_{SR}	CP	D_0	D_1	D_2	D_3	Q_0	Q_1	Q_2	Q_3	
0	×	×	×	×	×	×	×	×	×	0	0	0	0	异步清零
1	0	0	×	×	×	×	×	×	×	Q_0^n	Q_1^n	Q_2^n	Q_3^n	保持
1	0	1	×	1	↑	×	×	×	×	1	Q_0^n	Q_1^n	Q_2^n	右移，D_{SR} 为串行输入，Q_3 为串行输出
1	0	1	×	0	↑	×	×	×	×	0	Q_0^n	Q_1^n	Q_2^n	
1	1	0	1	×	↑	×	×	×	×	Q_1^n	Q_2^n	Q_3^n	1	左移，D_{SL} 为串行输入，Q_0 为串行输出
1	1	0	0	×	↑	×	×	×	×	Q_1^n	Q_2^n	Q_3^n	0	
1	1	1	×	×	↑	D_0	D_1	D_2	D_3	D_0	D_1	D_2	D_3	并行置数

1）异步清零功能。当清零端 $R_D=0$ 时，各输出端均为 0，与时钟无关。

2）保持功能。当清零端 $R_D=1$ 且 $CP=0$，或 $R_D=1$ 且 $S_1S_0=00$ 时，移位寄存器处于保持状态。

3）并行置数功能。当 $R_D=1$ 且 $S_1S_0=11$ 时，寄存器为并行输入方式，即在 CP 脉冲上升沿作用下，将输入到 $D_0 \sim D_3$ 的数据同时存入寄存器中，$Q_0 \sim Q_3$ 为并行输出端。

4）右移串行输入功能。当 $R_D=1$ 且 $S_1S_0=01$ 时，在 CP 时钟上升沿作用下，寄存器执行右移工作功能，D_{SR} 为右移串行输入端。

5）左移串行输入功能。当 $R_D=1$ 且 $S_1S_0=10$ 时，在 CP 时钟上升沿作用下，寄存器执行左移工作功能，D_{SL} 为左移串行输出端。

可以利用两片集成移位寄存器 74LS194 扩展成一个 8 位移位寄存器，如图 6-23 所示。

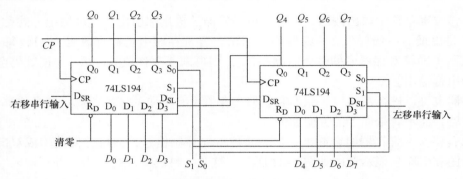

图 6-23　8 位移位寄存器

6.2.3　计数器

计数器的分类和功能

计数器是用来记忆输入脉冲个数的逻辑器件，可用于定时、分频、产生节拍脉冲和脉冲序列及进行数字运算等，是使用最多的时序逻辑电路。

按各触发器翻转情况的不同，分为同步计数器和异步计数器。在同步计数器中，当时钟信号到来时，触发器状态同时翻转；在异步计数器中，触发器状态不同时翻转。按数制的不同，分为二进制、十进制和任意进制计数器。按计数器中数字编码方式的不同，分为二进制计数器、二－十进制计数器、循环码计数器等。

1. 二进制计数器

二进制计数器是构成其他各种计数器的基础。二进制计数器是指按二进制编码方式进行计数的电路。用 n 表示二进制代码的位数，用 N 表示有效数字，在二进制计数器中有 $N=2^n$ 个状态。

（1）异步二进制加法计数器　异步计数器在计数时采用从低位向高位逐位进（借）位的方式工作，因此其中的各个触发器不是同步翻转的。

由 JK 触发器组成的 4 位异步二进制加法计数器如图 6-24 所示，每个触发器的 J、K 端都接高电平，即接成 T′ 触发器。计数脉冲 CP 由最低位的触发器的时钟脉冲端加入，每个触发器均为下降沿触发，低位触发器的 Q 输出端接相邻高位的时钟脉冲 CP 端。二进制加法计数的规则是：某一位如果是 1，则再加 1 时变成 0，同时向高位发出进位信号，使高位翻转。

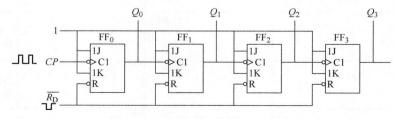

图 6-24　4 位异步二进制加法计数器

计数器在计数前，$\overline{R_D}$ 置零端加负脉冲，使各触发器为 0 状态，即 $Q_3Q_2Q_1Q_0 = 0000$。计数过程中，$\overline{R_D}$ 为高电平。

输入第一个计数脉冲 CP，当脉冲的下降沿到来时，最低位触发器 FF_0 由 0 态翻转为 1 态，因为 Q_0 端输出的上升沿加到 FF_1 的 CP 端，FF_1 不满足翻转条件，保持 0 态不变。这时计数器的状态为 $Q_3Q_2Q_1Q_0 = 0001$。

当输入第二个计数脉冲 CP 时，触发器 FF_0 由 1 态翻转为 0 态，Q_0 端输出的下降沿加到 FF_1 的 CP 端，FF_1 翻转，由 0 态翻转为 1 态。Q_1 端输出的上升沿加到 FF_2 的 CP 端，FF_2 不满足翻转条件，保持 0 态不变。这时计数器的状态为 $Q_3Q_2Q_1Q_0 = 0010$。

当连续输入计数脉冲 CP 时，只要低位触发器由 1 态翻转到 0 态，相邻高位触发器的状态改变。计数器中各触发器的状态转换顺序表见表 6-19。由表 6-19 可见，在计数脉冲 CP 作用下，计数器状态符合二进制加法规律，故称为异步二进制加法计数器。从状态 0000 开始，每来一个脉冲，计数器中数值加 1，当输入第 16 个脉冲时，计满归零，因此，该电路也称为 1 位十六进制计数器。

表 6-19　4 位异步二进制加法计数器状态转换表

计数脉冲	计数器状态				相应的十进制数
	Q_3	Q_2	Q_1	Q_0	
0	0	0	0	0	0
1	0	0	0	1	1
2	0	0	1	0	2
3	0	0	1	1	3
4	0	1	0	0	4
5	0	1	0	1	5
6	0	1	1	0	6
7	0	1	1	1	7
8	1	0	0	0	8
9	1	0	0	1	9
10	1	0	1	0	10
11	1	0	1	1	11
12	1	1	0	0	12
13	1	1	0	1	13
14	1	1	1	0	14
15	1	1	1	1	15
16	0	0	0	0	0

（2）异步二进制减法计数器　将 4 位异步二进制加法计数器电路稍做变动，即将触发器 FF_3、FF_2、FF_1 的时钟信号分别与前级触发器的 $\overline{Q}$ 端相连，就构成 4 位异步二进制减法计数器。电路如图 6-25 所示。

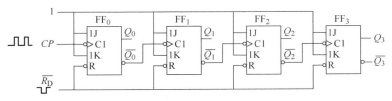

图 6-25　4 位异步二进制减法计数器

计数器在计数前，$\overline{R_D}$置零端加负脉冲，使各触发器为 0 状态，即$Q_3Q_2Q_1Q_0=0000$。计数过程中，$\overline{R_D}$为高电平。

当第一个减法计数脉冲 CP 下降沿到来时，最低位触发器 FF_0 由 0 态翻转为 1 态，$\overline{Q_0}=0$，产生一个下降沿信号，满足 FF_1 翻转条件，FF_1 输出 $Q_1=1$，$\overline{Q_1}=0$。同理，FF_2 和 FF_3 也随之发生翻转，这时计数器的输出状态为 $Q_3Q_2Q_1Q_0=1111$。

当第二个计数脉冲 CP 下降沿到来时，触发器 FF_0 由 1 态翻转为 0 态，$\overline{Q_0}=1$，产生上升沿信号，FF_1 不满足翻转条件，输出状态不发生改变。同理，FF_2 和 FF_3 的输出状态也保持不变，计数器的输出状态为 $Q_3Q_2Q_1Q_0=1110$。当时钟脉冲 CP 连续输入时，得到状态转换表见表 6-20。

表 6-20 4 位异步二进制减法计数器状态转换表

计数脉冲	计数器状态				相应的十进制数
	Q_3	Q_2	Q_1	Q_0	
0	0	0	0	0	0
1	1	1	1	1	15
2	1	1	1	0	14
3	1	1	0	1	13
4	1	1	0	0	12
5	1	0	1	1	11
6	1	0	1	0	10
7	1	0	0	1	9
8	0	0	0	0	8
9	0	1	1	1	7
10	0	1	1	0	6
11	0	1	0	1	5
12	0	1	0	0	4
13	0	1	0	1	3
14	0	0	1	0	2
15	0	0	0	1	1
16	0	0	0	0	0

（3）同步二进制加法计数器　由于异步二进制计数器的进位信号是逐步传递的，它的计数速度受到限制，输入脉冲更要经过传输延迟时间才能到新的稳定状态。为了提高计数速度，应设法利用计数脉冲去触发计数器的全部触发器，使全部触发器的状态转换与输入脉冲同步，这就是同步计数器。

图 6-26 所示为同步二进制加法计数器，由 4 个下降沿触发的 JK 触发器构成，计数脉冲同时控制各位触发器的触发端。

由于触发器 FF_0 的 $J=K=1$，处于翻转状态，每一个 CP 脉冲下降沿到来时，其输出状态都要翻转。当第 1 个脉冲到来时，触发器 FF_0 输出 $Q_0=1$、由于 FF_1、FF_2 和 FF_3 的 $J=K=0$，其输出状态保持不变，此时 $Q_3Q_2Q_1Q_0=0001$；当第 2 个脉冲到来时，触发器 FF_0 输出 0，而 FF_1 的 $J=K=1$，输出 1，FF_2 和 FF_3 的 $J=K=0$，其输出状态保持不变，此时 $Q_3Q_2Q_1Q_0=0010$；由于 FF_2 的 $J=K=Q_0Q_1$，只有当

Q_0 和 Q_1 全为 1 时，即第 4 个脉冲到来时，Q_2 才能输出高电平；由于 FF_3 的 $J = K = Q_0 Q_1 Q_3$，只有当 Q_0、Q_1 和 Q_3 全为 1 时，即第 8 个脉冲到来时，Q_2 才能输出高电平。当第 16 个脉冲到来时，计满归零。其状态转换表、输出波形图与异步二进制加法计数器相似。

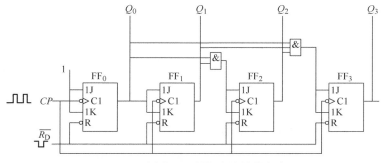

图 6-26　同步二进制加法计数器电路

由于计数脉冲同时加到各位触发器的 CP 端，它们的状态变换和计数脉冲同步，这是"同步"名称的由来，并与"异步"相区别。同步计数器的计数速度比异步计数器快。

（4）集成二进制计数器　图 6-27a 所示为集成 4 位异步二进制加法计数器 74LS197 的引脚图，图 6-27b 为 74LS197 的结构框图。

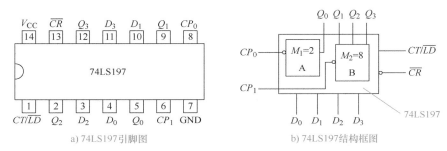

a) 74LS197引脚图　　　　　　　　b) 74LS197结构框图

图 6-27　集成 4 位异步二进制加法计数器 74LS197

$D_0 \sim D_3$ 是并行数据输入端，$Q_0 \sim Q_3$ 是计数器输出端。$\overline{CR}$ 是异步清零端，低电平有效。当 $\overline{CR}$ 为低电平时，不管 CP_0、CP_1 时钟端状态如何，可完成异步清零功能。$CT/\overline{LD}$ 为计数 / 置数控制端，低电平有效。当 $\overline{CR}=1$、$CT/\overline{LD}=0$ 时，不管 CP_0、CP_1 时钟端状态如何，计数器实现异步置数，将 $D_0 \sim D_3$ 置给 $Q_0 \sim Q_3$。CP_0 和 CP_1 是两组时钟脉冲输入端。功能表见表 6-21。

表 6-21　74LS197 功能表

输入				输出
$\overline{CR}$	$CT/\overline{LD}$	CP_0	CP_1	$Q_0\ Q_1\ Q_2\ Q_3$
0	×	×	×	0　0　0　0 异步清零
1	0	×	×	$D_0\ D_1\ D_2\ D_3$ 异步置数
1	1	CP	×	二进制加法计数
1	1	×	CP	八进制加法计数
1	1	CP	Q_0	十六进制加法计数

值得注意的是：74LS197 集成电路有两组 CP 输入端，其内部包括两组相对独立的计数器，即为图 6-27b 中的计数器 A、计数器 B。

若将 CP 加在 CP_0 端，CP_1 端接地或置 1，则仅有计数器 A 工作，构成 1 位二进制即二进制异步加法计数器，如图 6-28a 所示；若将 CP 加在 CP_1 端，CP_0 端接地或置 1，则仅有计数器 B 工作，构成3位二进制即八进制异步加法计数器，如图 6-28b 所示；若将 CP 加在 CP_0 端，再把 Q_0 与 CP_1 连接起来，则实现了计数器 A、B 的级联，构成 4 位二进制即十六进制异步加法计数器，如图 6-28c 所示，因此也把 74LS197 称为二－八－十六进制计数器。

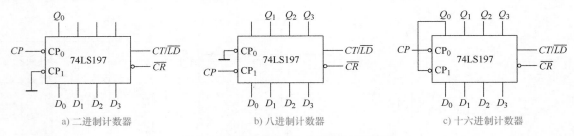

a) 二进制计数器   b) 八进制计数器   c) 十六进制计数器

图 6-28 用 74LS197 构成不同进制计数器

图 6-29a 所示为集成 4 位二进制同步加法计数器 74LS161 的引脚图，图 6-29b 所示为 74LS161 的内部逻辑图。

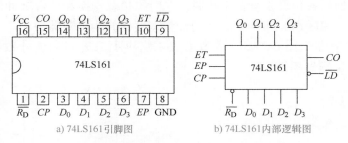

a) 74LS161引脚图   b) 74LS161内部逻辑图

图 6-29 集成 4 位二进制同步加法计数器 74LS161

$D_0 \sim D_3$ 为并行数据输入端，$D_0 \sim D_3$ 为状态输出端。CP 为时钟脉冲输入端，上升沿有效；$\overline{R_D}$ 为清零端，低电平有效；$\overline{LD}$ 为同步并行置数控制端，低电平有效；EP 和 ET 为工作状态控制端，当两者或其中之一为低电平时，计数器保持原态，当两者为高电平时，计数；CO 为进位信号输出端，高电平有效。表 6-22 为 74LS161 的功能表。

表 6-22 74LS161 的功能表

输入									输出				
$\overline{R_D}$	$\overline{LD}$	EP	ET	CP	D_0	D_1	D_2	D_3	Q_0	Q_1	Q_2	Q_3	CO
0	×	×	×	×	×	×	×	×	0	0	0	0	0
1	0	×	×	↑	d_0	d_1	d_2	d_3	d_0	d_1	d_2	d_3	
1	1	1	1	↑	×	×	×	×	计数				
1	1	0	×	×	×	×	×	×	保持				
1	1	×	0	×	×	×	×	×	保持			0

集成 4 位二进制同步加法计数器 74LS161 具有以下功能：

1）异步清零功能。当 $\overline{R_D}$ =0 时，计数器输出为全零状态。因清零不需要与时钟脉冲 CP 同步，因此称为异步清零。

2）同步并行置数功能。当 $\overline{R_D}$ =1、$\overline{LD}$ =0 时，在 CP 脉冲上升沿作用下，计数器输出并行数据 $D_3D_2D_1D_0$。

3）二进制同步加法计数功能。当 $\overline{R_D}$ = $\overline{LD}$ =1 且 $EP=ET$=1 时，按 4 位自然二进制码同步计数，当

计数器累加到"1111"状态时，溢出进位输出端 CO 输出一个高电平进位信号。

4）保持功能。当 $\overline{R_{\mathrm{D}}} = \overline{LD} = 1$ 且 $EP \cdot ET = 0$ 时，计数器状态保持不变。

类似的还有集成 4 位二进制（十六进制）同步加法计数器 74LS163，采用同步清零、同步置数方式，其逻辑功能、计数工作原理和引脚排列与 74LS161 没有大的区别。

2. 十进制计数器

虽然二进制计数器具有电路结构简单、运算方便的特点，但日常生活中人们使用的是十进制计数，因此数字系统中经常要用到十进制计数器。十进制计数器与二进制计数器的工作原理基本相同，在 4 位二进制计数器的 16 种状态的基础上，只使用 0000 ～ 1001，剩下的 6 种状态 1001 ～ 1111 不用，即可实现十进制计数器。

图 6-30a 所示为集成十进制异步加法计数器 74LS290 的引脚图，图 6-30b 为 74LS290 的结构框图。

其中，CP_0 和 CP_1 是两组时钟脉冲输入端；$Q_0 \sim Q_3$ 是计数器状态输出端；S_9 包括两个并行端口 S_{9A} 和 S_{9B}，是置"9"端；R_0 包括两个并行端口 R_{0A} 和 R_{0B}，是清零端。表 6-23 所示为 74LS290 的功能表。

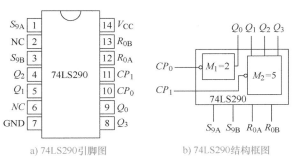

a) 74LS290引脚图　　　　b) 74LS290结构框图

图 6-30　集成十进制异步加法计数器 74LS290

表 6-23　74LS290 的功能表

输入			输出				备注
R_0	S_9	CP	Q_0^{n+1}	Q_1^{n+1}	Q_2^{n+1}	Q_3^{n+1}	
1	0	×	0	0	0	0	清零
×	1	×	1	0	0	1	置"9"
0	0	↓	计数				

集成十进制异步计数器 74LS290 具有以下功能：

1）异步清零功能。当 $S_9 = S_{9A} \cdot S_{9B} = 0$ 时，若 $R_0 = R_{0A} = R_{0B} = 1$，则计数器清零，并与 CP 无关。

2）异步置"9"功能。当 $S_9 = S_{9A} \cdot S_{9B} = 1$ 时，计数器置"9"，即被置成 1001 的状态。置"9"功能也与 CP 无关。

3）计数功能。当 $S_9 = S_{9A} \cdot S_{9B} = 0$，$R_0 = R_{0A} = R_{0B} = 0$ 时，根据不同的连接方法，74LS290 可实现二进制、五进制和十进制计数。

将计数脉冲由 CP_0 输入，由 Q_0 输出，构成二进制计数，如图 6-31a 所示；将计数脉冲由 CP_1 输入，由 Q_3、Q_2、Q_1 输出，构成五进制计数，如图 6-31b 所示；将 Q_0 与 CP_1 相连，计数脉冲由 CP_0 输入，构成 8421BCD 码十进制计数，如图 6-31c 所示；把 CP_0 和 Q_3 相连，计数脉冲由 CP_1 输入，构成 5421BCD 码十进制计数，如图 6-31d 所示。

因此，74LS290 又可称为二－五－十进制计数器。

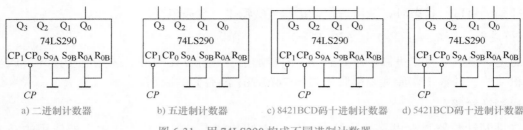

| a) 二进制计数器 | b) 五进制计数器 | c) 8421BCD码十进制计数器 | d) 5421BCD码十进制计数器 |

图 6-31　用 74LS290 构成不同进制计数器

74LS160 是集成十进制同步计数器，它是一个具有异步清零、同步置数、可以保持状态不变的十进制上升沿计数器。其引脚图如图 6-32 所示。

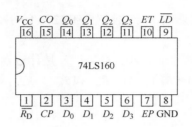

图 6-32　74LS160 引脚图

其中，$D_0 \sim D_3$ 为并行数据输入端，$Q_0 \sim Q_3$ 为数据输出端，EP、ET 为计数控制端，CO 为进位输出端，CP 为时钟输入端，$\overline{R_D}$ 为异步清除输入端，$\overline{LD}$ 为同步并行置数控制端。其功能表见表 6-24。

表 6-24　74LS160 的功能表

输入									输出			
$\overline{R_D}$	$\overline{LD}$	EP	ET	CP	D_0	D_1	D_2	D_3	Q_0	Q_1	Q_2	Q_3
0	×	×	×	×	×	×	×	×	0	0	0	0
1	0	×	×	↑	d_0	d_1	d_2	d_3	d_0	d_1	d_2	d_3
1	1	1	1	↑	×	×	×	×	计数			
1	1	0	×	×	×	×	×	×	保持			
1	1	×	0	×	×	×	×	×	保持			

由表 6-24 可知，74LS160 具有以下功能：

1）异步清零。当 $\overline{R_D}=0$ 时，计数器输出为全零状态，因清零不需要与时钟脉冲 CP 同步，所以可实现异步清零。

2）同步并行置数。当 $\overline{R_D}=1$、$\overline{LD}=0$ 时，在 CP 脉冲上升沿作用下，计数器输出 $D_3D_2D_1D_0$，实现同步置数功能。

3）计数。当 $\overline{R_D}=\overline{LD}=1$ 且 $ET=EP=1$ 时，计数器开始计数，每来一个脉冲计数器加 1，实现 4 位同步可预置十进制计数，计数从 0000 到 1001，当再来一个脉冲时，又从 0000 重新开始计数，同时溢出进位输出端 CO 输出 1。

4）保持。当 $\overline{R_D}=\overline{LD}=1$ 且 $ET \cdot EP=0$ 时，计数器状态保持不变，此时进位输出信号 $CO=ET \cdot Q_3Q_0$。当 $ET=0$，$EP=1$ 时，$CO=ET \cdot Q_3Q_0=0$，表示进位输出信号为低电平；当 $ET=1$，

$EP=0$ 时，$CO = ET \cdot Q_3 Q_0 = Q_3 Q_0$，表示进位输出信号保持。

通用集成计
数器的应用

3. 常用集成计数器构成 N 进制计数器

目前常用的计数器主要有二进制和十进制，当需要任意一种进制的计
数器时，可以用现有的计数器改接而成。可以通过对集成计数器的清零输
入端和置数输入端进行设置，构成 N 进制计数器。需要注意，清零和置数有同步和异步之分，同步
方式是当 CP 触发沿到来时才能完成清零和置数，异步方式是通过时钟触发异步输入端实现清零和置
数，与 CP 信号无关。具体的计数器可以通过状态表鉴别其清零和置数方式。

（1）异步清零法（也称反馈复位法）　74LS160 构成的六进制计数器如图 6-33 所示，由同步十进
计数器 74LS160 和一片四 2 输入与非门 74LS00 构成。六进制计数器要求电路在"6"时进位，即输
出为 6 时给输入端置 0。计数器从 $Q_3 Q_2 Q_1 Q_0 = 0000$ 状态开始计数，计到 0101 时，当第 6 个计数脉冲
上升沿到来，计数器出现 0110 状态，与非门立刻输出 0，通过与非门电路将输出端状态反馈到异步
清零端 $\overline{R_D}$，使计数器复位至 0000 状态，使 0110 为瞬间状态，不能成为有效状态，从而完成一个六
进制计数循环。

（2）同步置数法（也称反馈预置法）　74LS161 构成的七进制计数器如图 6-34 所示，计数器从
$Q_3 Q_2 Q_1 Q_0 = 0000$ 状态开始计数，计数到第 6 个脉冲时，$Q_3 Q_2 Q_1 Q_0 = 0110$，此时与非门输出为 0，计
数器出现 0111 状态。与非门立刻输出 0，与非门电路将输出端状态反馈到同步并行置数控制端 $\overline{LD}$，
使 $\overline{LD} = 0$，为 74LS161 同步预置做好准备。当第 7 个计数脉冲上升沿作用时，完成同步预置，使
$Q_3 Q_2 Q_1 Q_0 = 0000$ 完成了 0 ～ 6 的计数。

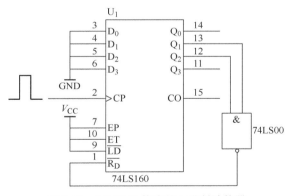

图 6-33　74LS160 构成的六进制计数器

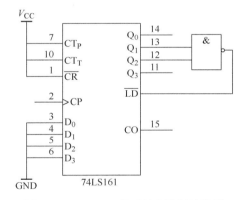

图 6-34　74LS161 构成的七进制计数器

计数到第 N–1 个脉冲时，通过与非门电路将输出端状态反馈到同步并行置数控制端 $\overline{LD}$，为同步
预置做好准备，当第 N 个脉冲上升沿作用时，完成同步预置，通过反馈使计数器返回到预置的初态，
实现 N 进制计数，这种方法使输出端不会出现瞬间的过渡状态。

任务实施

1. 设备与元器件

本任务用到的设备包括直流稳压电源、数字式万用表、示波器等。
组装电路所用元器件见表 6-25。

表 6-25　元器件明细表

序号	元器件	名称	型号规格	数量
1	U_1	计数器	74LS160	1
2	U_2	七段显示译码器	74LS48	1
3	U_3	与非门	74LS10	1
4	DS_1	数码管		1

2. 电路分析

流水线计数器电路如图 6-35 所示。根据要求利用 74LS160 设计一个八进制计数器，利用同步置数法。首先确定计数器的初始状态为 $Q_3Q_2Q_1Q_0 = 0000$，当计数到第 7 个脉冲时，$Q_3Q_2Q_1Q_0 = 0111$，令 $\overline{LD} = \overline{Q_2Q_1Q_0}$，画出电路图如图 6-35 所示。

74LS160 的 CP 输入端对工件计数脉冲进行计数，计数结果送到数码管驱动器 74LS48 驱动数码管，使之显示脉冲的个数。与非门采用 74LS10。

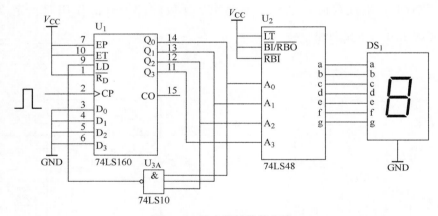

图 6-35　流水线计数器电路

3. 任务实施过程

（1）识别元器件

1）查集成电路手册。熟悉 74LS160、74LS48、74LS00 和数码管的功能，确定其引脚排列。

2）配齐元器件。根据元器件清单，确定所有元器件。

（2）检测元器件

1）数码管的测量。利用数字式万用表的二极管检测档检测数码管的极性及各个笔画段是否发光。首先将万用表旋到二极管检测档，黑表笔接公共端，红表笔依次接各个段位，查看相应段是否发光。若要检测共阳极数码管，将红、黑表笔对调即可。

2）十进制同步计数器 74LS160 功能测试。将 74LS160 控制端和数据输入端接电平开关，输出端接电平显示灯，CP 接手动单脉冲插孔，按表 6-26 测试 74LS160 功能，表 6-26 中共列出 5 项测试内容，请列出每项测试的测试功能及输出端电平信号。

表 6-26　74LS160 功能测试记录表

项次	输入									输出					功能
	$\overline{R_D}$	$\overline{LD}$	EP	ET	$CP\uparrow$	D_3	D_2	D_1	D_0	Q_3	Q_2	Q_1	Q_0	CO	
1	0	×	×	×	×	×	×	×	×						
2	1	0	×	×	1 2 3 4	0 0 0 1	0 0 1 1	0 1 0 1	1 0 1 1						
3	1	1	1	1	1 2 3 4 5 6 7 8 9 10	×	×	×	×						
4	1	1	0	×	↑	×	×	×	×						
5	1	1	×	0	↑	×	×	×	×						

3）同步十进制计数器 74LS160 时序图测试。将 74LS160 设置在计数状态，CP 接实验台上的 1kHz 脉冲，用双踪示波器观察并记录 CP、Q_3、Q_2、Q_1、Q_0、CO 的波形。注意触发沿的对应关系，要求观察记录 12 个以上 CP 脉冲。

_____

_____

_____

_____

_____

（3）流水线计数器电路的装配

1）根据原理图设计好元器件的布局。

2）在万能电路板上安装元器件。注意，元器件成形时，尺寸必须符合电路通用板插孔间距要求。按要求进行装接，不要装错，元器件排列整齐并符合工艺要求，尤其应注意集成电路和数码管引脚不要装错。

3）装配完成后进行自检。装配完成后，应重点检查装配的准确性，焊点应无虚焊、假焊、漏焊、搭焊等。

（4）流水线计数器电路测试　按电路图连接电路，检查电路，确认无误后，再接电源。记录输入脉冲数和数码管显示的数字，验证电路的逻辑功能。

（5）故障分析　根据表 6-27 所述故障现象分析故障产生的可能原因，采取相应办法进行解决，完成表格中相应内容的填写，若有其他故障现象及分析在表格下面补充。

表 6-27　故障分析汇总及反馈

故障现象	可能原因	解决办法	是否解决	小组评价
数码管不亮	供电电压不对		是 否	
数码管显示数字 8			是 否	

（6）收获与总结　通过本实训任务，你掌握了哪些技能？学会了哪些知识？在实训过程中遇到了什么问题？是怎么处理的？请填写在表 6-28 中。

表 6-28　收获与总结

序号	掌握的技能	学会的知识	出现的问题	处理方法
1				
2				
3				
心得体会：				

创新方案

你有更好的思路和做法吗？请给大家分享一下吧。
（1）尝试用同步归零法实现计数电路。
（2）
（3）

任务考核

根据表 6-29 所列考核内容和考核标准对本次任务的完成情况开展自我评价与小组评价，将评价结果填入表中。

表 6-29　任务综合评价

任务名称		姓名		组号	
考核内容	考核标准	评分标准		自评 得分	组间互评 得分
职业素养 （20分）	·工具摆放、着装等符合规范（2分） ·操作工位卫生良好，保持整洁（2分） ·严格遵守操作规程，不浪费原材料（4分） ·无元器件损坏（6分） ·无用电事故、无仪器损坏（6分）	·工具摆放不规范，扣1分；着装等不符合规范，扣1分 ·操作工位卫生等不符合要求，扣2分 ·未按操作规程操作，扣2分；浪费原材料，扣2分 ·元器件损坏，每个扣1分，扣完为止 ·因用电事故或操作不当而造成仪器损坏，扣6分 ·人为故意造成用电事故、损坏元器件、损坏仪器或其他事故，本次任务计0分			

（续）

任务名称		姓名		组号	
考核内容	考核标准	评分标准		自评 得分	组间互评 得分
元器件 检测 （10分）	·能使用仪表正确检测元器件（5分） ·正确填写表 6-26 检测数据及记录波形（5分）	·不会使用仪器，扣 2 分 ·元器件检测方法错误，每次扣 1 分 ·数据填写错误，每个扣 1 分			
装配 （20分）	·元器件布局合理、美观（10分） ·布线合理、美观，层次分明（10分）	·元器件布局不合理、不美观，扣 1 ～ 5 分 ·布线不合理、不美观，层次不分明，扣 1 ～ 5 分 ·布线有断路，每处扣 1 分；布线有短路，每处扣 5 分			
调试 （30分）	能使用仪器仪表检测，能正确填写表 6-27，并排除故障，达到预期的效果（30分）	·一次调试成功，数据填写正确，得 30 分 ·填写内容不正确，每处扣 1 分 ·在教师的帮助下调试成功，扣 5 分；调试不成功，得 0 分			
团队合作 （10分）	主动参与，积极配合小组成员，能完成自己的任务（5分）	·参与完成自己的任务，得 5 分 ·参与未完成自己的任务，得 2 分 ·未参与未完成自己的任务，得 0 分			
	能与他人共同交流和探讨，积极思考，能提出问题，能正确评价自己和他人（5分）	·交流能提出问题，正确评价自己和他人，得 5 分 ·交流未能正确评价自己和他人，得 2 分 ·未交流未评价，得 0 分			
创新能力 （10分）	能进行合理的创新（10分）	·有合理创新方案或方法，得 10 分 ·在教师的帮助下有创新方案或方法，得 6 分 ·无创新方案或方法，得 0 分			
最终成绩		教师评分			

思考与提升

1. 对于计数器 74LS60，当 $\overline{R_D} = 0$ 时，$Q_3Q_2Q_1Q_0 = $ ＿＿＿＿＿＿＿，计数器＿＿＿＿＿＿（是 / 否）能实现计数功能。$\overline{LD} = 0$ 时，$Q_3Q_2Q_1Q_0 = $ ＿＿＿＿，计数器＿＿＿＿＿（是 / 否）能实现计数功能。

2. 74LS60 中，Q_0 的一个周期包含了＿＿＿＿个时钟脉冲，其频率和时钟频率的关系是＿＿＿＿；Q_3 的一个周期包含了＿＿＿＿个时钟脉冲，其频率和时钟频率的关系是＿＿＿＿。

3. 用 74LS160 实现任意进制计数器有＿＿＿＿和＿＿＿＿两种方法。

4. 试用同步归零法实现计数电路。

5. 利用集成移位寄存器 74LS194 组成 4 位循环彩灯电路，电路如图 6-36 所示。输入端 $D_3D_2D_1D_0 = 0111$，输出端 Q_3 接右移输入端 D_{SR}，清零端 $R_D=1$，CP 端接时钟脉冲。当开关 S 打到上档位时，$S_1S_0=11$，74LS194 实现并行置数功能，将输出端置数为 0111；当 S 打到下档位时，$S_1S_0=01$，74LS194 实现右移功能，从而实现右移循环彩灯电路的设计。

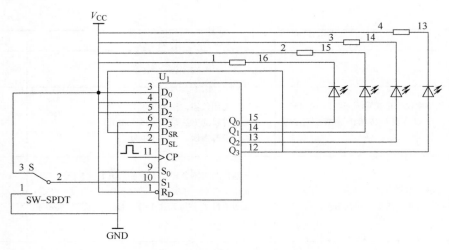

图 6-36 循环彩灯电路

任务小结

1. 安装集成电路时要注意观察表面的缺口标识。
2. 数码管的极性不要接反。
3. 数码管的引脚不要接错，注意接地端不能悬空，否则容易损坏数码管。
4. 集成电路的引脚顺序不要插错，引脚不能弯曲或折断。
5. 在通电前，先用万用表检查各集成电路的电源接线是否正确。

思考与练习

6-1 填空题

1. 触发器具有_____个稳定状态，在输入信号消失后，它能保持_____。

2. 两个与非门构成的基本 RS 触发器的功能有_____、_____和_____。电路中不允许两个输入端同时为_____，否则将出现逻辑混乱。

3. 同步 RS 触发器状态的改变是与_____信号同步的。

4. 为有效地抑制"空翻"，人们研制出了_____触发方式的_____触发器和_____触发器。

5. JK 触发器具有_____、_____、_____和_____4 种功能。欲使 JK 触发器实现 $Q^{n+1} = \overline{Q^n}$ 的功能，则输入端 J 应接_____，K 应接_____。

6. D 触发器的原状态为 0，当输入 $D=1$ 时，时钟脉冲上升沿到来时，其状态为_____；时钟脉冲上升沿到来后，D 由 1 变为 0，其状态为_____。

7. 触发器的逻辑功能通常可用_____、_____、_____和_____等多种方法进行描述。

8. 组合逻辑电路的基本单元是_____，时序逻辑电路的基本单元是_____。

9. 时序逻辑电路由_____电路和_____电路两部分组成。

10. JK 触发器的次态方程为_____；D 触发器的次态方程为_____。

6-2　单项选择题

1. 对于触发器和组合逻辑电路，以下（　　　）的说法是正确的。

A. 两者都有记忆能力　　　　　　　　　　　　B. 两者都无记忆能力

C. 只有组合逻辑电路有记忆能力　　　　　　　D. 只有触发器有记忆能力

2. 对于 JK 触发器，输入 $J=0$、$K=1$，CP 脉冲作用后，触发器的 Q^{n+1}（　　　）。

A. 为 0　　　　　　　B. 为 1　　　　　　　C. 可能是 0，也可能是 1　　　　　D. 与 Q^n 有关

3. JK 触发器在 CP 脉冲作用下，若使 $Q^{n+1}=\overline{Q^n}$，则输入信号应为（　　　）。

A. $J=K=1$　　　　　　B. $J=Q$，$K=\overline{Q}$　　　　　　C. $J=\overline{Q}$，$K=Q$　　　　　　D. $J=K=0$

4. 具有置 0、置 1、保持、翻转功能的触发器叫（　　　）。

A. JK 触发器　　　　B. 基本 RS 触发器　　　　C. 同步 D 触发器　　　　D. 同步 RS 触发器

5. 仅具有保持、翻转功能的触发器叫（　　　）。

A. JK 触发器　　　　B. RS 触发器　　　　C. D 触发器　　　　D. T 触发器

6. TTL 集成触发器直接置 0 端 $\overline{R_D}$ 和直接置 1 端 $\overline{S_D}$ 在触发器正常工作时应（　　　）。

A. $\overline{R_D}=1$，$\overline{S_D}=0$　　　　B. $\overline{R_D}=0$，$\overline{S_D}=1$

C. 保持高电平"1"　　　　D. 保持低电平"0"

7. 下列电路不属于时序逻辑电路的是（　　　）。

A. 数码寄存器　　　　B. 编码器　　　　C. 触发器　　　　D. 可逆计数器

8. 下列逻辑电路不具有记忆功能的是（　　　）。

A. 译码器　　　　B. RS 触发器　　　　C. 寄存器　　　　D. 计数器

9. 时序逻辑电路特点中，下列叙述正确的是（　　　）。

A. 电路任一时刻的输出只与当时输入信号有关

B. 电路任一时刻的输出只与电路原来状态有关

C. 电路任一时刻的输出与输入信号和电路原来状态均有关

D. 电路任一时刻的输出与输入信号和电路原来状态均无关

10. 具有记忆功能的逻辑电路是（　　　）。

A. 加法器　　　　B. 显示器　　　　C. 译码器　　　　D. 计数器

6-3　判断题

1. 触发器有两个稳定状态，在外界输入信号的作用下，可以从一个稳定状态转变为另一个稳定状态。　　　　　　　　　　　　　　　　　　　　　　　　　　　　　　（　　　）

2. 同步 RS 触发器只有在 CP 信号到来后，才依据 R、S 信号改变输出状态。　　（　　　）

3. 主从 JK 触发器能避免出现输出状态不定。　　　　　　　　　　　　　　　（　　　）

4. 同一逻辑功能的触发器，其电路结构一定相同。　　　　　　　　　　　　　（　　　）

5. 同步 D 触发器的 Q 端和 D 端的状态在任何时刻都是相同的。　　　　　　（　　　）

6. 寄存器具有存储数码和信号的功能。　　　　　　　　　　　　　　　　　　（　　　）

7. 构成计数电路的器件必须有记忆能力。　　　　　　　　　　　　　　　　　（　　　）

8. 移位寄存器只能串行输出。　　　　　　　　　　　　　　　　　　　　　　（　　　）

9. 移位寄存器就是数码寄存器，它们没有区别。　　　　　　　　　　　　　　（　　　）

10. 移位寄存器有接收、暂存、清除和数码移位等作用。　　　　　　　　　　（　　　）

6-4　基本 RS 触发器输入信号如图 6-37 所示，试画出 Q 端输出波形，设初始状态为 0。

6-5　同步 RS 触发器输入信号如图 6-38 所示，试画出 Q 端输出波形，设初始状态为 0。

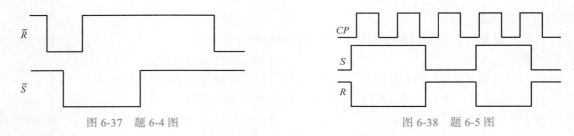

图 6-37　题 6-4 图　　　　　　图 6-38　题 6-5 图

6-6　已知主从 JK 触发器 J、K 的波形如图 6-39 所示，试画出 Q 端输出波形（设初始状态为 0）。

6-7　已知同步 D 触发器的输入信号波形如图 6-40 所示，试画出 Q 端输出波形（设初始状态为 0）。

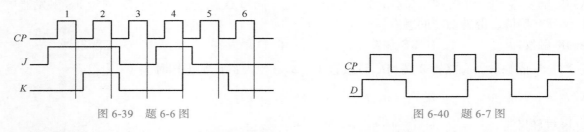

图 6-39　题 6-6 图　　　　　　图 6-40　题 6-7 图

6-8　如图 6-41 所示，移位寄存器的初始状态为 11，串行输入数码为 0101，画出连续 4 个 CP 脉冲作用下 $Q_3Q_2Q_1Q_0$ 各端的波形。

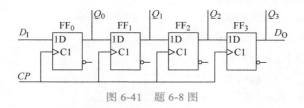

图 6-41　题 6-8 图

6-9　试用两片 74LS160 组成二十进制计数器电路。

6-10　写出图 6-42 所示各逻辑电路的次态方程。

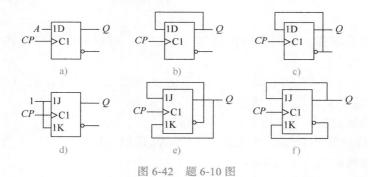

图 6-42　题 6-10 图

项目 7　制作与调试救护车警笛模拟电路

项 目 剖 析

　　救护车警笛模拟电路的设计，就是产生有规律频率变化的电路，在数字电路系统中，常常需要获得各种不同要求的脉冲信号，获得这些信号的电路有：多谐振荡器、单稳态触发器、施密特触发器以及 555 时基集成电路。

职 业 岗 位 目 标

1. 知识目标

（1）多谐振荡器的功能及基本应用方法。
（2）单稳态触发器的功能及基本应用方法。
（3）施密特触发器的功能及基本应用方法。
（4）555 集成定时器的功能及基本应用方法。

2. 技能目标

（1）能够分析 555 定时器构成的功能电路。
（2）能够使用 555 定时器设计救护车警笛电路。
（3）能够完成基于 555 定时器的数字电子钟的设计。
（4）能够组装、调试救护车警笛模拟电路和数字电子钟电路。

3. 素养目标

（1）能够在教师引导下完成每个任务相关理论知识的学习，并能举一反三。
（2）在任务计划阶段，要总体考虑电路布局与连接规范，使电路美观实用。
（3）在任务实施阶段，要首先具备健康管理能力，即注意安全用电和劳动保护，同时注重 6S 的养成和环境保护。
（4）专心专注、精益求精要贯穿任务始终，不惧失败。
（5）小组成员间要做好分工协作，注重沟通和能力训练。

任务 7.1　分析与设计波形产生变换电路

任务导入

在数字电路和数字系统中，常常需要用到各种脉冲波形，例如时钟脉冲、控制过程中的定时信号等。这些脉冲波形的获取，通常有两种方法：一种是利用脉冲振荡电路产生；另一种则是通过整形电路对已有的波形进行整形、变换，使之满足系统的要求。本任务先认识 RC 波形变换电路，再到学习脉冲产生电路，进而分析脉冲整形电路，最后认识 555 集成定时器。

任务分析

本任务中，正弦波振荡电路是由放大电路、选频网络、正反馈网络和稳幅环节 4 部分组成的，分别完成起振、选频、放大、稳幅输出等作用。正弦波振荡输出的过程很像大学生的学习经历。刚刚走入大学校门时，接收到了大量信息，这就是起振；而这些突然涌入的信息却导致看不清想要发展的方向，经过一段时间的学习，开始明确自己的意向，就可以屏蔽掉那些与理想无关的信息，这就是选频；未来的方向已经明确，未来就有了大致的轮廓，为了达到目标，要不断充实自己，用知识强大自己，才能在未来拥有竞争力，这就是放大；现阶段的知识储备已经完成，你就可能成为某个领域的专门人才，可以在工作岗位上做出贡献了，这就是稳幅输出。

知识链接

7.1.1　RC 波形变换电路

在数字电路中，常常需要各种不同频率的矩形脉冲。获得矩形脉冲的方法一般有两种：一种是通过方波振荡器产生，如图 7-1 所示，另一种是利用整形电路产生。那脉冲信号是怎么产生的呢？对已有的信号要经过怎样的变换才能得到脉冲信号呢？例如用自激振荡产生方波，因为矩形波电压只有两种状态，不是高电平，就是低电平，所以电压比较器是它的重要组成部分；因为产生振荡，就是要求输出的两种状态自动地相互转换，所以电路中必须引入反馈；因为输出状态应按一定的时间间隔交替变化，即产生周期性变化，所以电路中要有延迟环节来确定每种状态维持的时间。

矩形波发生电路由反相输入的滞回比较器和 RC 电路组成。RC 电路既作为延迟环节，又作为反馈网络，通过 RC 充、放电实现输出状态的自动转换。

1. 脉冲的概念

脉冲（pulse）通常是指电子技术中经常运用的一种像脉搏似的短暂起伏的电冲击（电压或电流），主要特性有波形、幅度、宽度和重复频率。脉冲是相对于连续信号在整个信号周期内短时间发生的信号，大部分信号周期内没有信号。如何利用电路搭建产生脉冲信号呢？我们可以尝试下面的电路，如图 7-2 所示，由 V_G、R_1、R_2、S 构成实验电路。

通过操作，将观察到的实验现象和结论总结如下：

1）开关 S 闭合时，R_2 短接，此时输出电压 $v_O=0$。

2）时间 t_1 时，开关 S 断开操作，此时输出电压 $v_O = V_G \dfrac{R_2}{R_1 + R_2}$。

3）时间 t_2 时，开关 S 再闭合，R_2 又被短接，此时输出电压 $v_O=0$。

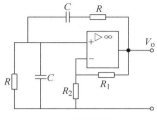

图 7-1　方波振荡器电路

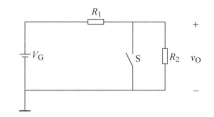

图 7-2　产生脉冲信号的实验电路

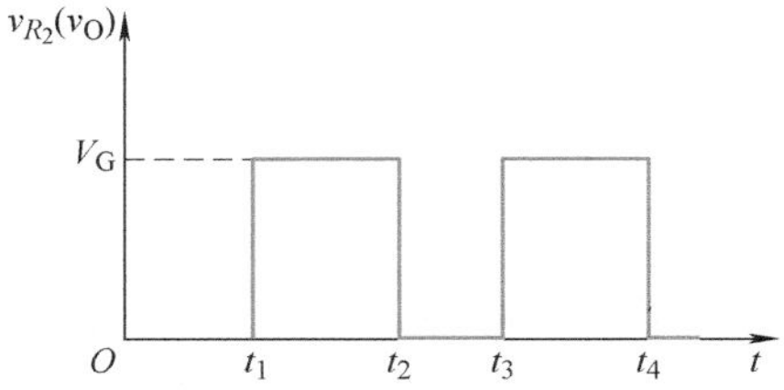

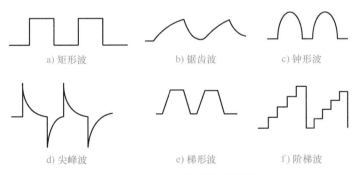

图 7-3　各时间段内的实验输出波形

重复此过程，则输出电压 v_O 的波形变化即为一串脉冲波，如图 7-3 所示。由此我们通过简单的电路搭建获得了脉冲信号。

2. 常见的脉冲波形

知道如何产生脉冲信号之后，我们来探讨常见的脉冲波形。首先要清楚脉冲波的概念。脉冲波是指一种间断的、持续时间极短的且突然发生的电信号。凡是断续出现的电压或电流均称为脉冲电压或脉冲电流。除了正弦波和由若个正弦分量合成的连续波以外，都可以称为脉冲波。因此常见的脉冲波有矩形波、锯齿波、钟形波、尖峰波、梯形波、阶梯波等，如图 7-4 所示。

a) 矩形波　　　　　b) 锯齿波　　　　　c) 钟形波

d) 尖峰波　　　　　e) 梯形波　　　　　f) 阶梯波

图 7-4　常见的脉冲波的波形

其中矩形波被广泛应用于数字开关电路，因为矩形波电压只有两种状态，不是高电平 1，就是低电平 0，所以电压比较器是它的重要组成部分；因为产生振荡，就要求输出的两种状态能自动地相互转换，所以电路中必须引入反馈；因为输出状态应按一定的时间间隔交替变化，即产生周期性变化，所以电路中要有延迟环节来确定每种状态维持的时间。矩形脉冲的产生通常有两种方法，一种是利用振荡电路直接产生所需要的矩形脉冲，这种方式不需要外加触发信号，只需要电路和直流电源，这种电路称为多谐振荡电路；另一种则是通过各种整形电路，把已有的周期性变化的波形变换为符合要求的矩形脉冲，电路自身不能产生脉冲信号，这类电路包括单稳态触发器和施密特触发器。这些内容我们会在后面内容着重学习。矩形脉冲波形的常见参数如图 7-5 所示。图中参数含义如下：

1）脉冲幅度 V_m——脉冲电压的最大变化幅度。

2）脉冲上升沿时间 t_r——脉冲上升沿从 $0.1V_m$ 上升到 $0.9V_m$ 的时间。

3）脉冲下降沿时间 t_f——脉冲上升沿从 $0.9V_m$ 下降到 $0.1V_m$ 的时间。

4）脉冲宽度 t_w——脉冲前、后沿 $0.5V_m$ 处的时间间隔，说明脉冲持续时间的长短。

5）脉冲周期 T——指周期性脉冲中，相邻两个脉冲波形对应点之间的时间间隔。

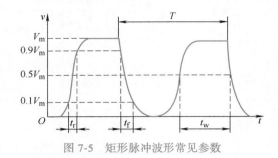

图 7-5　矩形脉冲波形常见参数　　　　图 7-6　RC 电路的充电过程电路

3. RC 波形变换电路

在模拟及脉冲数字电路中，常常用到由电阻 R 和电容 C 组成的 RC 电路，这些电路中，电阻 R 和电容 C 由于取值的不同、输入和输出关系的差异以及处理的波形之间的关系，产生了 RC 电路的不同应用，接下来我们先来研究 RC 电路的充、放电过程。

（1）RC 电路的充电过程

1）充电过程原理。图 7-6 所示为 RC 电路的充电过程电路。当开关 S 在 B 点，电容 C 上没有电荷，$v_C=0$；开关 S 由 B 合到 A 后，电源对电容 C 充电，因电容器两端的电压不能突变，开关拨动瞬间 $v_C=0$。此时，充电电流 i_C 最大，$i_C=\dfrac{V_G}{R}$，R 上的电压也最大，$v_R=V_G=i_C R$；随着电容 C 上电荷的积累，电压 v_C 随之增大，而 v_R 随之下降，所以 i_C 也逐渐下降；最后，$v_C=V_G$，$v_R=0$，$i_C=0$，充电结束。

2）分析该过程中 v_C 两端的电压变化，绘制出输出端的波形。充电过程波形变换如图 7-7 所示。电容器的充电速度与 R 和 C 的关系如下：电容 C 越大，v_C 上升就越慢；电阻 R 越大，v_C 上升就越慢。R 和 C 的乘积称为 RC 电路的时间常数 τ，单位为 s（秒）。充电时间可以用时间常数 τ 来衡量，τ 大则慢，τ 小则快。

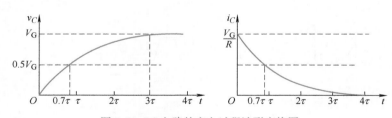

图 7-7　RC 电路的充电过程波形变换图

（2）RC 电路的放电过程

1）放电过程原理。电路如图 7-6 所示。当开关 S 重新合到 B 点，电容器将通过电阻 R 放电，开始瞬间，电容器两端的电压不能突变，$v_C=V_G$。此时，放电电流 i_C 最大，$i_C=\dfrac{V_G}{R}$；随后，v_C 按指数规律下降，i_C 也随之下降；最后，$v_C=0$，$i_C=0$，放电结束。

2）分析该过程中 v_C 两端的电压变化，绘制出输出端的波形。放电过程波形变换如图 7-8 所示。电阻越大，放电电流就越小，因此放电速度越慢。放电时间可以用时间常数 τ 来衡量，τ 大则慢，τ 小则快。

4. RC 微分电路

RC 微分电路是一种应用十分广泛的对脉冲信号进行变换的电路，它通常把矩形脉冲信号变换成正、负双向尖脉冲。在数学上，这种尖脉冲近似等于矩形波的微分形式，故有微分电路之称。微分电路的特点是输出能很快反映输入信号的跳变成分，即它能把输入信号中的突然变化部分选择出来。其输出的脉冲宽度很窄，与原来输入脉冲宽度较宽的波形相比，包含有"微分"的意思。

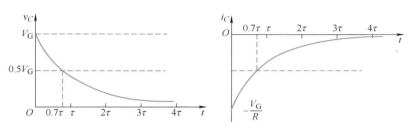

图 7-8 RC 电路的放电过程波形变换图

RC 微分电路如图 7-9 所示，电阻 R 和电容 C 串联后接入输入信号 v_I，由电阻 R 输出信号 v_O，如果 RC 数值与输入方波宽度 t_W 之间满足 $RC \ll t_W$，则可将矩形波变换为尖峰波。由于电路的输出 v_O 只反映输入波形 v_I 的突变部分，故这种电路称为微分电路。在 R 两端（输出端）得到正、负相间的尖脉冲，而且发生在方波的上升沿和下降沿。

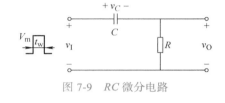

图 7-9 RC 微分电路

RC 微分电路输出信号取自 RC 电路中电阻 R 的两端，即 $v_O = v_R$；电路的时间常数 τ 应远小于输入的矩形波脉冲宽度 t_W，即 $\tau \ll t_W$。

RC 微分电路工作原理波形图如图 7-10 所示，当 $t < t_1$ 时，$v_I = 0$，$v_O = 0$；在 $t = t_1$ 的瞬间，v_I 由 0 突变为 V_m，立即有充电电流通过 R 和 C。由于电容电压 v_C 不能突变，此时 $v_C = 0$，故 $v_O = v_I = V_m$，即输出电压由 0 跳为 V_m；在 $t_1 \sim t_2$ 期间，输入电压 v_I 保持 V_m 不变，由于时间常数 τ 很小，所以电容 C 被快速充电，v_C 上升很快。而输出电压 $v_O = v_I - v_C$ 迅速下降。在 $t = t_2$ 之前，v_C 很快到达 V_m，而 v_O 迅速下降为 0，形成一个正的尖峰脉冲波；在 $t = t_2$ 时，v_I 从 V_m 跳变到 0，由于电容两端电压不能突变，v_C 仍为 V_m。所以，$v_O = v_I - v_C = V_m$；在 t_2 时刻以后，同样因为电路时间常数 τ 很小，电容迅速放电，v_O 很快由 V_m 上升到 0，形成一个负的尖峰脉冲波。

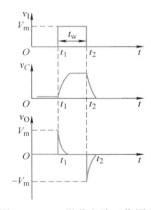

图 7-10 RC 微分电路工作原理波形图

5. RC 积分电路

积分电路可将矩形脉冲波电转换为锯齿波或三角波，还可将锯齿波转换为抛物波。其电路原理都是基于电容的充放电原理。积分电路的特性是由电路的时间常数和输入信号占空间的相对大小关系确定的。

RC 积分电路如图 7-11 所示，电阻 R 和电容 C 串联接入输入信号 v_I，由电容 C 输出信号 v_O，如果当 $RC（\tau）$ 数值与输入方波宽度 t_W 之间满足 $RC \gg t_W$，则可将矩形波变换为三角波，这种电路称为积分电路。在电容 C 两端（输出端）得到锯齿波电压。

RC 积分电路电路输出信号取自 RC 电路中电容 C 的两端，即 $v_O = v_C$；电路的时间常数 τ 应远大于输入的矩形波脉冲宽度 t_W，即 $\tau \gg t_W$。

RC 积分电路工作原理波形图如图 7-12 所示，当在 $t=t_1$ 时刻，v_I 由 0 跳变为 V_m，由于电容电压 v_C 不能突变，此时 $v_C=0$，故 $v_O=v_C=0$；在 $t_1 \sim t_2$ 期间，输入电压 v_I 保持 V_m 不变，电容 C 被充电，v_C 按指数规律上升。因为电路时间常数 τ 很大，所以充电速度缓慢，v_C 可近似认为线性增长；当 $t=t_2$ 时，v_I 从 V_m 下跳变到 0，相当于输入端短路，电容 C 通过 R 开始放电，输出电压下降，直到下一矩形脉冲到来。

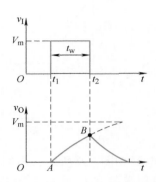

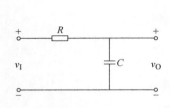

图 7-11　RC 积分电路

图 7-12　RC 积分电路工作原理波形图

注意：积分电路是将矩形脉冲变换成近似的三角波；将上升沿、下降沿陡峭的矩形脉冲波变换成上升沿和下降沿较缓慢的矩形脉冲，使跳变部分"延缓"，也称为"积分延时"；从宽窄不同的脉冲串中，把宽脉冲选出来。

【例 7-1】 如图 7-13 所示电路中，$R=20k\Omega$，$C=200pF$，若输入 $f=10kHz$ 的连续方波，问此电路是 RC 微分电路，还是一般的 RC 耦合电路？

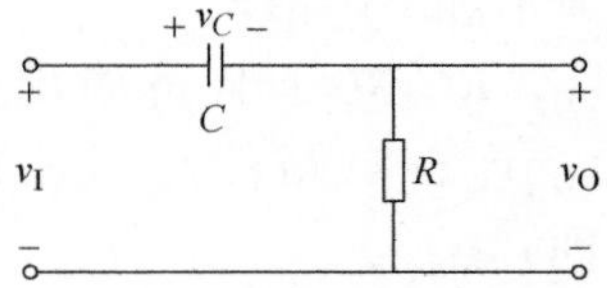

解：先求电路的时间常数。

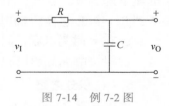

图 7-13　例 7-1 图

$$\tau = RC = 20 \times 10^3 \times 200 \times 10^{-12} \text{s} = 4\mu\text{s}$$

再求方波的脉宽 t_W。因为方波脉宽为周期的一半，即

$$t_W = \frac{T}{2} = \frac{1}{2f} = \frac{1}{2 \times 10 \times 10^3} \text{s} = 5 \times 10^{-5} \text{s} = 50\mu\text{s}$$

由上面计算可知，$\tau < \frac{1}{5} t_W$，所以这是 RC 微分电路。

【例 7-2】 如图 7-14 所示电路中，若 $C=0.1F$，输入脉冲的宽度 $t_W=0.5ms$，欲组成积分电路，电阻 R 至少应为多少？

解：组成积分电路必须 $\tau \geq 3t_W$，即 $RC \geq 3t_W$，则

$$R \geq \frac{3t_W}{C} = \frac{3 \times 0.5 \times 10^{-3} \text{s}}{0.1 \times 10^{-6} \text{F}} = 15k\Omega$$

图 7-14　例 7-2 图

可见，电阻 R 至少为 $15k\Omega$。

7.1.2　脉冲整形电路

1. 脉冲整形

在数字系统中，矩形脉冲经传输后往往发生波形畸变，或者边沿产生振荡等。通过施密特触发器整形，可以获得比较理想的矩形脉冲波形，这就称为脉冲整形。其波形如图 7-15 所示。

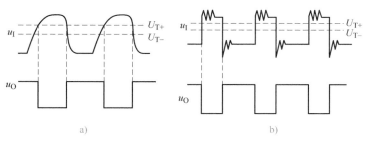

图 7-15　通过施密特触发器对矩形脉冲整形

本节内容就来学习常见的几种脉冲整形电路。

2. 多谐振荡器

多谐振荡器是利用深度正反馈，通过阻容耦合使两个电子器件交替导通与截止，从而自激产生方波输出的振荡器。多谐振荡器常用作方波发生器。"多谐"指矩形波中除了基波成分外，还含有丰富的高次谐波成分。多谐振荡器没有稳态，只有两个暂稳态。在工作时，电路的状态在这两个暂稳态之间自动地交替变换，由此产生矩形波脉冲信号，常用作脉冲信号源及时序电路中的时钟信号。常见的多谐振荡器有以下三种。

（1）与非门基本多谐振荡器　与非门基本多谐振荡器电路组成如图 7-16 所示。电路对称差异的必然存在，导致正反馈过程发生，形成第一稳态。正反馈过程如下：假设与非门 G_2 的输出电压 v_{O2} 高一些。

$$v_{O2} \uparrow \xrightarrow{C_2耦合} v_{I1} \xrightarrow{G_1作用} v_{O1} \downarrow \xrightarrow{C_1耦合} v_{I2} \downarrow \xrightarrow{G_2作用} v_{O2} \uparrow$$

使与非门 G_1 输出低电平 V_{L1}，即 0 态；与非门 G_2 输出高电平 V_{H2}，即 1 态。此为第一暂稳态。

由于电容 C_1、C_2 的充放电，第一暂稳态不稳定。门 G_2 的输出高电平 V_{H2} 对电容 C_1 充电；而 C_2 通过门 G_1 的输出电路进行放电。C_1、C_2 的充放电路径如图 7-17 所示。

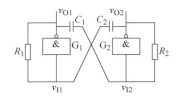

图 7-16　与非门基本多谐振荡器

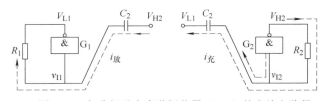

图 7-17　与非门基本多谐振荡器 C_1、C_2 的充放电路径

C_1、C_2 的耦合，引入一个正反馈过程：

$$v_{I2} \uparrow \xrightarrow{G_2作用} v_{O2} \downarrow \xrightarrow{C_2耦合} v_{I1} \downarrow \xrightarrow{G_1作用} v_{O1} \uparrow \xrightarrow{C_1耦合} v_{I2} \uparrow$$

使与非门 G_1 输出高电平 V_{H1}，即 1 态；与非门 G_2 输出低电平 V_{L2}，即 0 态。此为第二暂稳态。再经过电容 C_1、C_2 的充放电，电路又将从第二暂稳态返回到第一暂稳态，如此循环。

振荡周期 T 的估算：$T \approx 1.4RC$，其中 $R = R_1 = R_2$，$C = C_1 = C_2$，波形图如图 7-18 所示。

（2）RC 环形多谐振荡器

1）环形多谐振荡器电路。图 7-19 所示为环形多谐振荡器电路。3 个非门首尾依次相连，构成一个闭环电路以确保电路振荡，所以称为环形多谐振荡器。接入 RC 电路，既增大了环路的延迟时间，又便于通过改变 R、C 的数值，改变振荡频率。图中，R、C 为定时元器件，决定振荡的周期和频率。R_S 为非门 G_3 的输入限流电阻。

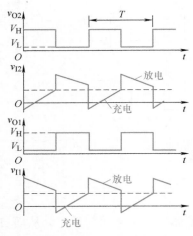

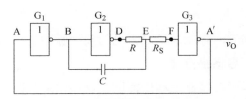

图 7-18　与非门基本多谐振荡器波形图　　　　　　　　图 7-19　环形多谐振荡器电路组成

2）工作原理。第一暂稳态 $v_O=0$，初始 $v_A=0$，G_1 关闭，$v_B=1$，G_2 开通，$v_D=0$，通过 C 的耦合使 $v_F=v_E=1$，$v_O=v_{A'}=0$，$v_D=0$，v_B 通过 C、R 对 C 充电，使 $v_E \downarrow$、$v_F \downarrow \rightarrow v_O=v_{A'}=1$。

第二暂稳态 $v_{A'}=1$ 使 G_1 开通，$v_B=0$，$v_D=1$，C 反充电，$v_E \uparrow$，v_F 到达 G_3 开门电平，G_3 开通。返回第一暂稳态，$v_O'=0$。

环形振荡器的振荡周期 T 为 $T=$ 单个非门延迟时间 × 非门数 ×2。

这种振荡器的特点是线路简单，起振容易，如果不加延迟网络则不需要阻容元器件，便于集成化，缺点是没有延迟网络，频率不便于灵活选择，要实现低频振荡需要很多的非门，因而不易实现，另外由于门电路延迟时间有一定误差，制作时频率不太准确。如果加上阻容网络，则与同样需要阻容元器件的对称多谐振荡器或非对称多谐振荡器相比，所需芯片面积和成本不占优势。

（3）石英晶体多谐振荡器

1）电路符号如图 7-20 所示，石英晶体多谐振荡器实物图如图 7-21 所示。

图 7-20　石英晶体电路符号　　　　　　　　　图 7-21　石英晶体多谐振荡器实物图

2）用途。通常我们知道，在微处理器和微控制器的设计中，为了提供时钟信号而使用了晶体振荡器。例如，让我们考虑 8051 微控制器，在这个特定的控制器中，一个外部晶体振荡器电路将以必不可少的 12MHz 工作，即使该 8051 微控制器（基于型号）能够在 40MHz（最大）下工作，也必须提供 12MHz。在大多数情况下，因为 8051 一个机器周期需要 12 个时钟周期，所以要给出 1MHz（以 12MHz 时钟为准）至 3.33MHz（以最大 40MHz 时钟为准）的有效周期速率。这种特定的晶体振荡器的有效周期速率为 1 ～ 3.33MHz，用于生成所有内部操作同步所需的时钟脉冲。

石英晶体相当于一个 RLC 串联谐振电路。在谐振频率下，阻抗最低，正反馈最强，易于起振；而在其他频率下，阻抗很高，阻止振荡，所以石英晶体可起选频作用。

石英晶体多谐振荡器能产生极其稳定的高频率矩形脉冲信号。在数字系统中，常用作系统的基准信号源。

3. 微分型单稳态触发器

单稳态触发器只有一个稳定状态，一个暂稳态。在外加脉冲的作用下，单稳态触发器可以从一个稳定状态翻转到一个暂稳态。由于电路中 RC 延时环节的作用，该暂稳态维持一段时间又回到原来的稳态，暂稳态维持的时间取决于 RC 的参数值。

（1）电路组成　图 7-22 所示为微分型单稳态触发器电路。与非门 G_1 的输出电压 v_{O1} 经过 R、C 组成的微分电路，耦合到与非门 G_2 的输入端，故称微分型单稳态电路。

（2）工作原理

1）电路的稳态。无触发信号时，v_1 是高电平，与非门 G_2 的输入信号为低电平 0，输出 v_O 为高电平（1 态），而与非门 G_1 的输出电压 v_{O1} 为低电平（0 态），这是电路的稳态。

2）电路的暂稳态。当输入端 A 加入低电平触发信号时，与非门 G_1 的输出电压 v_{O1} 为高电平（1 态），通过电容 C 耦合，与非门 G_2 的输入端 B 处的信号是高电平（1 态）。输出信号 v_O 为低电平（0 态）。触发器翻转到暂稳态。

3）暂稳态期间。与非门 G_1 的输出电压 v_{O1} 为高电平，它通过 C、R 到接地端，对电容 C 充电。随着电容电压的升高，充电电流逐渐变小。因此，电阻上的电压也逐渐下降。

4）自动恢复为稳态。当 B 端的电平下降到与非门 G_2 的关门电平时，与非门 G_2 关闭，输出电压 v_O 又跳为高电平。它反送到与非门 G_1 的输入端。由于触发负脉冲的宽度很窄，A 点已恢复高电平。v_{O1} 下跳为低电平，电路又恢复稳态。

（3）波形图　根据上述电路操作，绘制出微分型单稳态触发器的波形图，如图 7-23 所示。

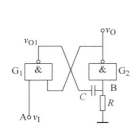

图 7-22　微分型单稳态触发器电路组成

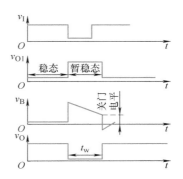

图 7-23　微分型单稳态触发器波形图

4. 施密特触发器

在电子学中，施密特触发器是包含正反馈的比较器电路。

对于标准施密特触发器，当输入电压高于正向阈值电压时，输出为高电平；当输入电压低于负向阈值电压时，输出为低电平；当输入在正负向阈值电压之间，输出不改变，也就是说输出由高电平翻转为低电平，或是由低电平翻转为高电平时所对应的阈值电压是不同的。只有当输入电压发生足够的变化时，输出才会变化，因此将这种元器件命名为触发器。这种双阈值动作被称为迟滞现象，表明施密特触发器有记忆性。从本质上来说，施密特触发器是一种双稳态多谐振荡器。

施密特触发器可作为波形整形电路，能将模拟信号波形整形为数字电路能够处理的方波波形，而且由于施密特触发器具有滞回特性，所以可用于抗干扰，其应用包括在开回路配置中用于抗干扰，以及在闭回路正反馈 / 负反馈配置中用于实现多谐振荡器。

（1）用集成与非门组成的施密特触发器

1）组成电路如图 7-24 所示。由 3 个与非门 G_1、G_2、G_3 和一个二极管 VD 组成。G_1 和 G_2 构成基本 RS 触发器，二极管 VD 起到电平移动作用，用来产生回差电压。

2）逻辑符号如图 7-25 所示。

3）工作原理如图 7-26 所示。

与非门的开关电平为 1.4V，二极管导通电压为 0.7V。

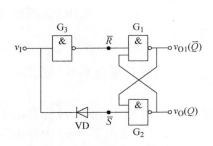

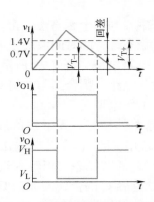

图 7-24　施密特触发器电路组成　　图 7-25　施密特触发器逻辑符号　　图 7-26　施密特触发器工作原理图

① 初始稳定状态——第一稳态。$v_I<0.7V$，与非门 G_3 输出高电平（1 态），$\bar{R}=1$；$\bar{S}$ 高出 v_I 一个二极管的正向导通电压（0.7V），所以，$\bar{S}$ 为小于 1.4V 门槛电压的低电平（0 态），则输出电压 v_O 为高电平（1 态），而 v_{O1} 为低电平（0 态）。这是电路的第一稳态（$Q=1$，$\bar{Q}=0$）。

当 v_I 上升，只要 $v_I<1.4V$，则 $\bar{R}=1$，故 RS 触发器保持 1 态不变，即电路保持第一稳态。

② 电路的第一次翻转。当 v_I 上升至 1.4V 时，与非门 G_3 输出端 $\bar{R}=0$，而 $\bar{S}$ 仍比 v_I 高 0.7V，保持高电平（1 态）。于是 RS 触发器被置 0，则输出电压 v_O 由高电平（1 态）翻转为低电平（0 态）。此是电路的第二稳态（$Q=0$，$\bar{Q}=1$）。v_I 继续升高，电路将保持第二稳态不变。

③ 电路的第二次翻转。当 v_I 下降至 1.4V 以下时，与非门 G_3 输出端 $\bar{R}=1$，而 $\bar{S}$ 仍比 v_I 高 0.7V，保持高电平（1 态）。于是 RS 触发器保持 0 态不变，即电路维持第二稳态不变。

当 v_I 下降至 0.7V 以下时，与非门 G_3 输出端 $\bar{R}=1$，$\bar{S}=0$。电路将翻转为 1 态。电路重返第一稳态（$Q=1$，$\bar{Q}=0$）。

4）回差特性。电路两次触发电平存在差值，即是施密特触发器的回差现象。

上升触发电压 V_{T+} 和下降触发电压 V_{T-} 的差值称为回差电压 ΔV，$\Delta V=V_{T+}-V_{T-}$。施密特触发器这种固有的特点，称为回差特性，也称为滞回特性。

施密特触发器的回差特性曲线也称电压传输特性曲线，如图 7-27 所示。

（2）施密特触发器的应用

1）波形变换。施密特触发器可以把连续变化的输入电压变换为矩形波输出。其波形图如图 7-28 所示，可将正弦波、三角波等变成矩形波。

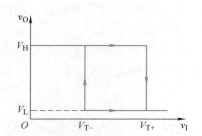

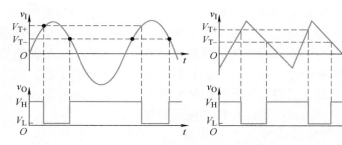

图 7-27　施密特触发器电压传输特性曲线　　　　图 7-28　施密特触发器波形变换

2）脉冲整形。

① 整形电路。数字系统中，矩形脉冲在传输中经常发生波形畸变，出现上升沿和下降沿不理想的情况，可用施密特触发器整形后，获得较理想的矩形脉冲。其整形电路连接形式如图 7-29 所示。

② 整形波形。用施密特触发器整形，可以使它恢复为合乎要求的矩形脉冲波。其波形如图 7-30 所示。

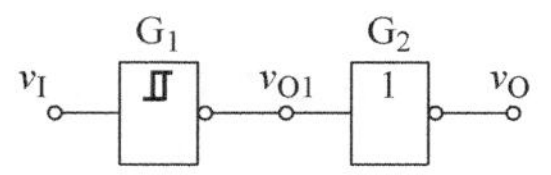

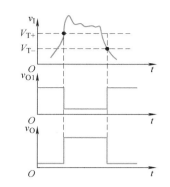

图 7-30　施密特触发器整形波形

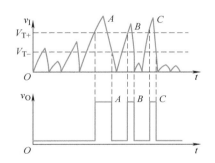

3）幅度鉴别。利用施密特触发器输出状态取决于输入信号 v_I 幅度的工作特点，可以用它来作为幅度鉴别电路。

只有输入信号的幅度大于上升触发电压 V_{T+} 时，才能使电路翻转，从而有脉冲输出。否则，没有矩形脉冲输出。这样，就达到鉴别输入信号幅度大小的目的。该电路构成的输出与输入之间的关系，如图 7-31 所示。

4）组成单稳态电路。电路如图 7-32 所示。

图 7-29　施密特触发器整形电路

图 7-31　施密特触发器幅度鉴别电路输出与
输入之间的关系

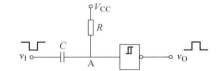

图 7-32　施密特触发器组成单稳态电路

① 没有外加触发信号时，图中的 A 点为高电平，所以输出为低电平，这是电路的稳态。

② 当输入负触发脉冲信号时，由于电容 C 上的电压不能突变，A 点的电平也随之跳为负电平，输出就翻转为高电平，电路进入暂稳态。

③ 暂稳态期间，电源对电容 C 充电，A 点电平升高，当 A 点电压上升到上升触发电平 V_{T+} 时，电路状态又发生翻转，输出低电平，暂稳态结束，电路返回稳定状态。

5）组成多谐振荡器。其电路构成和波形图如图 7-33 所示。

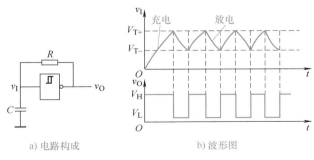

图 7-33　施密特触发器组成多谐振荡器

① 接通电源瞬间，v_I=0，输出电压 v_O 为高电平 V_H。输出电压 v_O 对电容 C 充电，v_I 上升，当 v_I

达到上升触发电平 V_{T+} 时，电路翻转，输出电压 v_O 跳变为低电平 V_L。

② 由此电容放电，v_I 下降。当 v_I 下降到触发电平 V_{T-} 时，电路发生翻转，输出电压 v_O 跳变为高电平 V_H。如此反复，形成振荡。

7.1.3　555 集成定时器

555 集成定时器（简称 555 定时器）是一种集成电路芯片，常被用于定时器、脉冲产生器和振荡电路。555 定时器可作为电路中的延时器件、触发器或起振元器件。

555 定时器是一种能够产生定时信号，完成各种定时或延时功能的中规模集成电路。它将模拟功能和数字逻辑功能巧妙地结合在一起，电路功能灵活，适用范围广泛，只要在外部配上几个阻容元器件，就可以构成性能稳定而准确的方波发生器、单稳态触发器、施密特触发器和多谐振荡器等电路。

1. 555 定时器内部结构

555 定时器的电路原理图和图形符号如图 7-34 所示。其结构分为 4 部分，由 3 个阻值为 5kΩ 的电阻组成的分压器、2 个电压比较器 G_1 和 G_2、基本 RS 触发器、放电晶体管 VT 及缓冲器 G_3。其引脚图如图 7-35 所示。

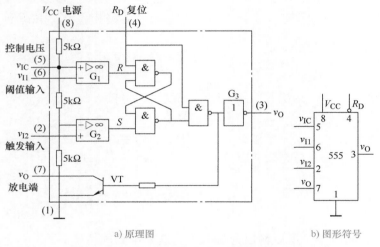

a) 原理图　　b) 图形符号

图 7-34　555 定时器电路原理图及图形符号

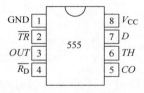

图 7-35　555 定时器引脚图

2. 555 定时器工作原理

当引脚 5 悬空时，比较器 G_1 和 G_2 的比较电压分别为 $\frac{2}{3}V_{CC}$ 和 $\frac{1}{3}V_{CC}$。

1）当 $v_{I1}>\frac{2}{3}V_{CC}$、$v_{I2}>\frac{1}{3}V_{CC}$ 时，比较器 G_1 输出低电平，G_2 输出高电平，基本 RS 触发器被置 0，放电晶体管 VT 导通，输出端 v_O 为低电平。

2）当 $v_{I1}<\frac{2}{3}V_{CC}$、$v_{I2}<\frac{1}{3}V_{CC}$ 时，比较器 G_1 输出高电平，G_2 输出低电平，基本 RS 触发器被置 1，放电晶体管 VT 截止，输出端 v_O 为高电平。

3）当 $v_{I1}<\frac{2}{3}V_{CC}$、$v_{I2}>\frac{1}{3}V_{CC}$ 时，比较器 G_1 输出高电平，G_2 也输出高电平，即基本 RS 触发器 $R=1$，$S=1$，触发器状态不变，电路亦保持原状态不变。

当阈值输入端（v_{I1}）为高电平（$>\frac{2}{3}V_{CC}$）时，定时器输出低电平，因此也将该端称为高触发端

（TH）；当触发输入端（v_{I2}）为低电平（$< \frac{1}{3}V_{CC}$）时，定时器输出高电平，因此也将该端称为低触发端（TL）。

如果在电压控制端（引脚 5）施加一个外加电压（其值在 $0 \sim V_{CC}$ 之间），比较器的参考电压将发生变化，电路相应的阈值、触发电平也将随之变化，并进而影响电路的工作状态。另外，R_D 为复位输入端，当 R_D 为低电平时，不管其他输入端的状态如何，输出 v_O 为低电平，即 R_D 的控制级别最高。正常工作时，一般应将 R_D 接高电平。

3. 555 定时器的应用

555 定时器可工作在三种工作模式下：单稳态模式、无稳态模式和双稳态模式。

1）单稳态模式。在此模式下，555 定时器功能为单次触发。应用范围包括定时器、脉冲丢失检测、反弹跳开关、轻触开关、分频器、电容测量、脉冲宽度调制（PWM）等。

2）无稳态模式。在此模式下，555 定时器以振荡器的方式工作。这一工作模式下的 555 定时器芯片常被用于频闪灯、脉冲发生器、逻辑电路时钟、音调发生器等电路中。如果使用热敏电阻作为定时电阻，555 定时器可构成温度传感器，其输出信号的频率由温度决定。

3）双稳态模式（或称施密特触发器模式）。在 D 引脚空置且不外接电容的情况下，555 定时器的工作方式类似于一个 RS 触发器，可用于构成锁存开关。接下来我们学习用 555 定时器构成单稳态电路。

单稳态触发器被广泛用于脉冲整形、延时（产生滞后于触发脉冲的输出脉冲）以及定时（产生固定时间宽度的脉冲信号）等方面。单稳态触发器的暂稳态通常是靠 RC 电路的充、放电过程来维持的，RC 电路可接成两种形式：微分电路和积分电路。

单稳态触发器的工作特性：电路有一个稳定状态和一个暂稳态；在外加触发信号的作用下，电路才能从稳定状态翻转到暂稳态；暂稳态维持一段时间后，电路将自动返回到稳定状态；暂稳态的持续时间与外加触发信号无关，仅取决于电路本身的参数。

（1）单稳态触发器的电路组成及工作原理　图 7-36 所示为用 555 定时器组成的单稳态触发器的电路及工作波形。该电路的主要特点是引脚 2 要输入负触发脉冲。

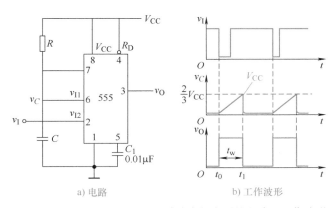

a) 电路　　　　b) 工作波形

图 7-36　用 555 定时器组成的单稳态触发器的电路及工作波形

工作过程分析如下：

1）无触发信号输入时电路工作在稳定状态。当电路无触发信号时，v_I 保持高电平，电路工作在稳定状态，即输出端 v_O 保持低电平，555 内放电晶体管 VT 饱和导通，引脚 7 "接地"，电容电压 v_C 为 0V。

2）v_I 下降沿触发。当 v_I 下降沿到达时，555 触发输入端（引脚 2）由高电平跳变为低电平，电路被触发，v_O 由低电平跳变为高电平，电路由稳态转入暂稳态。

3）暂稳态的维持时间。在暂稳态期间，555 定时器内放电晶体管 VT 截止，V_{CC} 经 R 向 C 充电。其充电回路为 $V_{CC} \rightarrow R \rightarrow C \rightarrow$ 地，时间常数 $\tau_1 = RC$，电容电压 v_C 由 0V 开始增大，在电容电压 v_C 上

升到阈值电压 $\frac{2}{3}V_{CC}$ 之前，电路将保持暂稳态不变。

4）自动返回（暂稳态结束）时间。当 v_C 上升至阈值电压 $\frac{2}{3}V_{CC}$ 时，输出电压 v_O 由高电平跳变为低电平，555 定时器内放电晶体管 VT 由截止转为饱和导通，引脚 7 "接地"，电容 C 经放电晶体管对地迅速放电，电压 v_C 由 $\frac{2}{3}V_{CC}$ 迅速降至 0V（放电晶体管的饱和压降），电路由暂稳态重新转入稳态。

5）恢复过程。当暂稳态结束后，电容 C 通过饱和导通的晶体管 VT 放电，时间常数 $\tau_2=R_{CES}C$，其中，R_{CES} 是 VT 的饱和导通电阻，其阻值非常小，因此 τ_2 值也非常小。经过（3～5）τ_2 后，电容 C 放电完毕，恢复过程结束。

恢复过程结束后，电路返回到稳定状态，单稳态触发器又可以接收新的触发信号。

（2）输出脉冲宽度 t_W　输出脉冲宽度是暂稳态的维持时间，也就是定时电容的充电时间。单稳态触发器输出脉冲宽度 t_W 仅取决于定时元器件 R、C 的取值，与输入触发信号和电源电压无关，调节 R、C 的取值，即可方便地调节 t_W，$t_W=1.1RC$。

【例 7-3】图 7-37 所示电路是一个照明灯自动亮灭装置，白天让照明灯自动熄灭，夜晚自动点亮。图中，R 是一个光敏电阻，当受光照射时电阻变小；当无光照射或光照微弱时电阻增大。试说明其工作原理。

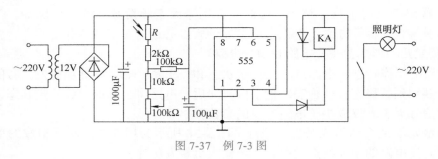

图 7-37　例 7-3 图

分析：555 定时器引脚 2 $\overline{TR}$ 端的输入电压低于 $\frac{1}{3}V_{CC}$ 时，定时器输出为 1；引脚 6 TH 端的输入电压高于 $\frac{2}{3}V_{CC}$ 时，定时器输出为 0。

解：接通交流电源时，555 定时器获得的直流电压为

$$V_{CC} = 1.2 \times 12V = 14.4V$$

白天有光照射时，光敏电阻 R 的值变小，电源向 100μF 电容器充电，当充电到

$$U_C > \frac{2}{3}V_{CC} = \frac{2}{3} \times 14.4V = 9.6V$$

时，555 定时器输出低电平，不足以使继电器 KA 动作，照明灯熄灭。

夜晚无光照射或光照微弱时光敏电阻 R 的值增大，100μF 电容器放电，当放电到

$$U_C < \frac{1}{3}V_{CC} = \frac{1}{3} \times 14.4V = 4.8V$$

时，555 定时器输出高电平，使继电器 KA 工作，照明灯点亮。

图中，100kΩ 电位器用于调节动作灵敏度，阻值增大易于熄灯，阻值减小易于开灯。两个二极管是防止继电器线圈感应电动势损坏 555 定时器，起续流保护作用。

【例 7-4】 图 7-38 所示电路是一个防盗报警装置，a、b 两端用一细铜丝接通，将此铜丝置于盗窃者必经之处。当盗窃者闯入室内将铜丝碰掉后，扬声器即发出报警声。试说明电路的工作原理。

分析：无稳态触发器也称多谐振荡器，既没有稳定状态，也没有外加触发脉冲，能够输出一定频率的矩形脉冲。本例电路在铜丝碰掉后就是一个无稳态触发器。

解：555 定时器 4 端 $\overline{R_{\mathrm{D}}}$ 是复位端，在铜丝没有碰掉时 $\overline{R_{\mathrm{D}}}=0$，使 555 定时器输出低电平，由于 100μF 电容器的隔直作用，扬声器中没有电流通过，因此不会发出声音。当盗窃者闯入室内将铜丝碰掉后，$\overline{R_{\mathrm{D}}}=1$，电路成为无稳态触发器，输出一定频率的矩形脉冲使扬声器发出报警声音。输出的矩形脉冲频率为

$$f = \frac{1}{0.7(R_1 + 2R_2)C} = \frac{1}{0.7 \times (5.1 + 2 \times 100) \times 10^3 \times 0.01 \times 10^{-6}}\mathrm{Hz} = 697\mathrm{Hz}$$

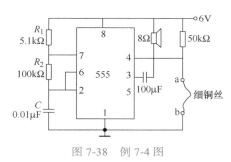

图 7-38　例 7-4 图

4.555 集成定时器的其他应用

1）路灯自动控制器。其电路组成如图 7-39 所示。白天因光线亮，光电晶体管 3DU 的 C-E 极间电阻下降，高触发端引脚 6 将大于 $\frac{2}{3}V_{\mathrm{CC}}$，定时器的输出端引脚 3 为低电平，所以灯 HL 不亮；天黑时，光电晶体管 C-E 极间电阻增大，使低触发端引脚 2 电压小于 $\frac{1}{3}V_{\mathrm{CC}}$，于是引脚 3 为高电平，灯发光。

2）60s 定时电路。其电路组成如图 7-40 所示。当按下定时按钮 SB 时，低触发端引脚 2 就输入了一个小于 $\frac{1}{3}V_{\mathrm{CC}}$ 的负脉冲，输出端引脚 3 输出高电平，发光二极管（LED）亮。而定时器中的放电晶体管 VT 则截止，电源对电容 C 充电。当电容上电压升高到 $\frac{2}{3}V_{\mathrm{CC}}$ 时，定时器翻转，引脚 3 输出低电平，LED 灭，表示定时结束。

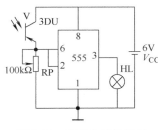

图 7-39　路灯自动控制器

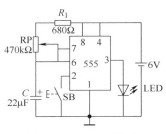

图 7-40　60s 定时电路

7.1.4 常见脉冲整形变换电路应用

在电子电路中，电源、放大、振荡和调制电路被称为模拟电子电路，因为它们加工和处理的是连续变化的模拟信号。电子电路中另一大类电路是数字电子电路。它加工和处理的对象是不连续变化的数字信号。数字电子电路又可分成脉冲电路和数字逻辑电路，它们处理的都是不连续的脉冲信号。脉冲电路是专门用来产生电脉冲和对电脉冲进行放大、变换和整形的电路。家用电器中的定时器、报警器、电子开关、电子钟表、电子玩具以及电子医疗器具等，都要用到脉冲电路。

脉冲有各种各样的用途，有对电路起开关作用的控制脉冲，有起统帅全局作用的时钟脉冲，有做计数用的计数脉冲，有起触发启动作用的触发脉冲等。不管是什么脉冲，都是由脉冲信号发生器产生的，而且大多是短脉冲或以矩形脉冲为原型变换成的。因为矩形脉冲含有丰富的谐波，所以脉冲信号发生器也叫自激多谐振荡器或简称多谐振荡器。如果用门来做比喻，多谐振荡器输出端时开时闭的状态可以把多谐振荡器比作宾馆的自动旋转门，它不需要人去推动，总是不停地开门和关门。类似的例子还有很多，下面介绍常见脉冲整形变换电路的诸多应用。

1. 集成单稳态触发器 74LS121 简介

74LS121 是一种常用的单稳态触发器，常用在各种数字电路和单片机系统的显示系统之中，74LS121 的输入采用了施密特触发输入结构，所以 74LS121 的抗干扰能力比较强。TTL 集成器件 74LS121 是一种不可重复触发集成单稳态触发器，其引脚图如图 7-41 所示。

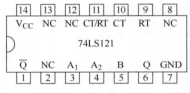

图 7-41　74LS121 引脚图

引脚 3（A_1）、4（A_2）是负边沿触发的输入端。

引脚 5（B）是同相施密特触发器的输入端，对于缓慢变化的边沿也有效。

引脚 10（CT）和引脚 11（CT/RT）接外部电容（C），电容范围为 10pF ～ 10μF。

引脚 9（RT）一般与引脚 14（V_{CC}，接 5V）相连接；如果引脚 11 为外部定时电阻端，则应该将引脚 9 开路，把外接电阻（R）接在引脚 11 和引脚 14 之间，电阻的范围为 2 ～ 40kΩ。

其他引脚：引脚 7（GND）接地，引脚 2、8、12、13 为空脚，引脚 1、6 为两个输出端。74LS121 集成单稳态触发器有 3 个触发输入端 A_1、A_2、B，其功能见表 7-1。从表 7-1 中可知，以下 3 种情况下，电路均可从稳态翻转到暂稳态：① B 为高电平，A_1、A_2 中有一个为高电平，另一个产生由 1 到 0 的负跳变；② B 为高电平，A_1、A_2 均产生由 1 到 0 的负跳变；③ A_1、A_2 两个输入中有一个或两个为低电平，B 发生由 0 到 1 的正跳变。

表 7-1　74LS121 功能表

输入			输出	
A_1	A_2	B	Q	$\overline{Q}$
L	×	H	L	H
×	L	H	L	H
×	×	L	L	H
H	H	×	L	H
H	↓	H	⊓	⊔
↓	H	H	⊓	⊔
↓	↓	H	⊓	⊔
L	×	↑	⊓	⊔
×	L	↑	⊓	⊔

单稳态电路的定时取决于定时电阻和定时电容的数值。74LS121 的定时电容连接在芯片的引脚 10、11 之间。若要求输出脉宽较宽，而采用电解电容时，电容 C 的正极连接在 CT 端（引脚 10）。对于定时电阻，使用者可以有两种选择。一是采用内部定时电阻（$5k\Omega$），此时将引脚 9（RT）接至电源 V_{CC}（引脚 14）；二是采用外接定时电阻，此时 9 脚应悬空，电阻接在引脚 11、14 之间。74LS121 的输出脉冲宽度 $t_w \approx 0.7RC$。通常 R 的取值为 $2 \sim 40k\Omega$，C 的取值为 $10pF \sim 10\mu F$，得到脉冲宽度的取值范围可达到 $20ns \sim 200ms$。该式中的 R 可以是外接电阻 R_{ext}，也可以是芯片内部电阻 R_{int}（约 $2k\Omega$），如希望得到较宽的输出脉冲，一般使用外接电阻。

其他常用集成单稳态触发器，如 MC14528（可重复触发集成双单稳态触发器），可查阅数字集成电路手册。

2. 常见脉冲整形变换电路实践应用：光控电动筛

光控电动筛是在前文介绍的单稳态电路的基础上略加改进而来。图 7-42 是光控电动筛的原理图。

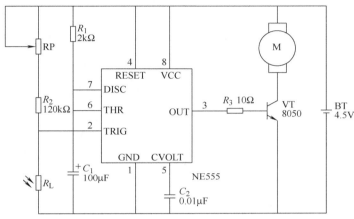

图 7-42　光控电动筛原理图

其中，R_L 是光敏电阻，光照射时阻值迅速减小，撤去光时，阻值迅速增大，该变化通过引脚 2 输入 555 集成电路，从而控制输出；输出由灯泡改为晶体管驱动的电动机以控制电动筛的运转。使用元器件的规格、型号、要求见表 7-2。

表 7-2　元器件的规格、型号

序号	元器件	名称	规格、型号	数量
1	IC	集成电路	NE555	1
2	R_L	光敏电阻	MG42 型	1
3	RP	电位器	WH7 型	1
4	VT	晶体管	NPN 型中功率管	1
5	R_1	电阻器	$2k\Omega$	1
6	R_2	电阻器	$120k\Omega$	1
7	R_3	电阻器	10Ω	1
8	C_1	电容器	$100\mu F$	1
9	C_2	电容器	$0.01\mu F$	1

完成电路中各元器件的焊接，检查无误后焊接电池盒和集成电路。调试的过程首先将光敏电阻对光；其次用聚光手电照射，观察电珠情况；最后试验正常，换上电动机。图 7-43 是光控电动筛的实物图。

图 7-43　光控电动筛实物图

3. 555 定时器实例

模拟声响电路能发出各种模拟声响，如各种乐器声、动物鸣叫声、流水、刮风、下雨等自然界的声响和车船、飞机、枪炮、爆炸等声响效果，因而模拟声响集成电路被广泛应用于电子玩具、仪器仪表、保安警示等领域。在此介绍由 555 多谐振荡器组成模拟声集成电路的应用实例，具有结构简单、扩展方便、灵活易变等优点。实现时只要配置适当的阻容元器件和接线即可，稍作改动就可实现不同的模拟声响，具有较高的性价比。

（1）"叮咚"门铃声响电路　如图 7-44 所示，555 定时器与 R_1、R_2、R_3 和 C_2 组成多谐振荡器。按钮 SB 未按下时，555 的复位端引脚 4 $\overline{R_D}$ 通过 R_4 接地，因而 555 处于复位状态，扬声器不发声。当按下 SB 后，电源通过二极管 VD_1 使得 555 的复位端引脚 4 $\overline{R_D}$ 为高电平，振荡器起振。因为 R_1 被短路，所以振荡频率较高，发出"叮"声。当松开按钮时，电容 C_1 上的电压继续维持高电平，振荡器继续振荡，但此时 R_1 已经接入定时电路，所以振荡频率较低，发出"咚"声。同时 C_1 通过 R_4 放电，当 C_1 上电压下降到低电平时，555 又被复位，振荡器停振，扬声器停止发声。

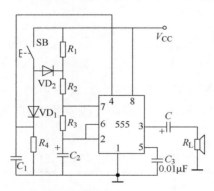

图 7-44　"叮咚"门铃声响电路

（2）间歇声响电路　如图 7-45 所示，A 和 B 两个 555 电路均为多谐振荡器。适当选择定时元器件，使 $f_A=1Hz$，$f_B=1kHz$。由于低频振荡器 A 的输出接高频振荡器 B 的复位端 $\overline{R_D}$，故只有 u_{O1} 输出为高电平时，振荡器 B 才振荡，u_{O2} 输出为 0 时，B 停止振荡，使扬声器发出 1kHz "呜呜"的间歇声响。工作波形如图 7-46 所示。

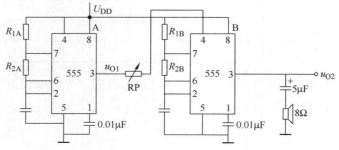

图 7-45　间歇声响电路

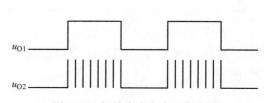

图 7-46　间歇声响电路工作波形

（3）双频声响电路（救护车）　将振荡器 A 的输出引脚 3 接到振荡器 B 的电压控制端，即引脚 5，如图 7-47 所示，则振荡器 A 输出高电平时，振荡器 B 的振荡频率较低；当 A 输出低电平时，B 的振荡频率高，从而使振荡器 B 的输出端产生两种频率的信号。引脚 3 所接的扬声器发出"嘟、嘟……"类似救护车的双频间歇响声。

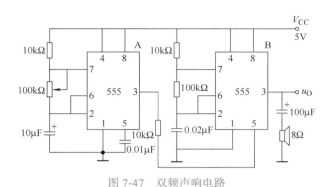

图 7-47　双频声响电路

（4）警车声响效果电路　如图 7-48 所示，在双频声响电路的基础上稍加改动就会产生警车音响效果。晶体管 VT 基极接在振荡器 A 的引脚 2、6，这样 C_1 上端就会形成一连串的锯齿波形，由 VT 发射极加到振荡器 B 的引脚 5 进行调制，调整 RP 可调整发出（呜-哇，呜-哇）声的间隔时间，以达到比较逼真的警车声。

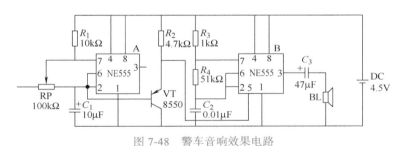

图 7-48　警车音响效果电路

【例 7-5】指出图 7-49 所示电路是什么电路；在电路中，若 $R_1=R_2=5k\Omega$，$C=0.01\mu F$，$V_{CC}=12V$，试计算电路的振荡频率及占空比。

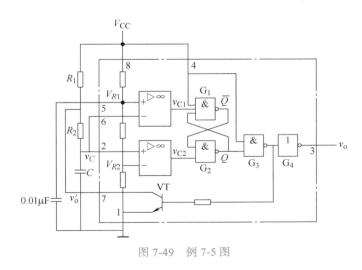

图 7-49　例 7-5 图

解：（1）电路名称：它是一个由 555 定时器构成的多谐振荡器电路。

（2）电路的振荡频率为

$$f = \frac{1}{T} = \frac{1}{(R_1 + 2R_2)C\ln 2} = \frac{1}{(5\times10^3 + 2\times5\times10^3)\times0.01\times10^{-6}\ln 2}\,\text{Hz} \approx 9.5\text{kHz}$$

（3）电路的占空比为

$$q = \frac{T_1}{T} = \frac{(R_1+R_2)C\ln 2}{(R_1+2R_2)C\ln 2} = \frac{R_1+R_2}{R_1+2R_2} = \frac{5\times10^3+5\times10^3}{5\times10^3+2\times5\times10^3} = \frac{2}{3}$$

【例 7-6】分析如图 7-50 所示由 555 定时器构成电路的工作原理。

解：该电路构成施密特触发器，由于 555 内部比较器 C_1 和 C_2 的参考电压不同，输出电压 u_o 由高电平变为低电平，或由低电平变为高电平所对应的 u_i 值不同，形成施密特触发特性。

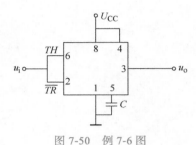

图 7-50 例 7-6 图

u_i 从 0 逐渐升高的过程中，当 $u_i < \frac{1}{3}U_{CC}$ 时，$u_o=1$；当 $\frac{1}{3}U_{CC} < u_i < \frac{2}{3}U_{CC}$ 时，$u_o=1$ 保持不变；当 $u_i < \frac{1}{3}U_{CC}$ 时，$u_o=0$，故在此变化方向上阈值电压为 $\frac{2}{3}U_{CC}$。u_i 从高逐渐下降的过程中，阈值电压为 $\frac{1}{3}U_{CC}$，故回差电压为 $\Delta U_T = \frac{2}{3}U_{CC} - \frac{1}{3}U_{CC} = \frac{1}{3}U_{CC}$。

【例 7-7】在图 7-51 所示的施密特触发器电路中，已知 G_1 和 G_2 为 CMOS 反相器，$R_1 = 10\text{k}\Omega$；$R_2 = 30\text{k}\Omega$；$V_{DD} = 15\text{V}$（V_{DD} 为漏极的最大电源电压）。

（1）试计算电路的正向阈值电压 V_{T+}、负向阈值电压 V_{T-} 和回差电压 ΔV_T。

（2）若施密特触发器的输入电压波形如图 7-52 所示，试画出其输出电压波形。

解：（1）正向阈值电压为

$$V_{T+} = \left(1+\frac{R_1}{R_2}\right)V_{TH} = \left(1+\frac{10\text{k}\Omega}{30\text{k}\Omega}\right)\times\frac{15\text{V}}{2} = 10\text{V}$$

负向阈值电压为

$$V_{T-} = \left(1-\frac{R_1}{R_2}\right)V_{TH} = \left(1-\frac{10\text{k}\Omega}{30\text{k}\Omega}\right)\times\frac{15\text{V}}{2} = 5\text{V}$$

回差电压为 $$\Delta V_T = V_{T+} - V_{T-} = 10\text{V} - 5\text{V} = 5\text{V}$$

（2）画出输出电压波形，如图 7-53 所示。

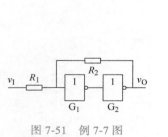

图 7-51 例 7-7 图

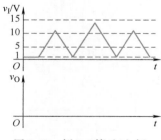

图 7-52 例 7-7 第（2）问

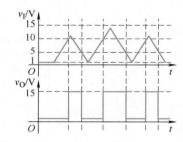

图 7-53 例 7-7 第（2）问输出电压波形

【例 7-8】图 7-54 所示为一通过可变电阻 RP 实现占空比调节的多谐振荡器，$R_{RP} = R_{RP1} + R_{RP2}$，试分析电路的工作原理，求振荡频率 f 和占空比 q 的表达式。

解：$f = \dfrac{1}{T} = \dfrac{1}{(R_1 + R_{RP1} + R_2 + R_{RP2})C\ln 2} = \dfrac{1}{(R_1 + R_{RP} + R_2)C\ln 2}$

占空比：$q = \dfrac{R_1 + R_{RP1}}{R_1 + R_2 + R_{RP}}$

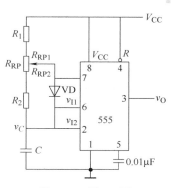

图 7-54　例 7-8 图

【例 7-9】 图 7-55 所示是由 555 定时器组成的多谐振荡器电路中，若 $R_1 = R_2 = 5.1\text{k}\Omega$，$C = 0.01\mu\text{F}$，$V_{CC} = 12\text{V}$，试计算电路的振荡频率。

解：$T = T_1 + T_2 = (R_1 + 2R_2)C\ln 2 = (5.1 + 2 \times 5.1) \times 10^3 \times 10^{-8} \times 0.7\text{s} = 107\mu\text{s}$

$$f = \dfrac{1}{T} = 9.35\text{kHz}$$

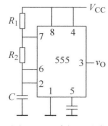

图 7-55　例 7-9 图

4. 多谐振荡器在温控报警电路中的应用

多谐振荡器电路是一种矩形波产生电路，它不需要外加触发信号，便能连续、周期性地产生矩形脉冲。该脉冲由基波和多次谐波构成，因此称为多谐振荡器电路，又因为其没有稳定的工作状态，多谐振荡器电路也称为无稳态电路。具体地说，如果一开始多谐振荡器处于 0 状态，那么它在 0 状态停留一段时间后将自动转入 1 状态，在 1 状态停留一段时间后又将自动转入 0 状态，如此周而复始，输出矩形波，常用于作为脉冲信号源及时序电路中的时钟信号。

图 7-56 是利用多谐振荡器构成的简易温控报警电路，图中，I_{CEO} 是晶体管 VT 基极开路时，由集电区穿过基区流向发射区的反向饱和电流，称作穿透电流。I_{CEO} 是晶体管的热稳定性参数之一，常温下，硅管的 I_{CEO} 比锗管的 I_{CEO} 要小；温度升高，I_{CEO} 增大，且锗管的 I_{CEO} 随温度升高增大较快。选用晶体管时一般希望 I_{CEO} 尽量小，但本电路采用穿透电流大，且对温度变化敏感的锗管，利用其 I_{CEO} 控制 555 定时器复位端引脚 4 的电压。图中，555 定时器与 R_1、R_2 和 C 组成多谐振荡器，其复位端引脚 4 $\overline{R_D}$ 通过 R_3 接地。常温下，锗管穿透电流 I_{CEO} 较小，一般在 $10 \sim 50\mu\text{A}$，在引脚 3 上产生的电压较低，则 555 复位端引脚 4 R_D 的电压较低，则 555 处于复位状态，多谐振荡器停振。当温度升高或有火警时，I_{CEO} 增大，在 R_3 上产生的电压升高，使 555 复位端引脚 4 $\overline{R_D}$ 为高电平，多谐振荡器开始振荡，扬声器发出报警声。

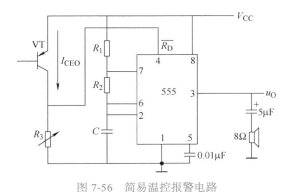

图 7-56　简易温控报警电路

温控报警电路中，不同的晶体管，其 I_{CEO} 值相差较大，故需改变 R_3 的阻值来调节控温点。方法是先把测温元器件 VT 置于要求报警的温度下，调节 R_3 使电路发出报警声。报警的音调取决于多谐振荡器的振荡频率，由元器件 R_1、R_2 和 C 决定，改变这些元器件值，可改变音调，但要求 R_1 大于 $1\text{k}\Omega$。

任务实施

1. 设备与元器件

本任务用到的设备包括直流稳压电源、数字式万用表、示波器等。

组装电路所用元器件见表 7-3。

表 7-3　元器件明细表

序号	元器件	名称	型号规格	数量
1	VD_1、VD_2	二极管	1BH62	2
2	R_1、R_2	电阻	10kΩ	3
3	R_3	电阻	5.1kΩ	1
4	R_4	电阻	6.2kΩ	1
5	RP	滑动变阻器	WXD3–13–2W	1
5	C_1、C_2	电解电容	0.01μF/16V，0.02μF/16V	4
6	U_1	集成运算放大器	μA741	1

2. 电路分析

RC 正弦波振荡电路图如图 7-57 所示。

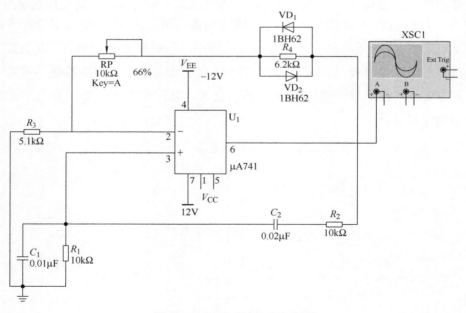

图 7-57　RC 正弦波振荡电路图

3. 任务实施过程

（1）核对元器件　按照表 7-3 所示元器件明细核对元器件。

（2）检测元器件

1）二极管的检测。参照项目 1 中学到的方法，使用万用表进行检测。

2）电阻阻值的测量。使用万用表，选择适当的档位进行测量。

（3）元器件安装与接线　根据给定的面包板，对元器件进行布局、安装以及接线。

在安装和接线过程中，应注意：二极管的接法为两个方向并联，需认清再安装到相应位置。

（4）测量与调试

1）学生用示波器观测有无正弦波输出。

2）调节可变电阻 RP。

① 使输出波形从无到有直至失真，绘制输出波形 u_O，记录临界起振、正弦波输出及出现失真情况下的 RP 值。

调节滑动变阻器至 66% 时开始有波形（起振），波形图如图 7-58 所示。

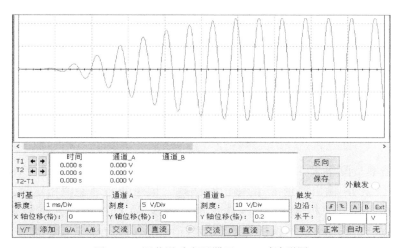

图 7-58　调节滑动变阻器至 66% 时波形图

振幅最大且不失真，如图 7-59 所示。

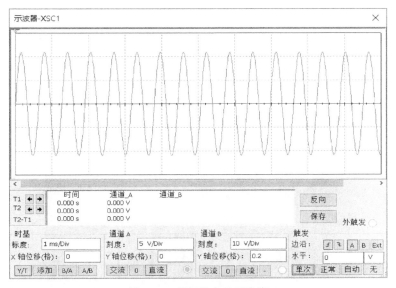

图 7-59　振幅最大且不失真

临界失真，如图 7-60 所示。

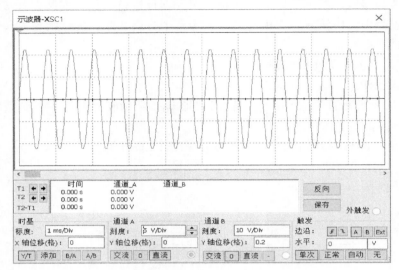

图 7-60　临界失真

② 学生分别测量输出电压 u_O 和反馈电压 u_f 的值并记录结果，分析负反馈强弱对起振条件和输出波形的影响。

3）测量幅值和频率。测量 $R_1=R_2=10\text{k}\Omega$、$C_1=C_2=0.01\mu\text{F}$ 和 $R_1=R_2=10\text{k}\Omega$、$C_1=C_2=0.02\mu\text{F}$ 两种情况下（输出波形最大不失真），输出波形 u_O 的幅值和频率，记录并与理论值相比较。

4）记录测量结果。断开二极管 VD_1、VD_2，重复步骤 3）的内容，并将结果与步骤 3) 的结果进行比较。在实验调试过程中拍照记录波形变换图形，并用 Multisim 13 进行波形仿真，最后将实验数据填入表 7-4 中。

表 7-4　实验数据

	起振	振幅最大且不失真	临界失真
可变电阻 RP/kΩ			
反馈电压 u_f/V			
输出电压 u_O/V			

仿真值		
条件	输出电压 u_O/V	频率 f/Hz
$R_1=R_2=10\text{k}\Omega$，$C_1=C_2=0.01\mu\text{F}$		
$R_1=R_2=10\text{k}\Omega$，$C_1=C_2=0.02\mu\text{F}$		

实测效果如图 7-61 所示。

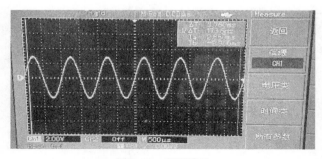

图 7-61　实测效果

（5）故障分析　根据表 7-5 所述故障现象分析故障产生可能原因，采取相应办法进行解决，完成表格中相应内容的填写，若有其他故障现象及分析请在下面表格补充。

表 7-5　故障分析汇总及反馈

故障现象	可能原因	解决办法	是否解决
无波形			是 否
波形出现失真			是 否

（6）收获与总结　通过本实训任务，你掌握了哪些技能？学会了哪些知识？在实训过程中遇到了什么问题？是怎么处理的？请填写在表 7-6 中。

表 7-6　收获与总结

序号	掌握的技能	学会的知识	出现的问题	处理方法
1				
2				
3				
心得体会：				

创新方案

你有更好的思路和做法吗？请给大家分享一下吧。

（1）合理改变元器件参数，使波形效果更好。

（2）_____

（3）_____

任务考核

根据表 7-7 所列考核内容和考核标准对本次任务的完成情况开展自我评价与小组评价，将评价结果填入表中。

表 7-7　任务综合评价

任务名称			姓名		组号	
考核内容	考核标准		扣分标准		自评 得分	组间互评 得分
职业素养 （20分）	・工具摆放、着装等符合规范（2分） ・操作工位卫生良好，保持整洁（2分） ・严格遵守操作规程，不浪费原材料（4分） ・无元器件损坏（6分） ・无用电事故、无仪器损坏（6分）		・工具摆放不规范，扣1分；着装等不符合规范，扣1分 ・操作工位卫生等不符合要求，扣2分 ・未按操作规程操作，扣2分；浪费原材料，扣2分 ・元器件损坏，每个扣1分，扣完为止 ・因用电事故或操作不当而造成仪器损坏，扣6分 ・人为故意造成用电事故、损坏元器件、损坏仪器或其他事故，本次任务计0分			

（续）

任务名称		姓名		组号	
考核内容	考核标准	扣分标准		自评得分	组间互评得分
元器件检测（10分）	能使用仪表正确检测元器件（10分）	· 不会使用仪器，扣2分 · 元器件检测方法错误，每次扣1分			
装配（20分）	· 元器件布局合理、美观（10分） · 布线合理、美观，层次分明（10分）	· 元器件布局不合理、不美观，扣1～5分 · 布线不合理、不美观，层次不分明，扣1～5分 · 布线有断路，每处扣1分；布线有短路，每处扣5分			
调试（30分）	能使用仪器仪表检测，能正确填写表7-4，并观察波形，排除故障，达到预期的效果（30分）	· 一次调试成功，数据填写正确，得30分 · 填写内容不正确，每处扣1分 · 在教师的帮助下调试成功，扣5分；调试不成功，得0分			
团队合作（10分）	主动参与，积极配合小组成员，能完成自己的任务（5分）	· 参与完成自己的任务，得5分 · 参与未完成自己的任务，得2分 · 未参与未完成自己的任务，得0分			
	能与他人共同交流和探讨，积极思考，能提出问题，能正确评价自己和他人（5分）	· 交流能提出问题，正确评价自己和他人，得5分 · 交流未能正确评价自己和他人，得2分 · 未交流未评价，得0分			
创新能力（10分）	能进行合理的创新（10分）	· 有合理创新方案或方法，得10分 · 在教师的帮助下有创新方案或方法，得6分 · 无创新方案或方法，得0分			
最终成绩		教师评分			

思考与提升

1. 电阻 R 和电容 C 构成的简单电路叫 RC 电路，常用于脉冲波形变换的电路是_____和_____。

2. 尝试分析 RC 电路的正弦波响应。

3. 矩形脉冲的获取方法通常有两种：一种是_____；另一种是_____。

4. 占空比是_____与_____的比值。

5. 555 定时器的最后数码为 555 的是_____（TTL/CMOS）产品，为 7555 的是_____（TTL/CMOS）产品。

6. 施密特触发器具有_____现象；单稳触发器只有_____个稳定状态。

7. 常见的脉冲产生电路有_____，常见的脉冲整形电路有_____、_____。

8. 为了实现高的频率稳定度，常采用_____振荡器；单稳态触发器受到外触发时进入_____。

9. 在数字系统中，单稳态触发器一般用于_____、_____、_____等。

10. 单稳态触发器的工作原理是：没有触发信号时，电路处于一种_____。外加触发信号时，电路由_____翻转到_____。电容充电时，电路由_____自动返回至_____。

任务小结

1.连接电路后，仔细核对各元器件，确保极性不能接错，以免损坏元器件，甚至烧毁电路。

2.为了安全，示波器的机壳必须接地。通电前，应检查电源线有无磨损、断裂和裸露导线，以免引起触电事故，检查电源电压是否与仪器工作电压相符。

3.测试前应首先估算被测信号的幅度大小，若不明确，可先将示波器的 V/DIV 选择开关置于最大档，避免因电压过高而损坏示波器。

4.大部分示波器都设有扩展档位和旋钮，定量测量时一定要检查这些旋钮所处的状态，否则会引起读数错误。

5.安装过程中，直接相连的元器件，可利用其引脚进行连接，避免使用过多的导线。

任务 7.2　设计基于 555 定时器的数字钟

任务导入

数字钟体积小，安装使用方便，不仅可以作为家用电子钟，而且可以广泛用于车站、体育场馆等公共场所。虽然数字钟的外形和功能不尽相同，但是用于制造数字钟的原理基本上都是一样的。所谓数字钟，是指利用电子电路构成的计时器。

任务分析

本次任务要求设计一个数字钟，基本要求为数字钟的时间周期为 24h，显示时、分、秒，时间基准一秒对应现实生活中时钟的一秒。供扩展的方面涉及整点报时、定时闹钟等。

一个基本的数字钟电路主要由译码显示器、"时""分""秒"计数器和 555 定时器组成。电路系统由秒信号发生器、"时""分""秒"计数器、译码器及显示器电路组成。

知识链接

7.2.1　数字钟电路核心部件简介

1. 555 定时器搭建的多谐振荡器

如图 7-62a 所示，由 555 定时器和外接元器件 R_1、R_2、C 构成多谐振荡器，引脚 2 与引脚 6 直接相连。电路没有稳态，仅存在两个暂稳态，电路亦不需要外加触发信号，利用电源通过 R_1、R_2 向 C 充电，以及 C 通过 R_2 向放电端 D 放电，使电路产生振荡。电容 C 在 $\frac{1}{3}V_{CC}$ 和 $\frac{2}{3}V_{CC}$ 之间充电和放电，其波形如图 7-62b 所示。输出信号的时间参数是 $T=t_{w1}+t_{w2}$，$t_{w1}=0.7(R_1+R_2)C$，$t_{w2}=0.7R_2C$。

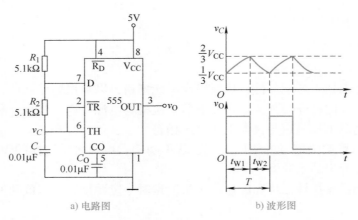

a) 电路图	b) 波形图

图 7-62　多谐振荡器

555 电路要求 R_1 与 R_2 均应大于或等于 1kΩ，但 R_1+R_2 应小于或等于 3.3MΩ。外部元器件的稳定性决定了多谐振荡器的稳定性，555 定时器配以少量的元器件即可获得较高精度的振荡频率和具有较强的功率输出能力。还记得 555 定时器学习过程中的诸多电路连接方法吗？请思考如何搭建 555 时基电路实现设计要求。本任务中 555 电路就负责给 74LS90 芯片搭建的计数器提供时钟计数脉冲。

2. 74LS90 异步加法计数器

74LS90 由 4 个触发器及附加门组成，它有 2 个时钟脉冲输入端 CP_0、CP_1，2 个清零输入端 R_{0A}、R_{0B}，2 个置"9"输入端 R_{9A}、R_{9B}，4 个输出端 $Q_D Q_C Q_B Q_A$，2 个 NC 端（空脚）。

利用 74LS90 的 R_{0A}、R_{0B} 和 R_{9A}、R_{9B} 可以实现复位和置位功能。当 R_{9A}、R_{9B} 两个输入端全为"1"时，无论 R_{0A}、R_{0B} 为何状态，计数器置"9"；当 R_{0A}、R_{0B} 都为"1"时，R_{9A}、R_{9B} 中有一个为"0"时，计数器清零。当输入端 R_0、R_9（$R_0=R_{0A} \cdot R_{0B}$，$R_9=R_{9A} \cdot R_{9B}$）都为低电平时，74LS90 方可计数。计数功能如下：

1）时钟脉冲从 CP_0 端输入，从 Q_A 端输出，则是二进制计数器。

2）时钟脉冲从 CP_1 端输入，从 $Q_D Q_C Q_B$ 端输出，则是异步五进制加法计数器。

3）当 Q_A 端和 CP_1 端相连时，时钟脉冲从 CP_0 端输入，从 $Q_D Q_C Q_B Q_A$ 端输出，则是 8421 码十进制计数器。

4）当 CP_0 端和 Q_D 端相连时，时钟脉冲从 CP_1 端输入，从 $Q_D Q_C Q_B Q_A$ 端输出，则是 5421 码十进制计数器。图 7-63 为 74LS90 的引脚排列图、逻辑图及功能表。

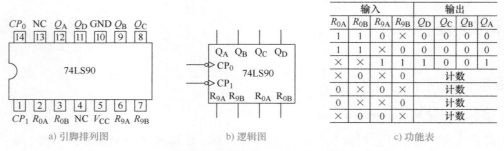

a) 引脚排列图	b) 逻辑图	c) 功能表

图 7-63　74LS90 的引脚排列图、逻辑图及功能表

7.2.2　数字钟电路各部分电路组成及设计原理

在制作数字钟电路之前，要有一个整体的思路，根据设计要求选取合适的逻辑芯片。根据功能实现，分解出模块电路，利用软件绘制出整体电路及各模块电路原理图。

1. 数字钟的构成框图

数字钟实际上是一个对标准频率（1Hz）进行计数的计数电路。同时标准的 1Hz 时间信号必须做到准确稳定。通常使用石英晶体振荡器电路构成数字钟。图 7-64 所示为数字钟的一般构成框图。

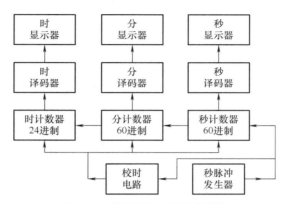

图 7-64   数字钟的一般构成框图

2. 数字钟的模块及其工作原理

（1）晶体振荡器电路   晶体振荡器电路给数字钟提供一个频率稳定准确的方波信号，可保证数字钟的走时准确及稳定。不管是指针式的电子钟还是数字显示的电子钟都使用了晶体振荡器电路。采用由逻辑门与 RC 电路组成的时钟源振荡器或由集成电路定时器 555 与 RC 电路组成的多谐振荡器，产生振荡频率 $f=1Hz$。图 7-65 所示为晶体振荡器电路，可在 OUT 端产生 1Hz 的信号脉冲。

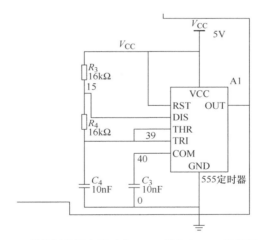

图 7-65   晶体振荡器电路（在 OUT 端产生 1Hz 的信号脉冲）

秒脉冲发生器产生的波形图如图 7-66 所示。

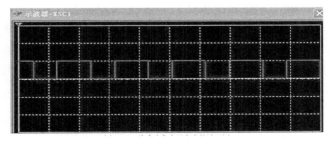

图 7-66   秒脉冲发生器产生的波形图

（2）计数器电路   计数器电路由秒个位和秒十位计数器、分个位和分十位计数器及时个位和时十位计数器电路构成，其中秒个位和秒十位计数器、分个位和分十位计数器均为 60 进制计数器，时个位和时十位计数器为 24 进制计数器。这些计数器电路都可以由中规模集成计数器 74LS90 来实现。

　　秒信号发生器是数字钟的核心部分，它的精度和稳定度决定了时信号发生器和分信号发生器的精度。秒计数器为 60 进制计数器。100 进制的计数器是由两片 74LS90 构成的。首先分别将两片 74LS90 设置成十进制加法计数器。即将两片的 74LS90 的置数端 R_0 和 R_9 都接地，将 CP_1 端接到 Q_A 端，以 Q_D 为进位输出端，则构成了十进制加法计数器。再将其中一片 74LS90 计数器的进位输出端 Q_D 接到另一片 74LS90 的进位输入端 CP_0 端。如此，两片计数器最大可实现 100 进制的计数。接下来，利用 74LS90 的反馈置数方法实现 60 进制。74LS90 属于异步置数，所以计数器输出 "$2Q_D2Q_C2Q_B2Q_A\ 1Q_D1Q_C1Q_B1Q_A$=0110 0000" 时，通过置数脉冲使计数器清零，也就是此时 Q_B、Q_C 发出置数脉冲送至清零端 R_0，则 R_0 使计数器清零。秒计数器电路图如图 7-67 所示。

　　分计数器也是 60 进制计数器。同秒计数器一样是由两片中规模集成计数器 74LS90 构成。将两片 74LS90 按秒计数器的方法先接成十进制加法计数器，再按秒计数器电路的方法连接就可实现 100 进制的计数器。再用秒计数器的方法实现 60 进制。其电路图和秒计数器电路图相同，如图 7-68 所示。

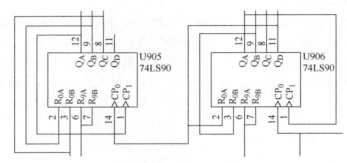

图 7-67　秒计数器电路图

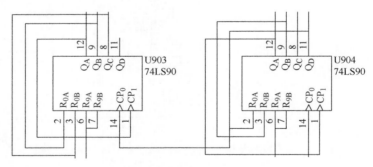

图 7-68　分计数器电路图

　　时计数器是 24 进制计数器。实现此模数的计数器也是由两片 74LS90 构成。同分、秒计数器一样，先将两片计数器 74LS90 连接成 24 进制的加法计数器，再把两片计数器 74LS90 用秒计数器的方法接成可实现 100 进制的计数器。当计数器状态为 "$2Q_D2Q_C2Q_B2Q_A\ 1Q_D1Q_C1Q_B1Q_A$=0010 0100" 时，要求计数器归零。通过 $2Q_B$、$1Q_C$ 送出的置数脉冲使两片计数器 74LS90 同时清零，这样就构成了 24 进制计数器。时计数器电路图如图 7-69 所示。

　　（3）秒、分、时译码显示模块　计数器实现了对时间的累计以 8421 码形式输出，为了将计数器输出的 8421 码显示出来，需用显示译码电路将计数器的输出数码转换为数码显示器件所需要的输出逻辑和一定的电流，一般这种译码器通常称为七段译码显示驱动器，原理图如图 7-70 所示。

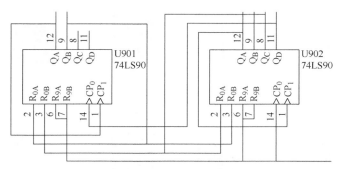

图 7-69 时计数器电路图

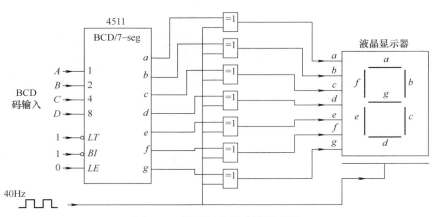

图 7-70 译码显示驱动器原理图

（4）校时电路 校时电路是数字钟不可缺少的部分，每当数字钟与实际时间不符时，需要根据标准时间进行校时。S1、S2 分别是时校时和分校时开关，不校时时，S1、S2 是闭合的。进行时校正时，需要把 S1 开关打开，然后用手拨动 S3 开关，来回拨动一次就能使时位增加 1，可以根据需要来拨动开关次数，校正完毕后把 S1 开关闭合。分校正和时校正的方法一样。其电路图如图 7-71所示。

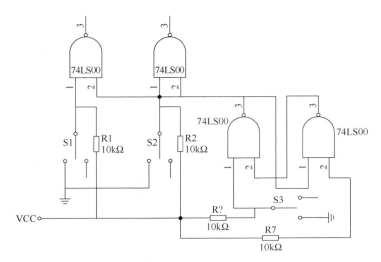

图 7-71 校时电路

3. 各部分功能的实现

1）开始状态如图 7-72 所示。

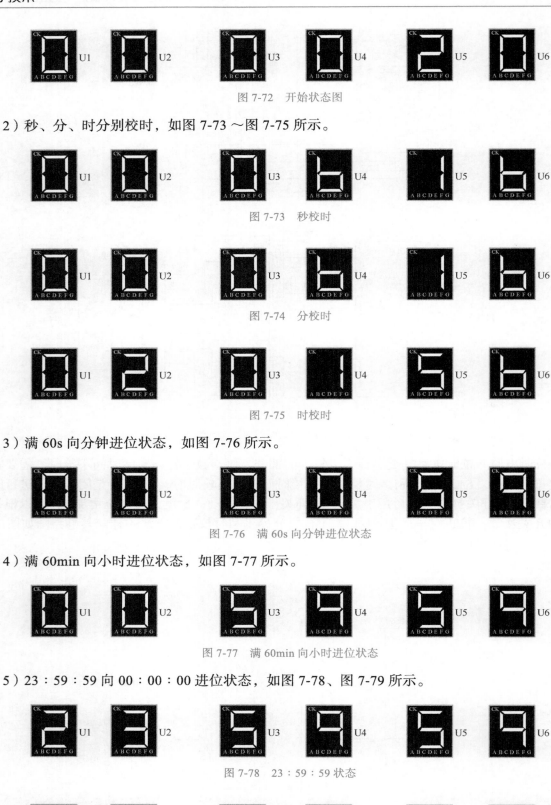

图 7-72　开始状态图

2）秒、分、时分别校时，如图 7-73 ～图 7-75 所示。

图 7-73　秒校时

图 7-74　分校时

图 7-75　时校时

3）满 60s 向分钟进位状态，如图 7-76 所示。

图 7-76　满 60s 向分钟进位状态

4）满 60min 向小时进位状态，如图 7-77 所示。

图 7-77　满 60min 向小时进位状态

5）23：59：59 向 00：00：00 进位状态，如图 7-78、图 7-79 所示。

图 7-78　23：59：59 状态

图 7-79　00：00：00 状态

任务实施

1.设备与元器件

本任务用到的设备包括直流稳压电源、数字式万用表、毫安表、示波器等。

组装电路所用元器件见表 7-8。

表 7-8　元器件明细表

序号	元器件	名称	型号规格	数量
1	R_1、R_2、R_7、R_8	电阻	10kΩ	4
2	R_3、R_4	电阻	16kΩ	2
3	R_9、R_{10}	电阻	100Ω	2
4	U7、U8、U9	译码器	4511	3
5	U905、U906、U903、U904、U901、U902	计数器	74LS90N	6
6	U13	2 输入与门	74LS08N	1
7	U1、U2、U3、U4、	2 输入与非门	74LS00N	4
8	C_3、C_4	电解电容	10nF/16V	3
9	C_1	电解电容	1.5μF/16V	1
10	A1	定时器	555_virtual	1
11	U1 ~ U6	七段数码管	共阴极	6
12	其他	导线、面包板、开关		

2.电路分析

数字钟电路分析详见 7.2.2 节内容。

3.任务实施过程

（1）核对元器件　按照表 7-8 所示元器件明细核对元器件。

（2）检测元器件

1）集成电路的检测。参照项目 1 中学到的方法，使用万用表进行检测。

2）测量电容、电阻的阻值。

3）数码管的检测。首先，将万用表调到测试直流电压的模式。接着，将黑表笔插入数码管的负极，将红表笔插入数码管的正极。如果数码管正常工作，万用表的 LCD 上会显示电压值。在这种情况下，有两种可能性：数码管是共阳极的，那么在测试中，测试值应该为 0.7 ~ 1.4V；如果是共阴极的，测试值应该为 3.4 ~ 4.0V。如果万用表上的值是在这个范围之外，说明这个数码管有问题。

（3）元器件安装与接线　在给定的面包板上，对元器件进行布局、安装以及接线。

（4）调试与检测电路　调试电路检查无误后可通电调试。在 Multisim 软件中，完整地接好数字钟电路，当秒的开关接由晶体振荡器直接生成的 1Hz 信号，分、时的开关分别接来自秒、分的进位时，LED 显示器可准确显示 00：00：00—23：59：59，24 小时制的时间计数。

通过对校时开关 S1、S2、S3 的调节，可分别实现调时调分的功能。

（5）故障分析　根据表 7-9 所述故障现象分析产生故障的可能原因，采取相应办法进行解决，完成表格中相应内容的填写，若有其他故障现象及分析请在下面表格补充。

表 7-9　故障分析汇总及反馈

故障现象	可能原因	解决办法	是否解决
电路没有实现功能			是 否
校时电路出现问题			是 否

（6）收获与总结　通过本实训任务，你掌握了哪些技能？学会了哪些知识？在实训过程中遇到了什么问题？是怎么处理的？请填写在表 7-10 中。

表 7-10　收获与总结

序号	掌握的技能	学会的知识	出现的问题	处理方法
1				
2				
3				
心得体会：				

创新方案

你有更好的思路和做法吗？请给大家分享一下吧。
（1）电路装接时按照先低后高的顺序，装接效果更好。
（2）

任务考核

根据表 7-11 所列考核内容和考核标准对本次任务的完成情况开展自我评价与小组评价，将评价结果填入表中。

表 7-11　任务综合评价

任务名称		姓名		组号	
考核内容	考核标准	评分标准		自评 得分	组间互评 得分
职业素养 （20分）	·工具摆放、着装等符合规范（2分） ·操作工位卫生良好，保持整洁（2分） ·严格遵守操作规程，不浪费原材料（4分） ·无元器件损坏（6分） ·无用电事故、无仪器损坏（6分）	·工具摆放不规范，扣1分；着装等不符合规范，扣1分 ·操作工位卫生等不符合要求，扣2分 ·未按操作规程操作，扣2分；浪费原材料，扣2分 ·元器件损坏，每个扣1分，扣完为止 ·因用电事故或操作不当而造成仪器损坏，扣6分 ·人为故意造成用电事故、损坏元器件、损坏仪器或其他事故，本次任务计0分			

（续）

任务名称		姓名		组号	
考核内容	考核标准	评分标准		自评 得分	组间互评 得分
元器件 检测 （10分）	能使用仪表正确检测元器件（10分）	• 不会使用仪器，扣2分 • 元器件检测方法错误，每次扣1分			
装配 （20分）	• 元器件布局合理、美观（10分） • 布线合理、美观，层次分明（10分）	• 元器件布局不合理、不美观，扣1～5分 • 布线不合理、不美观，层次不分明，扣1～5分 • 布线有断路，每处扣1分；布线有短路，每处扣5分			
调试 （30分）	能使用仪器仪表检测，能正确填写表7-9，并排除故障，达到预期的效果（30分）	• 一次调试成功，数据填写正确，得30分 • 填写内容不正确，每处扣1分 • 在教师的帮助下调试成功，扣5分；调试不成功，得0分			
团队合作 （10分）	主动参与，积极配合小组成员，能完成自己的任务（5分）	• 参与完成自己的任务，得5分 • 参与未完成自己的任务，得2分 • 未参与未完成自己的任务，得0分			
	能与他人共同交流和探讨，积极思考，能提出问题，能正确评价自己和他人（5分）	• 交流能提出问题，正确评价自己和他人，得5分 • 交流未能正确评价自己和他人，得2分 • 未交流未评价，得0分			
创新能力 （10分）	能进行合理的创新（10分）	• 有合理创新方案或方法，得10分 • 在教师的帮助下有创新方案或方法，得6分 • 无创新方案或方法，得0分			
最终成绩		教师评分			

思考与提升

1. 555 定时器中 3 个 5kΩ 电阻的功能是什么？

2. 由 555 定时器组成的施密特触发器具有回差特性，回差电压 ΔU_T 的大小对电路有何影响？

3. 图 7-80 是 555 定时器组成的何种电路？

4. 555 定时器应用很广，图 7-81 是一种对其的外接电路，这种电路的名称是什么？有什么基本功能？

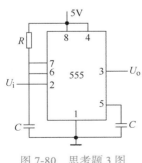

图 7-80　思考题 3 图

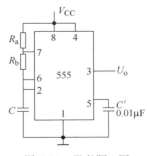

图 7-81　思考题 4 图

5. 单稳态触发器的特点有哪些？

6. 施密特触发器具有什么特点？

7. 图 7-82 是占空比可调的方波发生器，试简单说明其工作过程。

8. 555 定时器组成的单稳态触发器电路如图 7-83 所示，试分析其工作原理。

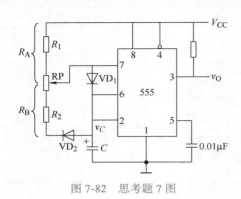

图 7-82　思考题 7 图

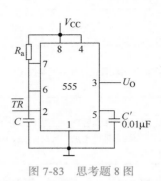

图 7-83　思考题 8 图

任务小结

1. 注意集成电路的引脚顺序不要插错，引脚不能弯曲或折断。
2. 元器件、导线安装及字标方向符合要求。
3. 在通电前，先用万用表检查各集成电路的电源接线是否正确。

任务 7.3　设计与调试救护车警笛模拟电路

任务导入

本任务要求设计一个救护车警笛模拟电路，用 555 时基电路施密特的多谐振荡器，使电路通过一个小型扬声器可以发出 3 种不同频率"滴、嘟、滴、嘟……"的声响。救护车警笛模拟电路即为能产生高低频率的电路。因此，本任务选用 555 定时器。

任务分析

通过双音报警器熟悉用 555 定时器构成多谐振荡电路。具体可这样实施任务，用 555 定时器产生一个方波信号，用一个大电容将方波转换成锯齿波（主要是为扫频），再用一个电压跟随器，削掉锯齿波下尖端（为了使第二片 555 定时器引脚 3 输出高频持续一段时间），作为第二片 555 定时器的引脚 5 的输入信号。这样就可以使第二片 555 定时器的引脚 3 产生一个频率不断变化的信号。用此信号来驱动扬声器，就可发出救护车警笛声了。

知识链接

555 定时器的应用非常广泛，它可以构成施密特触发器，用于 TTL 系统的接口、整形电路或脉冲鉴幅等；可以构成多谐振荡器，组成信号产生电路；还可以构成单稳态触发器，用于定时延时整形及一些定时开关中。555 应用电路采用上述三种方式中的一种或多种组合起来可以组成各种实用的电子电路，如定时器、分频器、脉冲信号发生器、电源交换电路、频率变换电路、自动控制电路等。

1. 555 定时器知识回顾

555 定时器是一种将模拟电路和数字电路集成于一体的电子器件。用它可以构成单稳态触发器、多谐振荡器和施密特触发器等多种电路。其在工业控制、定时、检测、报警等方面有广泛应用。555 时基集成电路具有成本低、易使用、适应面广、驱动电流大和一定的负载能力。在电子制作中只需经过简单调试，就可以做成多种实用的各种小电路，远远优于晶体管电路。

555 时基集成电路的主要参数为（以 NE555 为例）：电源电压为 4.5 ～ 16V；输出功率大，驱动电流达 200mA；作定时器使用时，定时精度为 1%；定时时间从微秒级到小时级；作振荡器使用时，输出脉冲的最高频率可达 500kHz；可调整占空比；温度稳定性好于 0.005%/℃。

555 定时器功能表见表 7-12。

表 7-12　555 定时器功能表

阈值输入	触发输入	复位 R_D	R	S	输出 v_O	放电管 VT
×	×	0	×	×	0	导通
$< \frac{2}{3}V_{CC}$	$< \frac{1}{3}V_{CC}$	1	1	0	1	截止
$> \frac{2}{3}V_{CC}$	$> \frac{1}{3}V_{CC}$	1	0	1	0	导通
$> \frac{2}{3}V_{CC}$	$> \frac{1}{3}V_{CC}$	1	1	1	不变	不变

2. 555 定时器的简化电路说明

555 时基电路内部既有模拟电路，又有数字电路，读图和应用十分不便，为便于一目了然地理解 555 电路的功能，可以将 555 电路的数字与模拟功能合在一起考虑，进行简化。

由于 555 定时电路内部的比较器灵敏度较高，而且采用差分电路形式，用 555 定时器组成的多谐振荡器的振荡频率受电源电压和温度变化的影响很小。

外部组件的稳定性决定了多谐振荡器的稳定性，555 定时器配以少量的组件即可获得较高精度的振荡频率和具有较强的功率输出能力。因此，这种形式的多谐振荡器应用很广。

3. 施密特触发器回顾

（1）电路组成　只要将 555 定时器的引脚 2 和引脚 6 接在一起，就可以构成施密特触发器。

（2）施密特触发器的应用举例

1）用作接口电路：将缓慢变化的输入信号，转换成为符合 TTL 系统要求的脉冲波形。图 7-84 是缓慢变化的输入波形的 TTL 系统接口图。

2）用作整形电路：把不规则的输入信号整形成为矩形脉冲。图 7-85 是脉冲整形电路的输入输出波形图。

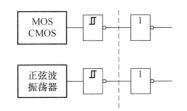

图 7-84　缓慢变化的输入波形的 TTL 系统接口

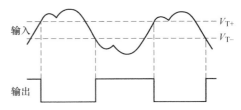

图 7-85　脉冲整形电路的输入输出波形

3）用于脉冲鉴幅：将幅值大于 V_{T+} 的脉冲选出。

任务实施

设计一个救护车警笛电路：系统能够驱动扬声器发出类似警笛的变调声响（用虚拟示波器可以观察到频率变化情况），低频应按照一定规律自动变化，例如从 200 ~ 500Hz 扫频。

1. 设备与元器件

本任务用到的设备包括直流稳压电源、数字式万用表、毫安表、示波器等。

组装电路所用元器件见表 7-13。

表 7-13　元器件明细表

序号	元器件	名称	型号规格	数量
1	R_1、R_3	电阻	10kΩ	2
2	R_2	电阻	4.7kΩ	1
3	R_4	电阻	100kΩ	1
4	RP	可调电阻	200kΩ	1
5	C_1	电解电容	4.7μF/16V	1
6	C_2、C_3	电容	103/16V	2
7	C_4	电解电容	47μF/16V	1
8	BL	扬声器	8Ω	1
9	IC_1、IC_2	集成电路	NE555	2
10	其他		导线、面包板、电源	

2. 电路分析

电路原理仿真总图如图 7-86 所示。设计要求：

1）系统能够驱动扬声器发出类似警笛的变调声响（用虚拟示波器可以观察到频率变化情况）。

2）低频应按照一定规律自动变化，例如从 200 ~ 500Hz 扫频。

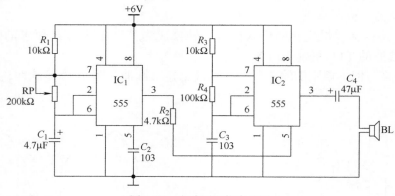

图 7-86　电路原理仿真总图

3. 任务实施过程

（1）核对元器件　按照表 7-13 所示元器件明细核对元器件。

（2）检测元器件

1）电阻阻值的测量。使用万用表，选择适当的档位进行测量。

2）扬声器的检测方法。参照项目 2 中学到的方法，使用万用表进行检测。

3）电容的测量。参照项目 2 中学到的方法，使用万用表进行检测。

（3）元器件安装与接线　在给定的面包板中，对元器件进行布局、安装以及接线。

（4）调试与检测电路　调试电路检查无误后可通电调试。$V_{CC}=5V$，正常时扬声器发出清晰洪亮的类似救护车警笛的变调声响。

（5）故障分析　根据表 7-14 所述故障现象分析产生故障的可能原因，采取相应办法进行解决，完成表格中相应内容的填写，若有其他故障现象及分析请在下面表格补充。

表 7-14　故障分析汇总及反馈

故障现象	可能原因	解决办法	是否解决
电路没有实现功能			是 否
波形出现失真			是 否

（6）收获与总结　通过本实训任务，你掌握了哪些技能？学会了哪些知识？在实训过程中遇到了什么问题？是怎么处理的？请填写在表 7-15 中。

表 7-15　收获与总结

序号	掌握的技能	学会的知识	出现的问题	处理方法
1				
2				
3				
心得体会：				

创新方案

你有更好的思路和做法吗？请给大家分享一下吧。

（1）_____

（2）_____

（3）_____

任务考核

根据表 7-16 所列考核内容和考核标准对本次任务的完成情况开展自我评价与小组评价，将评价结果填入表中。

表 7-16　任务综合评价

任务名称		姓名		组号	
考核内容	考核标准	评分标准		自评得分	组间互评得分
职业素养（20分）	·工具摆放、着装等符合规范（2分） ·操作工位卫生良好，保持整洁（2分） ·严格遵守操作规程，不浪费原材料（4分） ·无元器件损坏（6分） ·无用电事故、无仪器损坏（6分）	·工具摆放不规范，扣1分；着装等不符合规范，扣1分 ·操作工位卫生等不符合要求，扣2分 ·未按操作规程操作，扣2分；浪费原材料，扣2分 ·元器件损坏，每个扣1分，扣完为止 ·因用电事故或操作不当而造成仪器损坏，扣6分 ·人为故意造成用电事故、损坏元器件、损坏仪器或其他事故，本次任务计0分			
元器件检测（10分）	能使用仪表正确检测元器件（10分）	·不会使用仪器，扣2分 ·元器件检测方法错误，每次扣1分			
装配（20分）	·元器件布局合理、美观（10分） ·布线合理、美观，层次分明（10分）	·元器件布局不合理、不美观，扣1~5分 ·布线不合理、不美观，层次不分明，扣1~5分 ·布线有断路，每处扣1分；布线有短路，每处扣5分			
调试（30分）	能使用仪器仪表检测，能正确填写表7-14，并排除故障，达到预期的效果（30分）	·一次调试成功，数据填写正确，得30分 ·填写内容不正确，每处扣1分 ·在教师的帮助下调试成功，扣5分；调试不成功，得0分			
团队合作（10分）	主动参与，积极配合小组成员，能完成自己的任务（5分）	·参与完成自己的任务，得5分 ·参与未完成自己的任务，得2分 ·未参与未完成自己的任务，得0分			
	能与他人共同交流和探讨，积极思考，能提出问题，能正确评价自己和他人（5分）	·交流能提出问题，正确评价自己和他人，得5分 ·交流未能正确评价自己和他人，得2分 ·未交流未评价，得0分			
创新能力（10分）	能进行合理的创新（10分）	·有合理创新方案或方法，得10分 ·在教师的帮助下有创新方案或方法，得6分 ·无创新方案或方法，得0分			
最终成绩		教师评分			

思考与提升

1. 如何用单结晶体管与 555 定时器巧做警笛音响电路？
2. 如何完成 NE555 参与的声光报警电路？
3. 如何完成 555 定时器参与的救护车双音报警器电路？

任务小结

1. 电解电容是有极性的元器件，安装时需注意其正、负极性。

2. 安装过程中，直接相连的元器件，可利用其引脚作连接，避免使用过多的导线。

3. 连接好电路之后，才可通电，不能带电改装电路。

思考与练习

7-1　填空题

1. 在电子技术中，通常把瞬间突变、作用时间极短的_____或_____，称为脉冲信号。

2. 由 555 定时器构成的施密特触发器，它可将缓慢变化的输入信号变换为_____。

3. 施密特触发器有_____个阈值电压，分别称作_____和_____。

4. 施密特触发器具有_____现象，又称_____特性；单稳触发器最重要的参数为_____。

5. 某单稳态触发器在无外触发信号时输出为 0 态，在外加触发信号时，输出跳变为 1 态，因此，其稳态为_____态，暂稳态为_____态。

6. 单稳态触发器有_____个稳定状态；多谐振荡器有_____个稳定状态。

7. 常见的脉冲产生电路有_____，常见的脉冲整形电路有_____、_____。

8. 为了实现高的频率稳定度，常采用_____振荡器；单稳态触发器受到外触发时进入_____。

7-2　单项选择题

1. RC 微分电路的作用是将矩形脉冲变换为（　　）。

A. 锯齿波　　　　　　　B. 阶梯波　　　　　　　C. 三角波　　　　　　　D. 尖脉冲波

2. 555 定时器不能用来组成（　　）。

A. 多谐振荡器　　　　　B. 单稳态触发器　　　　C. 施密特触发器　　　　D. JK 触发器

3. 多谐振荡器可产生（　　）。

A. 正弦波　　　　　　　B. 矩形脉冲　　　　　　C. 三角波　　　　　　　D. 锯齿波

4. 555 定时器组成的多谐振荡器属于（　　）电路。

A. 单稳　　　　　　　　B. 双稳　　　　　　　　C. 无稳

5. 在 555 定时器组成的施密特触发器电路中，正向阈值电压为 10V，负向阈值电压为 5V，则当输入电压为 7V 时，输出电压为（　　）。

A. 高电平　　　　　　　B. 低电平　　　　　　　C. 不确定

6. 在 555 定时器组成的多谐振荡器电路中，如果电容充电时间常数大于放电时间常数，那么输出波形的占空比（　　）。

A. 大于 50%　　　　　　B. 小于 50%　　　　　　C. 不确定

7. 在 555 定时器组成的单稳态触发器电路中，如果充电时间常数 $RC \approx 90\mathrm{ms}$，输出脉冲的宽度约为（　　）。

A. 100ms　　　　　　　B. 90ms　　　　　　　　C. 50ms　　　　　　　　D. 10ms

8. 能用于脉冲整形的电路是（　　）。

A. 双稳态触发器　　　　B. 单稳态触发器　　　　C. 施密特触发器

9. 改变 555 定时电路的电压控制端 CO 的电压值，可改变（　　）。

A. 555 定时电路的高、低输出电平　　　　B. 开关放电管的开关电平

C. 比较器的阈值电压　　　　　　　　　　D. 置"0"端 $\bar{R}$ 的电平值

7-3　判断题

1. 单稳态触发器有两个稳态。　　　　　　　　　　　　　　　　　　　　　　（　　）

2. 多谐振荡器有两个稳态。　　　　　　　　　　　　　　　　　　　　　　　（　　）

3. 施密特触发器有两个稳态。　　　　　　　　　　　　　　　　　　　　　　　　（　　）

4. 555 定时器要构成施密特触发器，只要将低电平触发端和高电平触发端连在一起。（　　）

5. 在 555 定时器内部电路中，当内部两比较器输出都为高电平时，电路输出状态翻转。　　　　　　　　　　　　　　　　　　　　　　　　　　　　　　　　　　　（　　）

7-4　获取矩形脉冲波形的途径有哪两种？

7-5　施密特触发器在性能上有哪两个重要特点？

7-6　施密特触发器有哪些用途？

7-7　555 定时器电路主要由哪几部分组成？各引脚的功能是什么？

7-8　试分析图 7-87 所示电路为何种电路，并对应输入波形画出输出 u_o 波形。

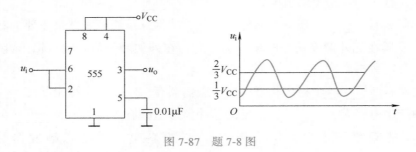

图 7-87　题 7-8 图

7-9　由 555 定时器构成的多谐振荡器如图 7-88 所示，设 $V_{CC}=5V$，$R_1=20k\Omega$，$R_2=20k\Omega$，$C=0.01\mu F$，计算输出矩形波的频率及占空比。

7-10　图 7-89 是由 555 构成的多谐振荡器电路，已知 $R_1=1k\Omega$，$R_2=8.2k\Omega$，$C=0.4\mu F$。试求振荡周期 T、振荡频率 f、占空比 q。

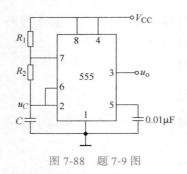

图 7-88　题 7-9 图

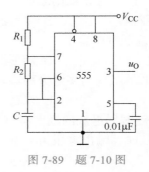

图 7-89　题 7-10 图

7-11　在施密特触发器中，估算在下列条件下电路的 U_{T+}、U_{T-}、ΔU_T。

（1）$V_{CC}=12V$、CO 端通过 0.01μF 电容接地；

（2）$V_{CC}=12V$、CO 端接 5V 电源；

（3）如果 CO 端通过 0.01μF 电容接地，输入电压 u_i 的波形如图 7-90 所示，试画出输出电压 u_o 的波形。

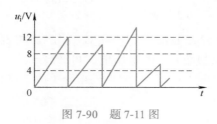

图 7-90　题 7-11 图

7-12　施密特触发器也可作为脉冲鉴幅器。为了检出图 7-91 的输入信号中幅度大于 5V 的脉冲，电源电压 V_{CC} 应取几伏？如果规定 $V_{CC}=10V$，不能任意选择，则电路应做哪些修改？

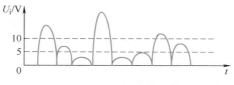

图 7-91　题 7-12 图

　　7-13　图 7-92 是救护车扬声器发音电路。在图 7-92 中给出的电路参数下，试计算扬声器发出声音的高、低音频率以及高、低音的持续时间。当 V_{CC}=12V 时，555 定时器输出的高、低电平分别为 11V 和 0.2V，输出电阻小于 100Ω。

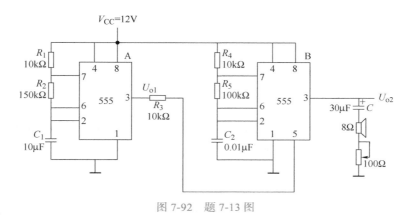

图 7-92　题 7-13 图

项目 8　组装与调试嵌入式智能小车

项目剖析

本项目以"嵌入式技术应用开发"赛项设备为教学载体，将比赛的知识和技能转化为课程教学内容。嵌入式技术应用开发赛项是集电子技术、单片机技术、传感器技术、嵌入式技术、无线通信技术、Android 智能设备与控制技术于一体的综合性赛事，通过软、硬件结合，可充分培养学生的综合应用能力。赛事以现实交通情景为模拟模型，贴近实际应用，要求参赛选手在规定时间内焊接、组装、调试竞赛平台，运用无线通信技术，通过 Android 智能设备在随机生成的路径下自动控制智能小车。

比赛包括硬件装调和赛道任务两部分。要求参赛选手在规定时间内组装、调试一套功能电路板，并安装在智能小车上。同时，完成嵌入式应用程序的编写和测试，使之能够自动控制竞赛平台完成赛道任务。

职业岗位目标

1. 知识目标

（1）LM358、CD4069、NE555、DS1302 和 AK040 语音芯片等的内部结构和引脚功能。

（2）SMT（贴片）和非 SMT 元器件焊接技巧和装调知识。

（3）循迹板、任务板、核心板和电动机驱动板的功能。

（4）嵌入式智能小车核心板、任务板、电动机驱动板电路分析方法。

（5）嵌入式智能小车从原理图识读、元器件检测、电路设计、电路组装到功能调试的制作工序。

2. 技能目标

（1）能识别和检测所用元器件。

（2）能熟练进行电路功能测试，保证实现电路的基本功能。

（3）能正确使用常用仪器仪表及工具。

（4）能熟练根据对应电路原理图在电路板上组装、测量与焊接电路。

（5）能准确进行嵌入式智能小车的故障分析和故障排除。

3. 素养目标

（1）具有自主学习的能力。

（2）具有职业审美的养成。

（3）具有职业意识的养成，即注意安全用电和劳动保护，同时注重 6S 的养成和环境保护。

（4）专心专注、精益求精要贯穿任务始终，不惧失败。

（5）具有社会能力的养成，即小组成员间做好分工协作，注重沟通和能力训练。

（6）建立"知行合一"的行动理念。

任务 8.1　组装与调试交通灯控制电路

任务导入

近年来随着科技的飞速发展，人、车、路三者关系的协调，已成为交通管理部门需要解决的重要问题之一。交通信号灯的出现，使交通得以有效管制，对于疏导交通流量、提高道路通行能力、减少交通事故有明显效果。本任务主要实现交通灯控制电路的组装与调试，根据给出的交通灯控制电路板和元器件表，把选取的元器件及功能部件正确地装配在电路板上。交通灯控制电路实物图如图 8-1 所示。

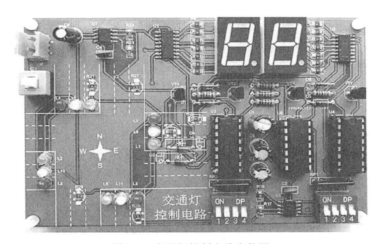

图 8-1　交通灯控制电路实物图

任务分析

本任务是前面所学数字电路知识的综合应用，是在印制电路板上正确组装、焊接交通灯控制电路，完成电路组装与调试。交通灯控制电路由脉冲发生器、计数器、译码器、双稳态电路、闪烁电路及控制电路构成。

知识链接

8.1.1　电子产品装配工艺

1. 组装基础

电子设备的组装是将各种电子元器件、机电元器件及结构件，按照设计要求，装接在规定的位置上，组成具有一定功能的完整的电子产品的过程。

（1）电子设备组装内容　电子设备的组装内容主要分为以下几项：

1）单元电路的划分。如可划分为电源电路、功放电路、功率驱动电路、单片机控制电路等。

2）元器件的布局。输入、输出、功率器件、显示器件、低频高频电路单元合理布局。

3）各种元器件、部件、结构件的安装。

4）整机装联。

（2）电子设备组装级别　在组装过程中，根据组装单位的大小、尺寸、复杂程度和特点的不同，将电子设备的组装分成不同的等级。电子设备的组装级别见表8-1。

表 8-1　电子设备的组装级别

组装级别	特点
第1级（元器件级）	组装级别最低，结构不可分割。主要为通用分立元器件、集成电路等
第2级（插件级）	用于组装和连接第1级元器件。例如，装有元器件的电路板及插件
第3级（插箱板级）	用于安装和连接第2级组装的插件或PCB部件
第4级（箱柜级）	通过电缆及连接器连接第2、3级组装，构成独立的有一定功能的设备

2.组装的特点

（1）组装技术的发展与特点　随着新材料、新器件的大量涌现，必然会促进组装工艺技术有新的进展。目前，电子产品组装技术的发展具有连接工艺的多样化、工装设备的改进、检测技术的自动化及新工艺新技术的应用等特点。

（2）电路板组装　电子设备的组装是以印制电路板为中心而展开的，印制电路板的组装是整机组装的关键环节。它直接影响产品的质量，故掌握电路板组装的技能技巧是十分重要的。

3.安装要求

（1）元器件引线成形　元器件引线成形示意图如图8-2所示。

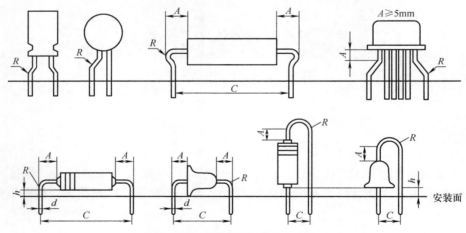

图 8-2　元器件引线成形示意图

（2）元器件安装的技术要求

1）元器件的标志方向应按照图样规定的要求，安装后能看清元器件上的标志。若装配图上没有指明方向，则应使标记向外易于辨认，并按从左到右、从下到上的顺序读出。

2）元器件的极性不得装错，安装前应套上相应的套管。

3）安装高度应符合规定要求，同一规格的元器件应尽量安装在同一高度上。

4）安装顺序一般为先低后高、先轻后重、先易后难、先一般元器件后特殊元器件。

5）元器件在印制电路板上的分布应尽量均匀、疏密一致，排列整齐美观，不允许斜排、立体交叉和重叠排列。

6）元器件外壳和引线不得相碰，要保证 1mm 左右的安全间隙，无法避免时，应套绝缘套管。

7）元器件的引线直径与印制电路板焊盘孔径应有 0.2～0.4mm 的合理间隙。

8）MOS 集成电路的安装应在等电位工作台上进行，以免产生静电损坏器件，发热元器件不允许贴板安装，较大元器件的安装应采取绑扎、粘固等措施。

4. 元器件安装

电子元器件种类繁多，外形不同，引出线也多种多样。所以，印制电路板的安装方法也就有差异，必须根据产品结构的特点、装配密度、产品的使用方法和要求来决定。

（1）元器件的安装方法

1）贴板安装。安装形式如图 8-3 所示。

2）悬空安装。安装形式如图 8-4 所示。

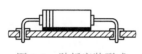

图 8-3　贴板安装形式

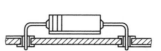

图 8-4　悬空安装形式

3）垂直安装。安装形式如图 8-5 所示。

4）埋头安装。安装形式如图 8-6 所示。

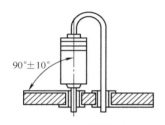

图 8-5　垂直安装形式

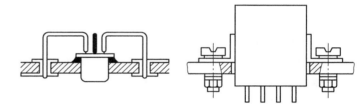

图 8-6　埋头安装形式

5）有高度限制时的安装。安装形式如图 8-7 所示。

6）支架固定安装。安装形式如图 8-8 所示。

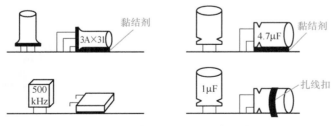

图 8-7　有高度限制时的安装形式

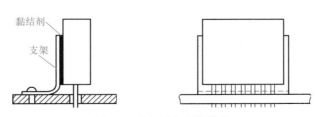

图 8-8　支架固定安装形式

7）功率器件的安装。安装形式如图 8-9 所示。

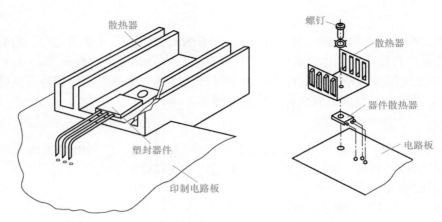

图 8-9 功率器件的安装形式

（2）元器件安装注意事项

1）插装好元器件，其引脚的弯折方向都应与铜箔走线方向相同。

2）安装二极管时，除注意极性外，还要注意外壳封装，特别是玻璃壳体易碎，引线弯曲时易爆裂，在安装时可将引线先绕 1 ~ 2 圈再装，对于大电流二极管，有的则将引线体当作散热器，故必须根据二极管规格中的要求决定引线的长度，也不宜把引线套上绝缘套管。

3）为了区别晶体管的电极和电解电容的正负端，一般在安装时，加上带有颜色的套管以示区别。

4）大功率晶体管由于发热量大，一般不宜装在 PCB 上。

8.1.2　电子元器件焊接基础知识

1. 焊接工具与材料

常用的焊接工具与材料包括电烙铁、电烙铁架、焊锡、吸锡器、热风枪、松香、焊锡膏、尖嘴钳、偏口钳、镊子、小刀等，如图 8-10 所示。

（1）电烙铁

1）电烙铁是焊接电子元器件及接线的主要工具，选择合适的电烙铁，合理使用它，是保证焊接质量的基础。

2）按发热方式可分为内热式、外热式、温控式，常见电烙铁及电烙铁头如图 8-11 所示。

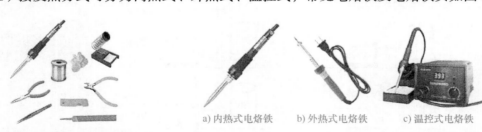

a) 内热式电烙铁　　b) 外热式电烙铁　　c) 温控式电烙铁　　d) 常用电烙铁头的形状

图 8-10　常见焊接工具与材料（部分）　　　　　　　　图 8-11　常见电烙铁及烙铁头

3）按电功率可分为 15W、20W、35W 等。

4）根据焊件大小确定使用的电烙铁类型，一般选 30W 左右。焊接集成电路及易损元器件时可以采用储能式电烙铁。

5）新烙铁在使用前的处理。

① 先给烙铁头镀上一层焊锡，通俗称为"吃锡"。

② 然后接上电源，当烙铁头的温度升至能熔锡时，将松香涂在烙铁头上，等松香冒白烟后再涂上一层焊锡。

③ 现在很多内热式电烙铁都是经过电镀的，如果不是特殊需要，一般不需要修锉或打磨。

6）防止烙铁"烧死"。烙铁头经过一段时间的使用后，会发生表面凹凸不平，而且氧化层严重，所以它不粘锡，这就是人们常说的"烧死"了，也称为"不吃锡"。这时候必须重新镀上锡。

7）使用电烙铁的注意事项。

① 最好使用三极插头。要使外壳妥善接地。

② 使用前，应认真检查电源插头、电源线有无损坏，并检查烙铁头是否松动。

③ 在电烙铁使用中，不能用力敲击，防止跌落。烙铁头上焊锡过多时，可用湿布擦掉，不可乱甩，以防烫伤他人。

④ 焊接过程中，电烙铁不能到处乱放。不焊时，应放在烙铁架上。注意电源线不可搭在烙铁头上，以防烫坏绝缘层而发生事故。

⑤ 焊接二极管、晶体管等怕热元器件时，应用镊子夹住元器件引脚，使热量通过镊子散热，不至于损坏元器件。

⑥ 焊接集成电路时，时间要短，必要的时候要断开电烙铁电源，用余热焊接。

（2）焊锡、助焊剂与阻焊剂

1）焊锡。焊锡是一种锡铅合金，不同锡铅比例的焊锡熔点温度不同，一般为 180～230℃。焊接时，一般采用有松香芯的焊锡丝。这种焊锡丝熔点较低，而且内含松香助焊剂，使用极为方便。

2）助焊剂。常用的助焊剂是松香或松香水（将松香溶于酒精中）。

作用：清除金属表面的氧化物，利于焊接，又可保护烙铁头。焊接较大元器件或导线时，也可采用焊锡膏，但它有一定腐蚀性，焊接后应及时清除残留物。

3）阻焊剂。常用阻焊剂的主要成分为光固树脂，在高压汞灯照射下会很快固化。阻焊剂的颜色多为绿色，故得俗名"绿油"。

（3）辅助工具　为了方便焊接操作，常采用尖嘴钳、偏口钳、镊子和小刀等辅助工具。

2. 手工焊接工艺

（1）插装型（THT）元器件的焊接工艺

1）焊接操作姿势与卫生。

① 焊剂挥发出的化学物质对人体有害，如果操作时鼻子距离烙铁头太近，则很容易将有害气体吸入。一般电烙铁离开鼻子的距离应至少不小于 30cm，通常以 40cm 时为宜。

② 铅是对人体有害的重金属，由于焊锡丝成分中含有一定比例的铅，因此，操作时应戴手套或操作后洗手，避免食入。

2）焊接要求。

① 焊接技术是电子装配首先要掌握的一项基本功，操作人员要求掌握熟练的焊接技能。这是保证电路工作可靠的重要环节。

② 在焊接时，不仅必须要做到焊接牢固，焊点表面还要光滑、清洁、无毛刺，要求高一点，还要美观整齐、大小均匀。避免虚焊、冷焊（由于烙铁温度不够，焊点表面看起来像豆渣一样）、漏焊、错焊。

3）电烙铁及焊锡丝的握法。手持电烙铁的方法如图 8-12 所示。反握法动作稳定，长时间操作不宜疲劳，适于大功率电烙铁；正握法适于中等功率电烙铁或带弯头电烙铁的操作；在操作台上焊印制电路板等焊件时多采用握笔法。拿焊锡丝的方法如图 8-13 所示。焊锡丝一般有两种拿法，要注意焊锡丝中有一定比例的铅金属。

a）正握法　　b）反握法　　c）笔握法

图 8-12　手持电烙铁的方法

a）连续焊接时　b）断续焊接时

图 8-13　拿焊锡丝的方法

4）焊前准备。

① 所有元器件引线均不得从根部弯曲。一般应留 1.5mm 以上。弯曲可使用尖嘴钳和镊子，或借助圆棒。元器件插装如图 8-14 所示。

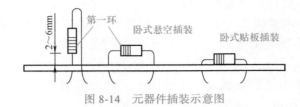

图 8-14　元器件插装示意图

② 弯曲一般不要成死角，圆弧半径应大于引线直径的 1 ～ 2 倍。

③ 要尽量将有字符的元器件面置于容易观察的位置。

5）焊接步骤。五步焊接法见表 8-2。

表 8-2　五步焊接法

焊接步骤	图示	焊接过程	焊接步骤	图示	焊接过程
第一步		准备施焊	第四步		移开焊锡
第二步		加热焊件	第五步		移开电烙铁
第三步		熔化焊料			

6）导线焊接。导线与接线端子的连接有三种基本形式，如图 8-15 所示。

导线与导线的连接如图 8-16 所示，导线之间的连接以绕焊为主。

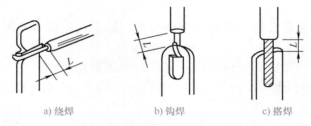

a) 绕焊　　　　　　b) 钩焊　　　　　　c) 搭焊

图 8-15　导线与接线端子连接图

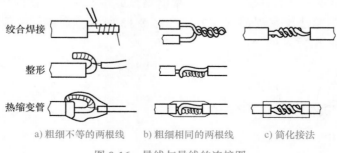

a) 粗细不等的两根线　　b) 粗细相同的两根线　　c) 简化接法

图 8-16　导线与导线的连接图

绕焊的操作步骤如下：①去掉一定长度绝缘皮；②端子上锡，穿上合适套管；③绞合，施焊；④趁热套上套管，冷却后套管固定在接头处。

7）拆焊。调试和维修中常需要更换一些元器件，如果方法不当，就会破坏印制电路板，也会使换下而并未失效的元器件无法重新使用。

① 一般电阻、电容等引脚不多，可用电烙铁直接解焊。集成电路可用专用工具，如吸锡器。

② 医用空心针头法。医用空心针头的针尖内径刚好能套住集成电路引出脚，其外径能插入引脚孔，使用时采用尖头电烙铁把引脚焊锡化，同时用针头套住引脚，插入印制电路板孔内，然后边移开电烙铁边旋转针头，使熔锡凝固，最后拔出针头。这样，该引脚就和印制电路板完全脱离。照此方法，每个引脚做一遍，整块集成电路即能自动脱离印制电路板，此方法简便易行。

③ 焊锡熔化吹气法。利用热风枪的气流把熔化的焊锡吹走，气流必须向下，这样可将焊锡及时排走，以免留在印制电路板内留下隐患。

8）焊点的质量检查。

① 外观检查。

a. 外形以焊接导线为中心，均匀，成裙形拉开。

b. 焊接的连接面呈半弓形凹面，钎料与焊件交界处平滑，接触角尽可能小。

c. 表面有光泽且平滑。

d. 无裂纹、针孔、夹渣。

e. 无漏焊、钎料拉失、钎料引起导线间短路、导线及元器件绝缘的损伤、钎料飞溅等。

f. 检查时，除目测外，还要用指触、镊子拨动、拉线等。检查有无导线断线、焊盘剥离等缺陷。焊点常见缺陷见表 8-3。

表 8-3　焊点常见缺陷

序号	图示	缺陷名称	缺陷成因
1	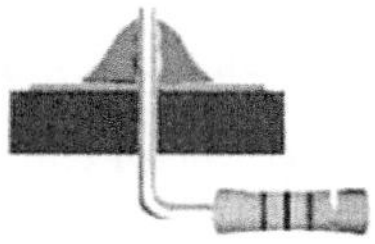	虚焊	焊件清理不干净，或加热不足
2	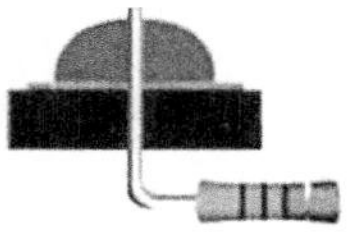	焊锡过多	焊锡丝撤离过迟
3	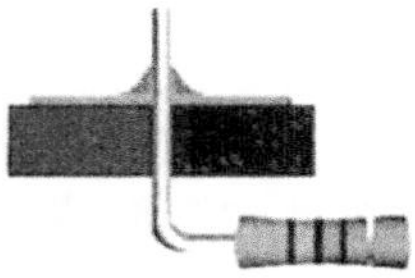	焊锡过少	焊锡丝撤离过早
4	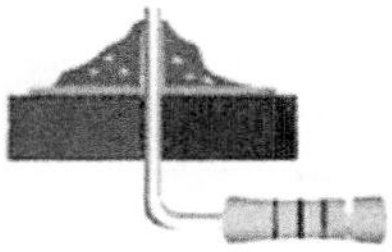	冷焊	钎料未完全凝固时焊件抖动
5	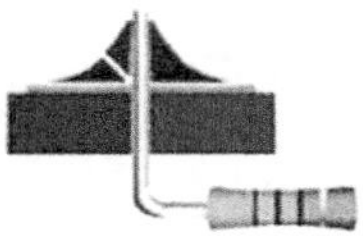	空洞	焊件与焊盘间隙过大
6	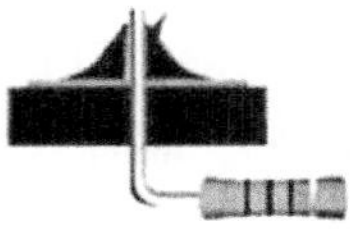	拉尖	加热时间过长，烙铁头温度降低

（续）

序号	图示	缺陷名称	缺陷成因
7	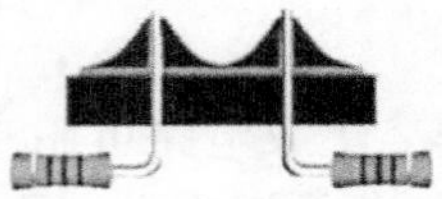	桥接	钎料过多，或烙铁头撤离方向不正确
8	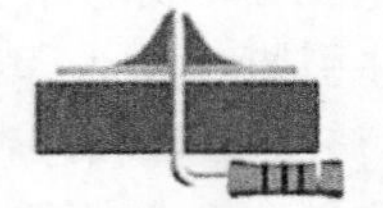	焊盘脱落	加热时间过长

② 通电检查。通电检查必须是在外观检查及连接检查无误后才可进行的工作，也是检验电路性能的关键步骤。如果不经过严格的外观检查，通电检查不仅困难较多，而且有损坏设备仪器、造成安全事故的危险。

（2）SMT 元器件的焊接工艺

1）表面安装元器件。表面安装元器件是无引线或短引线元器件，常把它分为无源器件（SMC）和有源器件（SMD）两大类。表面安装常用器材有焊膏、红胶、PCB、模板、刮刀等。

① 无源器件（SMC）。表面安装无源器件（SMC）包括片式电阻器、片式电容器和片式电感器等，常见实物外形如图 8-17 所示。

矩形片式电阻器　　片式电位器　　圆柱形贴装电阻器

矩形片式电容器　　片式钽电解电容器　　圆柱形贴装电容器

模压型片式电感器　　　片式电感器

图 8-17　表面安装无源器件外形

② 有源器件（SMD）。

a. 表面安装二极管。常用的封装形式有圆柱形、SOT-23 型和矩形薄片三种，如图 8-18 所示。

a) 圆柱形无端子二极管　　b) SOT-23型片状二极管　　c) 矩形薄片二极管

图 8-18　表面安装二极管常用的封装形式

b. 表面安装晶体管。常用的封装形式有 SOT-23 型、SOT-89 型、SOT-143 型和 SOT-252 型四种，如图 8-19 所示。

c. 表面安装集成电路。常用的封装形式有小外形封装（SOP 型）、塑封有引线芯片载体封装（PLCC 型）、四方扁平封装（QFP 型）、球栅阵列封装（BGA 型）、芯片尺寸封装（CSP 型）、多芯片模块（MCM 型）等几种，部分封装形式如图 8-20 所示。

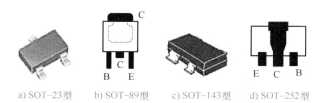

a) SOT-23型　　b) SOT-89型　　c) SOT-143型　　d) SOT-252型

图 8-19　表面安装晶体管常用的封装形式

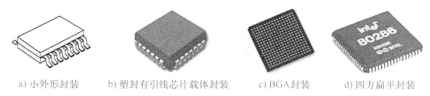

a) 小外形封装　　b) 塑封有引线芯片载体封装　　c) BGA封装　　d) 四方扁平封装

图 8-20　表面安装集成电路常用的封装形式

2）贴片阻容元器件的焊接。先在一个焊盘上点上焊锡，然后放上元器件的一端，用镊子夹住元器件，焊上一端之后，再看看是否放正了，如图 8-21a 所示；如果已放正，再焊上另外一端即可，如图 8-21b 所示，但要真正掌握焊接技巧需要大量的实践。

a) 焊接一端　　　　　　　　b) 焊接另一端

图 8-21　贴片元器件焊接步骤

注意事项：

① 电烙铁的温度调至（330±30）℃。烙铁通电后，先将烙铁温度调到 200 ～ 250℃，进行预热。根据不同物料，将温度设定在 300 ～ 380℃。对烙铁头做清洁和保养。

② 放置元器件在对应的位置上。

③ 左手用镊子夹持元器件定位在焊盘上，右手用烙铁将已上锡焊盘的锡熔化，将元器件定焊在焊盘上。被焊件和电路板要同时均匀受热。加热时间以 1 ～ 2s 为宜。

4）用烙铁头加焊锡丝到焊盘，将两端分别进行固定焊接。

8.1.3　电子元器件基础知识

1. CD40192 可逆计数器

CD40192 是同步十进制可逆计数器，既具有双时钟输入，又具有清除和置数等功能，其引脚排列如图 8-22 所示。

功能：当清除端 CR 为高电平"1"时，计数器直接清零；CR 置低电平，则执行其他功能。当 CR 为低电平、置数端也为低电平时，数据直接从置数端 D_3、D_2、D_1、D_0 置入计数器。当 CR 为低电平、$\overline{LD}$ 为高电平时，执行计数功能。执行加计数时，减计数端 CP_D 接高电平，计数脉冲由 CP_U 输入；在计数脉冲上升沿进行 8421 码十进制加法计数。执行减计数时，加计数端 CP_U 接高电平，计数脉冲由 CP_D 输入。各引脚功能如下。

$\overline{LD}$：（引脚 11 ）：置数端。

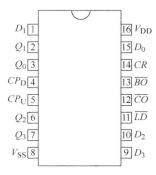

图 8-22　CD40192 引脚排列

CP_U（引脚 5）：加计数端。

CP_D（引脚 4）：减计数端。

$\overline{CO}$：（引脚 12）：非同步进位输出端。

$\overline{BO}$：（引脚 13）：非同步借位输出端。

D_3、D_2、D_1、D_0（引脚 9、10、1、15）：计数器输入端。

Q_3、Q_2、Q_1、Q_0（引脚 7、6、2、3）：数据输出端。

CR（引脚 14）：清除端。

2. NE555

NE555 为 8 脚时基集成电路，它既可以接成施密特触发器，又可以接成单稳态触发器和多谐振荡器，其引脚排列如图 8-23 所示。

GND（引脚 1）：公共地端。

$\overline{TR}$（引脚 2）：低触发端。

OUT（引脚 3）：输出端。

$\overline{R_D}$（引脚 4）：强制复位端。

CO（引脚 5）：电压控制端。

TH（引脚 6）：高触发端。

D（引脚 7）：放电端。

V_{CC}（引脚 8）：电源正极。

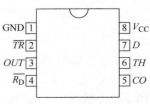

图 8-23　NE555 引脚排列

多谐振荡器的原理图和波形图如图 8-24 所示。电阻 R_1、R_2 和电容 C_1 构成定时电路。定时电容 C_1 上的电压 U_C 作为高触发端（引脚 6）和低触发端（引脚 2）的外触发电压。放电端（引脚 7）接在 R_1 和 R_2 之间。电压控制端（引脚 5）不外接控制电压而接入高频干扰旁路电容 C_2（0.01μF）。强制复位端（引脚 4）直接接高电平，使 NE555 处于非复位状态。多谐振荡器的放电时间常数分别为

$$t_{PH} \approx (R_1 + R_2)\ C_1 \ln 2$$

$$t_{PL} \approx R_2 C_1 \ln 2$$

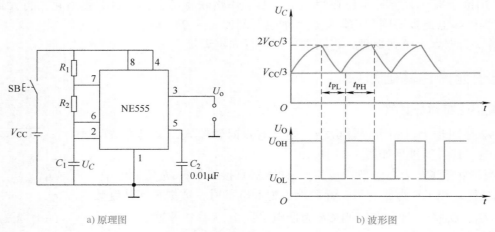

a）原理图　　　　　　　　　　　　　　b）波形图

图 8-24　多谐振荡器的原理图和波形图

3. CD4511

CD4511 是一个用于驱动共阴极 LED（数码管）显示器的 BCD 码——七段码译码器，具有 BCD 转换、消隐和锁存控制等功能。

CD4511 引脚排列如图 8-25 所示，各引脚功能如下。

$A_0 \sim A_3$（引脚 7、1、2、6）：二进制数据输入端。A_0 为最低位。

$\overline{BI}$（引脚 4）：输出消隐控制端。低电平时使所有笔段均消隐，正常显示时，应加高电平。另外，CD4511 有拒绝伪码的特点，当输入数据越过十进制数 9（1001）时，显示字形也自行消隐。

LE（引脚 5）：数据锁定控制端。高电平时锁存，低电平时传输数据。

$\overline{LT}$（引脚 3）：测试端。当加高电平时，显示器正常显示；当加低电平时，显示器一直显示数码"8"，各笔段都被点亮，以检查显示器是否有故障。

$Y_a \sim Y_g$（引脚 13 ～ 9、15、14）：数据输出端。可以驱动共阴极 LED 数码管。

V_{DD}（引脚 16）：电源正极。

V_{SS}（引脚 8）：接地。

4. 74HC74 双上升沿 D 触发器芯片

74HC74 双上升沿 D 触发器芯片引脚排列如图 8-26 所示。

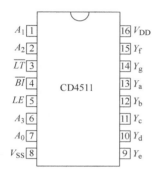

图 8-25 CD4511 引脚排列

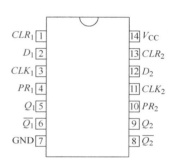

图 8-26 74HC74 双上升沿 D 触发器芯片引脚排列

Q_1、$\overline{Q_1}$、Q_2、$\overline{Q_2}$（引脚 5、6、9、8）：输出端。

CLK_1、CLK_2（引脚 3、11）：时钟输入端。

D_1、D_2（引脚 2、12）：数据输入端。

CLR_1、CLR_2（引脚 1、13）：直接复位端（低电平有效）。

PR_1、PR_2（引脚 4、10）：直接置位端（低电平有效）。

任务实施

1. 设备与元器件

本任务用到的设备包括直流稳压电源、数字式万用表、数字示波器等。

组装电路所用元器件见表 8-4。

表 8-4 元器件明细表

元器件名称	元器件编号	规格参数	封装	数量
贴片电阻	R1 ～ R14	360Ω	0805	14
电阻	R15、R16、R19、R21、R25、R27	10kΩ	AXIAL–0.3	6
贴片电阻	R17、R20、R24、R26	1kΩ	0805	4
贴片电阻	R18	62kΩ	0805	1

（续）

元器件名称	元器件编号	规格参数	封装	数量
贴片电阻	R22、R29	100kΩ	0805	2
贴片电阻	R23	430kΩ	0805	1
贴片电阻	R28	510kΩ	0805	1
电解电容	C1、C5	10μF	C+	2
瓷片电容	C2、C4	103	RAD-0.1	2
电解电容	C3	100μF	C+	1
电解电容	C6	1μF	C+	1
二极管	VD1～VD8	1N4148	Diode-0.3	8
发光二极管	L1、L2、L5、L6	绿灯	φ3mm	4
发光二极管	L3、L4、L7、L8	红灯	φ3mm	4
发光二极管	L9、L10、L11、L12	黄灯	φ3mm	4
贴片集成芯片	U1、U2	CD4511	SO-16	2
集成芯片（带座）	U3、U4	CD40192	DIP-16	2
贴片集成芯片	U5、U7	NE555	SO-8	2
集成芯片（带座）	U6	74HC74	DIP-14	1
接线端子	P	HT396	2P	1
数码管	DS1、DS2	4205	H	2
晶体管	VT1～VT4	8050	TO-226-AA	4
排阻	RP1、RP2	10kΩ	HDR1X5	2
自锁开关	S1	SW-SPDT	S1	1
拨码开关	S2、S3	4P	DIP-8	2

2. 电路分析

交通灯控制电路原理图如图 8-27 所示。

本电路由脉冲发生器、计数器、译码器、双稳态电路、闪烁电路及控制电路构成。元器件 U5 和 C1、R17、R18 等构成秒脉冲发生器，用以产生计数脉冲；CD40192 是同步十进制可逆计数器，并具有清除和置数等功能，在这个电路中就是应用了计数器的预置数功能，预置数由拨码开关 S2、S3 来设置，控制电路的 VD1、VD2 检测到显示 00 时，使计数器读入预置数，数码管显示预置数，此时会在脉冲发生器作用下递减计数，直到显示 00 重新读入预置数；CD4511 为译码器，其作用是将计数器输出的二进制数通过数码管显示为十进制数。74HC74 和 R19、C5 构成双稳态触发器，输出引脚 5、6 总是一个高电平一个低电平，数码管显示 00 时，控制电路会向其引脚 3 输出一个脉冲信号，触发器会实现一次翻转，触发器翻转即实现了红绿灯的交替；元器件 U7 及其外围元器件组成闪烁电路，当 VD3～VD8 检测到数码管显示"03 02 01"时，闪烁电路开始工作，黄灯闪烁，显示 00 后停止。

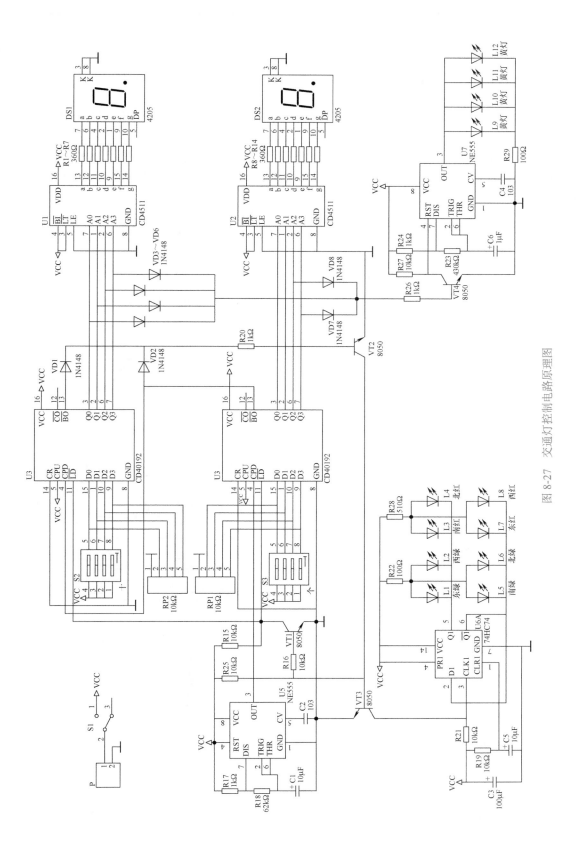

图 8-27　交通灯控制电路原理图

3. 任务实施过程

（1）正确识别所用电子元器件　参照电路原理图所对应的元器件清单进行元器件的辨识、清点，进行初步分类。

（2）元器件质量检测　参照前文介绍的方法，使用万用表对元器件进行检测。

（3）交通灯控制电路功能　在提供的印制电路板（PCB）上焊接及安装电子元器件，完成交通灯控制电路的组装和焊接。

1）产品装配。根据给出的交通灯控制电路板和元器件表，把选取的元器件及功能部件正确地装配在电路板上。

要求：元器件焊接安装无错漏，元器件、导线安装及元器件上字符标示方向均应符合工艺要求；电路板上插件位置正确，接插件、紧固件安装可靠牢固；电路板和元器件无烫伤和划伤处，整机清洁无污物。交通灯控制电路元器件安装实物图如图 8-1 所示。

2）产品焊接。焊接电路板，在电路板上有一个带极性元器件的丝印存在错误，请找出并参考原理图将其正确地焊接在电路板上。交通灯控制电路元器件清单见表 8-4，交通灯控制电路原理图如图 8-27 所示。

3）编制元器件插装顺序。把装配工艺过程卡片（见表 8-5）中在"序号（位号）"列出的各元器件，在表中的"以上各元器件插装顺序是："一栏的位置上用元器件标称编制元器件插装顺序（可归类处理）。

表 8-5　装配工艺过程卡片

	装配器件				工序名称	产品图号
					插件安装	PCB–20160122
描述	序号（位号）	装入件及辅助材料代号、名称、规格			安装工艺要求	工具名称
		标称	名称	规格	数量	
	1	C1、C5	电解电容	10μF	2	按图 2f 安装、焊接	镊子、剪刀、电烙铁等常用装接工具
	2	R1～R7	贴片电阻	360Ω	7		
	3	U1	贴片集成块	CD4511	1	按丝印位置贴板安装、焊接，注意区分引脚	
	4	U6	集成块（配座）	74HC74	1		
	5	S2	拨码开关	4P	1		
	6	L7	发光二极管	φ3mm，红	1	按丝印位置贴板安装、焊接，注意区分正负极	
	7	VT1	晶体管	8050	1	按丝印位置，离板 3mm 安装、焊接	
	8	RP1	排阻	10kΩ	1		

以上各元器件插装顺序是：

图样	

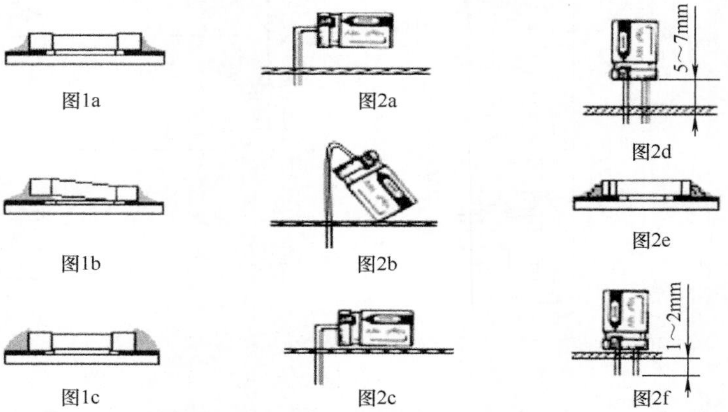

图1a

图1b

图1c

图2a

图2b

图2c

图2d

图2e

5～7mm

图2f

1～2mm

（4）检查电路连接是否正确

（5）进行电路原理分析及故障排除 在已经给出的交通灯控制电路板上设置了两个故障，请根据交通灯控制电路原理图加以排除。故障排除后电路应能正常工作，将故障分析及排除报告填入表 8-6 中。

表 8-6 故障—故障分析汇总及反馈

	故障现象	故障检测	故障点	故障排除办法	是否解决
故障一					是 否
故障二					是 否

（6）电路功能测试 根据工作任务书设定的内容，进行电路功能测试，并能实现交通灯的基本功能。

（7）收获与总结 通过本实训任务，你掌握了哪些技能？学会了哪些知识？在实训过程中遇到了什么问题？是怎么处理的？请填写在表 8-7 中。

表 8-7 收获与总结

序号	掌握的技能	学会的知识	出现的问题	处理方法
1				
2				
3				
心得体会：				

创 新 方 案

你有更好的思路和做法吗？请给大家分享一下吧。

（1）电路装接时按照先低后高的顺序，装接效果更好。

（2）合理改变元器件参数，使交通灯控制效果更好。

（3）_____

任 务 考 核

根据表 8-8 所列考核内容和考核标准对本次任务的完成情况开展自我评价与小组评价，将评价结果填入表中。

表 8-8 任务综合评价

任务名称			姓名		组号	
考核内容	考核标准		评分标准		自评 得分	组间互评 得分
职业素养 （20分）	·工具摆放、着装等符合规范（2分） ·操作工位卫生良好，保持整洁（2分） ·严格遵守操作规程，不浪费原材料（4分） ·无元器件损坏（6分） ·无用电事故、无仪器损坏（6分）		·工具摆放不规范，扣1分；着装等不符合规范，扣1分 ·操作工位卫生等不符合要求，扣2分 ·未按操作规程操作，扣2分；浪费原材料，扣2分 ·元器件损坏，每个扣1分，扣完为止 ·因用电事故或操作不当而造成仪器损坏，扣6分 ·人为故意造成用电事故、损坏元器件、损坏仪器或其他事故，本次任务计0分			

（续）

任务名称		姓名		组号	
考核内容	考核标准	评分标准		自评 得分	组间互评 得分
元器件 检测 （10分）	能使用仪表正确检测元器件（10分）	• 不会使用仪器，扣2分 • 元器件检测方法错误，每次扣1分			
装配 （20分）	• 元器件布局合理、美观（10分） • 布线合理、美观，层次分明（10分）	• 元器件布局不合理、不美观，扣1～5分 • 布线不合理、不美观，层次不分明，扣1～5分 • 布线有断路，每处扣1分；布线有短路，每处扣5分			
调试 （30分）	能使用仪器仪表检测，能正确填写表8-6，并排除故障，达到预期的效果（30分）	• 一次调试成功，数据填写正确，得30分 • 填写内容不正确，每处扣1分 • 在教师的帮助下调试成功，扣5分；调试不成功，得0分			
团队合作 （10分）	主动参与，积极配合小组成员，能完成自己的任务（5分）	• 参与完成自己的任务，得5分 • 参与未完成自己的任务，得2分 • 未参与未完成自己的任务，得0分			
	能与他人共同交流和探讨，积极思考，能提出问题，能正确评价自己和他人（5分）	• 交流能提出问题，正确评价自己和他人，得5分 • 交流未能正确评价自己和他人，得2分 • 未交流未评价，得0分			
创新能力 （10分）	能进行合理的创新（10分）	• 有合理创新方案或方法，得10分 • 在教师的帮助下有创新方案或方法，得6分 • 无创新方案或方法，得0分			
最终成绩		教师评分			

思考与提升

1. 画出数码管DS1的内部结构图。

2. 二极管VD3～VD8组成什么逻辑门电路？这个逻辑门电路的作用是什么？

3. 根据原理图，分析数码管显示00，红绿灯交替点亮的原因。

任务小结

1. 在印制电路板上所焊接元器件的焊点大小适中、光滑、圆润、干净、无毛刺；无漏焊、假焊、虚焊、连焊，引脚加工尺寸及成形符合工艺要求；导线长度、剥线头长度符合工艺要求，芯线完好，捻线头镀锡。

2. 操作要符合安全操作规程，工具摆放、导线线头等的处理要符合职业岗位要求，一定要爱惜实训设备和器材，保持工位的整洁。

任务 8.2　组装与调试嵌入式智能小车

任务导入

嵌入式智能小车模仿现代智能自动驾驶汽车设计，本任务主要以嵌入式智能小车功能任务板为例，完成功能任务板元器件的识别与检测及任务板的组装、焊接和调试。

任务分析

比赛现场发放功能电路板焊接套件（含 PCB 与元器件）、电路原理图、器件位置图和物料清单，要求在规定时间内，按照安全操作规范与制作工艺，焊接、组装、调试功能电路板焊接区域，并对电路板的排障区域进行故障检测、分析与排除。

知识链接

8.2.1　示波器的使用方法

1. 连接测试探头

打开示波器电源开关，POWER 指示灯亮起，在输入探头插座 CH1 处接上测试探头，如图 8-28 所示。

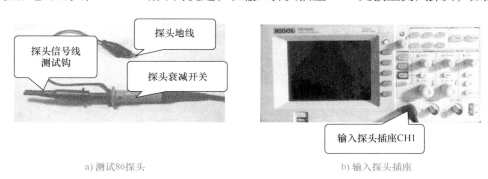

a) 测试 86 探头　　　　　　　　　　b) 输入探头插座

图 8-28　测试探头及插座

2. 通道选择

按 CH1 键可取得 CH1 的控制权，随后，位移旋钮和电压档开关只对 CH1 信号有效而对 CH2 信号无效。

若要在屏幕上关闭 CH1 信号，则应先按 CH1 键，再按 OFF 键，如图 8-29 所示。

3. X、Y 轴位移调整

屏幕上的被测信号不在中心线附近时，可以旋转 Y 轴位移旋钮，对信号进行垂直位置的调整。旋转 X 轴位移旋钮则是对信号进行水平位置的调整，如图 8-30 所示。

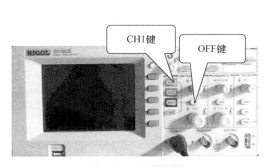

图 8-29　通道选择

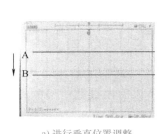

a) 进行垂直位置调整

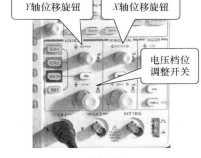

b) 旋钮位置

图 8-30　X、Y 轴位移调整

4. 电压测量读数

电压档位开关控制屏幕上信号的纵向幅度，可改变左下角的电压档位值。

如图 8-31 所示，可以看到被测信号的纵向电压幅值有三大格；左下方电压档位值 1.00V，即纵向电压每格是 1V，得到电压值 = 垂直偏转因数 × 格数 =1V×3=3V。

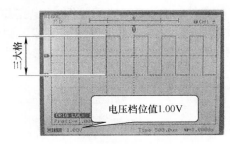

图 8-31　电压测量读数

5. 时间档位调整

按扫描菜单按钮，调出扫描菜单，如图 8-32 所示。

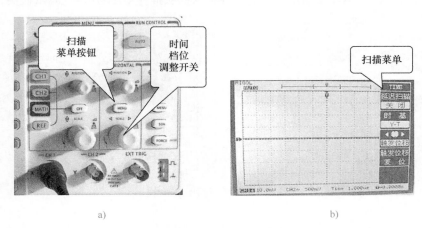

图 8-32　调出扫描菜单

旋转时间档位调整开关，信号发生改变，可以读出每格的扫描时间，如图 8-33 所示。

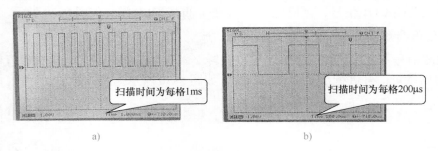

图 8-33　读出每格的扫描时间

6. 时间参数测量

调整 X 轴位移旋钮，使被测信号波形的后沿（或前沿）对准 $X=0$ 的轴线。如图 8-34 所示，可以看到被测信号的周期是两个格，所以得出被测信号的周期

$$T= 垂直偏转因数 × 格数 =500\mu s×2=1000\mu s$$

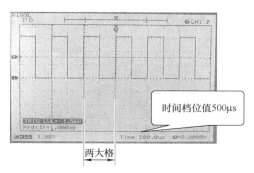

时间档位值500μs

两大格

图 8-34　时间参数测量

注意：示波器的正确调整和操作对于提高测量精度和延长仪器的使用寿命十分重要。

7. 聚焦和辉度的调整

调整聚焦旋钮使扫描线尽可能细，以提高测量精度。扫描线亮度（辉度）应适当，过亮不仅会降低示波器的使用寿命，而且会影响聚焦特性。

8. 正确选择触发源和触发方式

1）触发源的选择。如果观测的是单通道信号，应选择该通道信号作为触发源；如果同时观测两个时间相关的信号，应选择信号周期长的通道作为触发源。

2）触发方式的选择。首次观测被测信号时，触发方式应置于"AUTO"，待观测到稳定信号后，调好其他设置，最后将触发方式开关置于"NORM"，以提高触发的灵敏度。当观测直流信号或小信号时，必须采用"AUTO"触发方式。

9. 正确选择输入耦合方式

根据被观测信号的性质来选择正确的输入耦合方式。一般情况下，当被观测的信号为直流时，应选择"DC"耦合方式；当被观测的信号为交流时，应选择"AC"耦合方式。

10. 合理调整扫描频率

调节扫描频率旋钮，可以改变荧光屏上显示波形的个数。提高扫描频率，显示的波形少；降低扫描频率，显示的波形多。显示的波形不应过多，以保证时间测量的精度。

11. 波形位置和几何尺寸的调整

观测信号时，波形应尽可能处于荧光屏的中心位置，以获得较好的测量线性。正确调整垂直衰减旋钮，尽可能使波形幅度占一半以上，以提高电压测量的精度。

示波器是电子技术应用中必备的仪表，每个电子技术行业的从业者都必须熟练掌握。

所谓"熟练"掌握有以下三个标准。

1）调节每一个开关或旋钮都有明确的目的。

2）调节顺序正确，没有无效动作。

3）快速。

对初学者而言，示波器使用有以下两个难点：

1）Y 轴输入耦合开关的正确选择。

2）触发源的正确选择。

8.2.2　嵌入式智能小车

嵌入式智能小车实物如图 8-35 所示。

嵌入式智能小车系统由循迹板、核心板、电动机驱动板、通信显示板四部分组成。

以下介绍模块资源。

循迹功能单元如图 8-36 所示。任务功能单元如图 8-37 所示。

图 8-35　嵌入式智能小车实物图

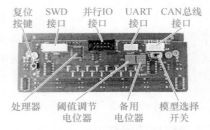

图 8-36　循迹功能单元实物图

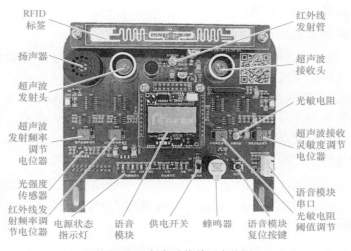

图 8-37　任务功能单元实物图

核心控制单元实物图如图 8-38 所示。

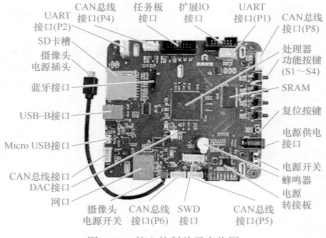

图 8-38　核心控制单元实物图

电动机驱动单元如图 8-39 所示。

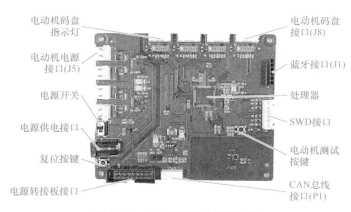

图 8-39　电动机驱动单元实物图

通信显示单元的正面如图 8-40 所示，背面如图 8-41 所示，通信显示单元正常工作示意图如图 8-42 所示。

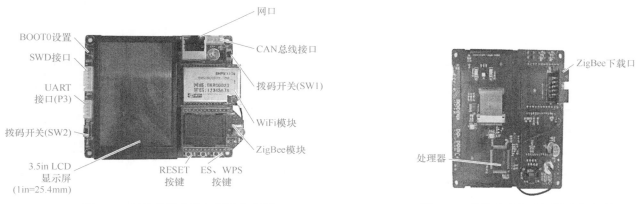

图 8-40　通信显示单元实物图（正面）　　　　图 8-41　通信显示单元实物图（反面）

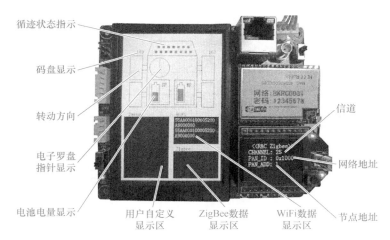

图 8-42　通信显示单元正常工作示意图

任务实施

在进行嵌入式智能小车电路设计时，要结合可选择的元器件清单，考虑通用性、经济性、方便性等多种因素。在进行电路连接时要做到布局合理，布线简洁美观，避免短接；现场要做到 6S 管理，做好团队分工与协作。

1. 设备与元器件

本任务用到的设备包括直流稳压电源、数字式万用表、数字示波器等。

组装电路所用元器件见表 8-9。

表 8-9　元器件明细表

序号	元器件	名称	型号规格	属性	数量
1	C10、C13、C14	贴片电解电容	10μF	贴片	3
2	C11、C12	贴片电容	100nF	贴片	2
3	C1、C8	贴片电容	1nF	贴片	2
4	C2、C9	贴片电容	10nF	贴片	2
5	C5	贴片电容	100nF	贴片	1
6	C6	贴片电容	100pF	贴片	1
7	C3	贴片电解电容	3.3μF/16V	贴片	1
8	C4	贴片电容	330pF	贴片	1
9	C7、C15	贴片电容	100nF	贴片	2
10	C20	钽电解电容	1μF/16V	贴片	1
11	C18、C19	贴片电解电容	22μF/16V	贴片	2
12	C21、C26	贴片电解电容	470μF/16V	贴片	2
13	R34、R50	贴片电阻	0R	贴片	2
14	R3	贴片电阻	3R9	贴片	1
15	R32、R33、R59、R60	贴片电阻	100R	贴片	4
16	R12	贴片电阻	220R	贴片	1
17	R0、R8、R14、R31、R44、R45、R49、R54、R55	贴片电阻	1kΩ	贴片	9
18	R13、R21	贴片电阻	2kΩ	贴片	2
19	R5、R9	贴片电阻	5.1kΩ	贴片	2
20	R35、R36	贴片电阻	2.2kΩ	贴片	1
21	R15、R16	贴片电阻	4.7kΩ	贴片	2
22	R1、R2、R6、R7、R10、R11、R18、R19、R20、R22、R24、R26、R27、R28、R29、R37、R39	贴片电阻	10kΩ	贴片	16
23	R17	贴片电阻	35kΩ	贴片	1
24	R23	贴片电阻	62kΩ	贴片	1
25	R30、R61	贴片电阻	100kΩ	贴片	2
26	R4	贴片电阻	200kΩ	贴片	1
27	RK1	贴片光敏电阻	300R	贴片	1
28	RW4	3362 可调电位器	1kΩ	直插	1
29	RW3	3362 可调电位器	10kΩ	直插	1
30	RW1、RW2	3362 可调电位器	20kΩ	直插	2
31	L1	磁珠	1206 磁珠	贴片	1

（续）

序号	元器件	名称	型号规格	属性	数量
32	L2	电感	2.2μH	贴片	1
33	DS1、DS2、LED1	发光二极管	绿色	贴片	3
34	DS3、LED2	发光二极管	红色	贴片	2
35	LED3 ～ LED7	发光二极管	黄色高亮	贴片	5
36	D6	红外发射管	38kHz 红外发射	直插	1
37	D1	二极管	1N4148	贴片	1
38	D9、D8	双向 TVS	5V	贴片	2
39	Q1、Q3、Q4、Q5	贴片晶体管	S8050	贴片	4
40	Q6、Q8	贴片晶体管	SS8050	贴片	2
41	K2	按键	轻触按键	直插	1
42	MIC	语音模块	开关尺寸 （5mm × 10mm）	直插	1
43	J1	扬声器		直插	1
44	CY1	超声波发射头	直径 16mm	直插	1
45	CY2	超声波接收头	直径 16mm	直插	1
46	BEEP	有源蜂鸣器	直径 12mm	直插	1
47	JP1	DC3-16 座	2.54 间距	直插	1
48	USART	4P 小白座	4P × 1	直插	1
49	U7	芯片	BH1750FVI	贴片	1
50	U2、U6	芯片	ICL7555	贴片	2
51	U4A ～ U4G	芯片	74HC14	贴片	7
52	U1A、U1B、U1C、U1E	芯片	74HC08	贴片	4
53	U8A	芯片	LM393	贴片	1
54	U9A、U9B、U9E	芯片	74HC00	贴片	3
55	U10	芯片	TPS62160	贴片	1
56	U5	芯片	CX20106	直插	1
57	U3A ～ U3G	芯片	4069	贴片	7
58	U13	语音芯片	SYN7X18	贴片	1
59		跳线	彩虹线		5
60		PCB			1

2. 电路分析

需要焊接的功能电路板各功能电路参考原理图如图 8-43 所示。

3. 硬件焊接任务要求

现场发放功能电路板焊接套件（含带有故障的 PCB 与元器件）、电路原理图、元器件位置图和物料清单，要求在规定时间内，按照安全操作规程与电子产品制作工艺，焊接、调试该功能电路板，使其功能正常，并安装到嵌入式智能小车上。

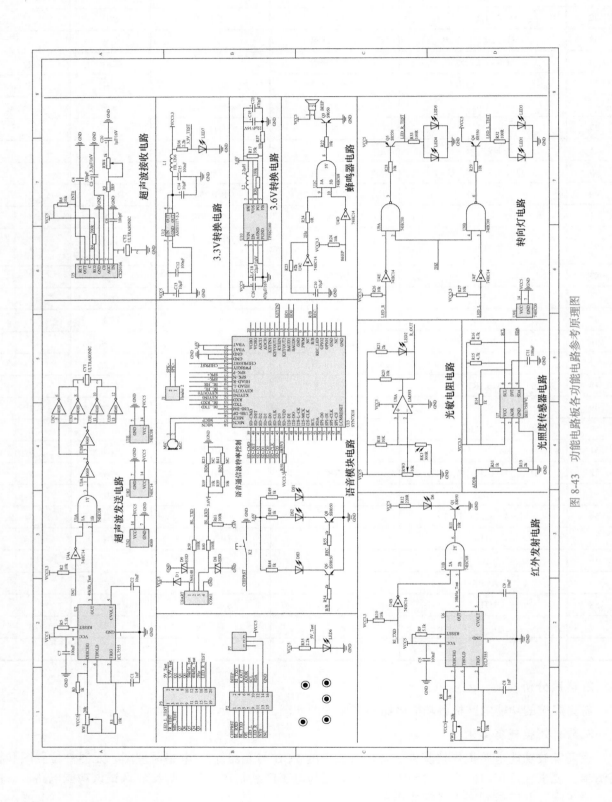

图 8-43 功能电路板各功能电路参考原理图

4. 任务实施过程

（1）元器件识别与检测

（2）元器件焊接与装配

1）焊接工具准备。功能电路板的焊接工具主要包括恒温电烙铁、焊锡丝、镊子、斜口钳、松香、吸锡器、热风枪、防静电手环、洗板水等。

2）装配要求。对电子元器件进行安装时，应遵循整齐、美观、稳固的原则，应插装到位，不可有明显的倾斜和变形现象，同时各元器件之间应留有一定的距离，方便焊接和利于散热。

（3）焊接工艺要求　对焊接工艺的要求主要是指对任务功能板的焊接工艺要求。在进行焊接前首先必须要对所需要焊接的功能板表面进行清洁处理，以确保能够在干净的表面基础上焊接更加牢固。其次，必须根据实际需求选择合适的固定方法，尤其是对于贴片元器件的固定至关重要。通常情况下，对引脚较少的贴片元器件采用单脚固定法，对引脚多的贴片元器件采用多脚固定方法（一般采用对脚固定法）。元器件固定完成后即可开始焊接工作。焊接时一般应遵循先焊接贴片元器件，再焊接集成电路（管座）、二极管、晶体管、电容等；装焊顺序是先低后高、先小后大。当所有的元器件都焊接完成后，需要清除多余的焊锡，否则就会对其主要性能的发挥造成一定的影响。最后，要使用洗板水对整个任务功能板进行清洗。

（4）电路板焊接

1）检验电烙铁。检查是否能用，若有问题，及时调换。

2）焊接。依据电路原理图、元器件位置图、物料清单，在规定时间内完成元器件焊接，并按时上交所焊接的电路板进行焊接工艺评分。

所涉及的贴片元器件封装仅限于 SIP-8、SSOP-6、SOP-8、SSOP-8、SOP-14、SOT-23、SOT-223、SOP-16、0603、0805、1206、3528、邮票孔等。

焊接后的任务功能电路板如图 8-44 所示。

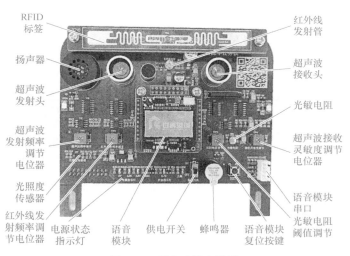

图 8-44　任务功能电路板

（5）故障排除与功能验证　根据电路原理图分析电路板功能，并使用示波器、万用表等仪器仪表进行故障排除，使电路板功能正常。

所涉及的电路故障仅限于断线、短路、丝印错误等，所涉及的电路参数调整仅限于电位器阻值调整、可变电容值调整、拨动开关状态设置、短路帽的接入选择等。

（6）整机装配　将调试完成的电路板以及现场发放的其他功能板模块安装到嵌入式智能小车指定位置上，使智能小车能够完成赛道各项任务。实践是检验真理的唯一标准，理论设计完美的电路也要经过实践的调试和改进才能达到我们预期的效果。遇到问题要善于思考，积极寻求解决方案，在解决问题的过程中体验成功的喜悦，并能学习知识，总结经验，而不能消极放弃。

（7）收获与总结　通过本实训任务，你掌握了哪些技能？学会了哪些知识？在实训过程中遇到了什么问题？是怎么处理的？请填写在表 8-10 中。

表 8-10　收获与总结

序号	掌握的技能	学会的知识	出现的问题	处理方法
1				
2				
3				
心得体会：				

创新方案

你有更好的思路和做法吗？请给大家分享一下吧。

（1）_____

（2）_____

（3）_____

任务考核

根据表 8-11 所列考核内容和考核标准对本次任务的完成情况开展自我评价与小组评价，将评价结果填入表中。

表 8-11　任务综合评价

任务名称		姓名		组号	
考核内容	考核标准	评分标准		自评得分	组间互评得分
职业素养（20分）	·工具摆放、着装等符合规范（2分） ·操作工位卫生良好，保持整洁（2分） ·严格遵守操作规程，不浪费原材料（4分） ·无元器件损坏（6分） ·无用电事故、无仪器损坏（6分）	·工具摆放不规范，扣1分；着装等不符合规范，扣1分 ·操作工位卫生等不符合要求，扣2分 ·未按操作规程操作，扣2分；浪费原材料，扣2分 ·元器件损坏，每个扣1分，扣完为止 ·因用电事故或操作不当而造成仪器损坏，扣6分 ·人为故意造成用电事故、损坏元器件、损坏仪器或其他事故，本次任务计0分			
元器件检测（10分）	能使用仪表正确检测元器件（10分）	·不会使用仪器，扣2分 ·元器件检测方法错误，每次扣1分			
装配（20分）	·元器件布局合理、美观（10分） ·布线合理、美观，层次分明（10分）	·元器件布局不合理、不美观，扣1～5分 ·布线不合理、不美观，层次不分明，扣1～5分 ·布线有断路，每处扣1分；布线有短路，每处扣5分			
调试（30分）	能使用仪器仪表检测，能正确填写数据，并排除故障，达到预期的效果（30分）	·一次调试成功，数据填写正确，得30分 ·填写内容不正确，每处扣1分 ·在教师的帮助下调试成功，扣5分；调试不成功，得0分			

（续）

任务名称		姓名		组号	
考核内容	考核标准	扣分标准		自评得分	组间互评得分
团队合作（10分）	主动参与，积极配合小组成员，能完成自己的任务（5分）	• 参与完成自己的任务，得5分 • 参与未完成自己的任务，得2分 • 未参与未完成自己的任务，得0分			
	能与他人共同交流和探讨，积极思考，能提出问题，能正确评价自己和他人（5分）	• 交流能提出问题，正确评价自己和他人，得5分 • 交流未能正确评价自己和他人，得2分 • 未交流未评价，得0分			
创新能力（10分）	能进行合理的创新（10分）	• 有合理创新方案或方法，得10分 • 在教师的帮助下有创新方案或方法，得6分 • 无创新方案或方法，得0分			
最终成绩		教师评分			

思考与提升

1. 总结贴片电阻、贴片电容、贴片电感、贴片晶体管和贴片集成电路的识别方法。

2. 矩形片状电阻值的识读方法以及贴片电感的电感量标注方法。

3. 贴片集成电路的封装形式。

任务小结

1. 对固定贴片电阻的检测主要是万用表检测法，将万用表开关置于电阻档，两表笔分别与贴片电阻器的两电极端相接，测出实际电阻值。如果所测电阻值为0或者∞，则所测贴片电阻可能已损坏（短路或断路）。

2. 对贴片电容质量的检测通常采用数字式万用表检测法，将万用表开关置于电阻档，红、黑表笔分别接在贴片电容器的两极，并观察表盘读数变化；交换两表笔再测一次，注意观察表盘读数变化。若两次测量万用表均先有一个闪动的数值，而后变为1，即阻值为无穷大，该电容器基本正常。如果用上述方法检测，万用表始终显示一个固定的阻值，说明电容器存在漏电现象；如果万用表始终显示"000"，则说明电容器内部发生短路；如果失踪显示"1."（不存在闪动数值，直接为1.），则说明电容器内部极间已发生短路。

3. 对贴片电感的质量判别，首先观察贴片电感的外观有无变形、变色、碎裂等现象，若有以上现象，可能已损坏；接着用万用表的电阻档测量，正常时约为0Ω，若测得电阻值较大，则说明该电感已损坏。

4. 对电子元器件进行安装时，应遵循整齐、美观、稳固的原则，应插装到位，不可有明显的倾斜和变形现象，同时各元器件之间应留有一定的距离，方便焊接和利于散热。

思考与练习

8-1　根据学过的基本电路组装技术和常用元器件检测知识，先用万用表检测所有元器件的质量，然后用电烙铁、螺钉旋具等焊接组装工具完成一台多功能语音播报数字万年历的制作，并能够对万年历进行时间调试和闹钟设置。

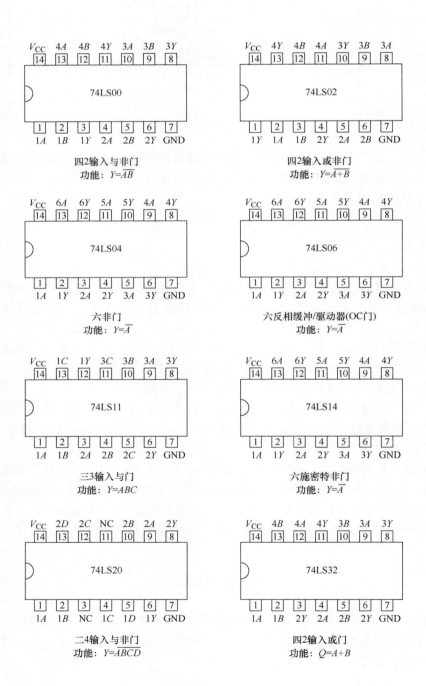

V_{CC}	4A	4B	4Y	3A	3B	3Y
14	13	12	11	10	9	8

74LS00

1	2	3	4	5	6	7
1A	1B	1Y	2A	2B	2Y	GND

四2输入与非门
功能：$Y=\overline{AB}$

V_{CC}	4Y	4B	4A	3Y	3B	3A
14	13	12	11	10	9	8

74LS02

1	2	3	4	5	6	7
1Y	1A	1B	2Y	2A	2B	GND

四2输入或非门
功能：$Y=\overline{A+B}$

V_{CC}	6A	6Y	5A	5Y	4A	4Y
14	13	12	11	10	9	8

74LS04

1	2	3	4	5	6	7
1A	1Y	2A	2Y	3A	3Y	GND

六非门
功能：$Y=\overline{A}$

V_{CC}	6A	6Y	5A	5Y	4A	4Y
14	13	12	11	10	9	8

74LS06

1	2	3	4	5	6	7
1A	1Y	2A	2Y	3A	3Y	GND

六反相缓冲/驱动器(OC门)
功能：$Y=\overline{A}$

V_{CC}	1C	1Y	3C	3B	3A	3Y
14	13	12	11	10	9	8

74LS11

1	2	3	4	5	6	7
1A	1B	2A	2B	2C	2Y	GND

三3输入与门
功能：$Y=ABC$

V_{CC}	6A	6Y	5A	5Y	4A	4Y
14	13	12	11	10	9	8

74LS14

1	2	3	4	5	6	7
1A	1Y	2A	2Y	3A	3Y	GND

六施密特非门
功能：$Y=\overline{A}$

V_{CC}	2D	2C	NC	2B	2A	2Y
14	13	12	11	10	9	8

74LS20

1	2	3	4	5	6	7
1A	1B	NC	1C	1D	1Y	GND

二4输入与非门
功能：$Y=\overline{ABCD}$

V_{CC}	4B	4A	4Y	3B	3A	3Y
14	13	12	11	10	9	8

74LS32

1	2	3	4	5	6	7
1A	1B	2Y	2A	2B	2Y	GND

四2输入或门
功能：$Q=A+B$

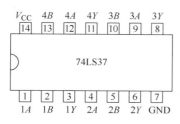

四2输入与非门(OC门)
功能：$Y=\overline{AB}$

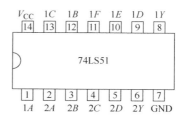

3、2输入与或非门
功能：$1Y=\overline{1A \cdot 1B \cdot 1C+1D \cdot 1E \cdot 1F}$
$2Y=\overline{2A \cdot 2B +2C \cdot 2D}$

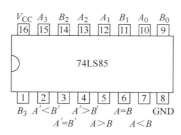

其中：$A'<B'$、$A'=B'$、$A'>B'$为级联输入
4位数字比较器

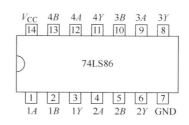

四2输入异或门
功能：$Y=A \oplus B$

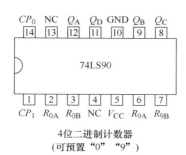

4位二进制计数器
（可预置"0""9"）

74LS90功能表

输入				输出			
R_{0A}	R_{0B}	R_{9A}	R_{9B}	Q_D	Q_C	Q_B	Q_A
1	1	0	×	0	0	0	0
1	1	×	0	0	0	0	0
×	×	1	1	1	0	0	1
×	0	×	0	计数			
0	×	0	×	计数			
0	×	×	0	计数			
×	0	0	×	计数			

双JK触发器

74LS112功能表

输入					输出	
$\overline{S_D}$	$\overline{R_D}$	CP	J	K	Q	$\overline{Q}$
0	1	×	×	×	1	0
1	0	×	×	×	0	1
0	0	×	×	×	1	1
1	1	↓	0	0	保持	
1	1	↓	1	0	1	0
1	1	↓	0	1	0	1
1	1	↓	1	1	计数	
1	1	1	×	×	保持	

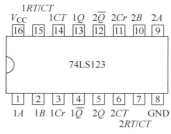

双可再触发单稳态多谐振荡器

74LS123功能表

输入			输出	
Cr	A	B	Q	$\overline{Q}$
0	×	×	0	1
×	1	×	0	1
×	×	0	0	1
1	0	↑	⊓	⊔
1	↓	1	⊓	⊔
↑	0	1	⊓	⊔

285

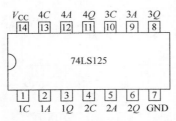

四三态输出总线缓冲门
功能：$C=0$时，$Q=A$
　　　$C=1$时，$Q=$高阻

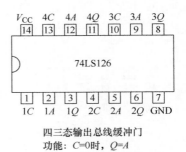

四三态输出总线缓冲门
功能：$C=0$时，$Q=A$
　　　$C=1$时，$Q=$高阻

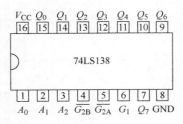

3线—8线译码器

74LS138 3线—8线译码器的功能

$G_1=0$或$\overline{G_{2A}}+\overline{G_{2B}}=1$时，
$Q_0\sim Q_7$均为高电平
$G_1=1$或$\overline{G_{2A}}+\overline{G_{2B}}=0$时，
$A_0A_1A_2$的8种组合状态
分别在$Q_0\sim Q_7$端译码输出

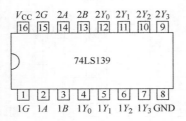

2线—4线译码器

74LS139 2线—4线译码器的功能

输入			输出			
G	B	A	Y_0	Y_1	Y_2	Y_3
1	×	×	1	1	1	1
0	0	0	0	1	1	1
0	0	1	1	0	1	1
0	1	0	1	1	0	1
0	1	1	1	1	1	0

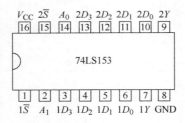

双四选一数据选择器

74LS153功能表

输入				输出
$\overline{S}$	A_1	A_0	D	Y
1	×	×	×	0
0	0	0	D_0	D_0
0	0	1	D_1	D_1
0	1	0	D_2	D_2
0	1	1	D_3	D_3

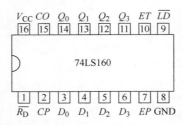

同步可预置十进制计数器

74LS160功能表(模10)

清零	使能		置数	时钟	数据				输出			
$\overline{R_D}$	EP	ET	$\overline{LD}$	CP	D_3	D_2	D_1	D_0	Q_3	Q_2	Q_1	Q_0
0	×	×	×	×	×	×	×	×	0	0	0	0
1	×	×	0	↑	d_3	d_2	d_1	d_0	d_3	d_2	d_1	d_0
1	1	1	1	↑	×	×	×	×	计数			
1	0	1	1	×	×	×	×	×	保持			
1	×	0	1	×	×	×	×	×	保持($CO=0$)			

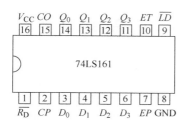

| V_{CC} | CO | Q_0 | Q_1 | Q_2 | Q_3 | ET | $\overline{LD}$ |
| 16 | 15 | 14 | 13 | 12 | 11 | 10 | 9 |

74LS161

| 1 | 2 | 3 | 4 | 5 | 6 | 7 | 8 |
| $\overline{R_D}$ | CP | D_0 | D_1 | D_2 | D_3 | EP | GND |

同步可预置4位二进制计数器

74LS161功能表(模16)

清零	使能		置数	时钟	数据				输出			
$\overline{R_D}$	EP	ET	$\overline{LD}$	CP	D_3	D_2	D_1	D_0	Q_3	Q_2	Q_1	Q_0
0	×	×	×	×	×	×	×	×	0	0	0	0
1	×	×	0	↑	d_3	d_2	d_1	d_0	d_3	d_2	d_1	d_0
1	1	1	1	↑	×	×	×	×	计数			
1	0	1	1	×	×	×	×	×	保持			
1	×	0	1	×	×	×	×	×	保持($CO=0$)			

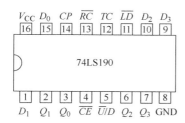

| V_{CC} | D_0 | CP | $\overline{RC}$ | TC | $\overline{LD}$ | D_2 | D_3 |
| 16 | 15 | 14 | 13 | 12 | 11 | 10 | 9 |

74LS190

| 1 | 2 | 3 | 4 | 5 | 6 | 7 | 8 |
| D_1 | Q_1 | Q_0 | $\overline{CE}$ | $\overline{U}/D$ | Q_2 | Q_3 | GND |

二—十进制同步加/减计数器

74LS190功能表

置数	加/减	片选	时钟	输入	输出
$\overline{LD}$	$\overline{U}/D$	$\overline{CE}$	CP	D_n	Q_n
0	×	×	×	0	0
0	×	×	×	1	1
1	0	0	↑	×	加计数
1	1	0	↑	×	减计数
1	×	0	1	×	保持

| V_{CC} | Q_0 | Q_1 | Q_2 | Q_3 | CP | S_1 | S_0 |
| 16 | 15 | 14 | 13 | 12 | 11 | 10 | 9 |

74LS194

| 1 | 2 | 3 | 4 | 5 | 6 | 7 | 8 |
| R_D | D_{SR} | D_0 | D_1 | D_2 | D_3 | D_{SL} | GND |

清除　右移　　　　　　左移

4位并行存取双向移位寄存器

74LS194功能表

输入									输出				工作模式
清零	控制		串行输入		时钟	并行输入				输出				
R_D	S_1	S_0	D_{SL}	D_{SR}	CP	D_0	D_1	D_2	D_3	Q_0	Q_1	Q_2	Q_3	
0	×	×	×	×	×	×	×	×	×	0	0	0	0	异步清零
1	0	0	×	×	×	×	×	×	×	Q_0^n	Q_1^n	Q_2^n	Q_3^n	保持
1	0	1	×	1	↑	×	×	×	×	1	Q_0^n	Q_1^n	Q_2^n	右移，D_{SR}为串行输入，Q_3为串行输出
1	0	1	×	0	↑	×	×	×	×	0	Q_0^n	Q_1^n	Q_2^n	
1	1	0	1	×	↑	×	×	×	×	Q_1^n	Q_2^n	Q_3^n	1	左移，D_{SL}为串行输入，Q_0为串行输出
1	1	0	0	×	↑	×	×	×	×	Q_1^n	Q_2^n	Q_3^n	0	
1	1	1	×	×	↑	D_0	D_1	D_2	D_3	D_0	D_1	D_2	D_3	并行置数

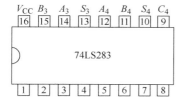

| V_{CC} | B_3 | A_3 | S_3 | A_4 | B_4 | S_4 | C_4 |
| 16 | 15 | 14 | 13 | 12 | 11 | 10 | 9 |

74LS283

| 1 | 2 | 3 | 4 | 5 | 6 | 7 | 8 |
| S_2 | B_2 | A_2 | S_1 | A_1 | B_1 | C_0 | GND |

4位二进制全加器

74LS283功能表

输入			输出	
C_{n-1}	A_n	B_n	S_n	C_n
0	0	0	0	0
0	0	1	1	0
0	1	0	1	0
0	1	1	0	1
1	0	0	1	0
1	0	1	0	1
1	1	0	0	1
1	1	1	1	1

| V_{CC} | Q_7 | D_7 | D_6 | Q_6 | Q_5 | D_5 | D_4 | Q_4 | G |
| 20 | 19 | 18 | 17 | 16 | 15 | 14 | 13 | 12 | 11 |

74LS373

| 1 | 2 | 3 | 4 | 5 | 6 | 7 | 8 | 9 | 10 |
| $\overline{OE}$ | Q_0 | D_0 | D_1 | Q_1 | Q_2 | D_2 | D_3 | Q_3 | GND |

八D锁存器

74LS373功能表

输入			输出
$\overline{OE}$	G	D	Q
0	1	1	1
0	1	0	0
0	0	×	Q_0
1	×	×	高阻

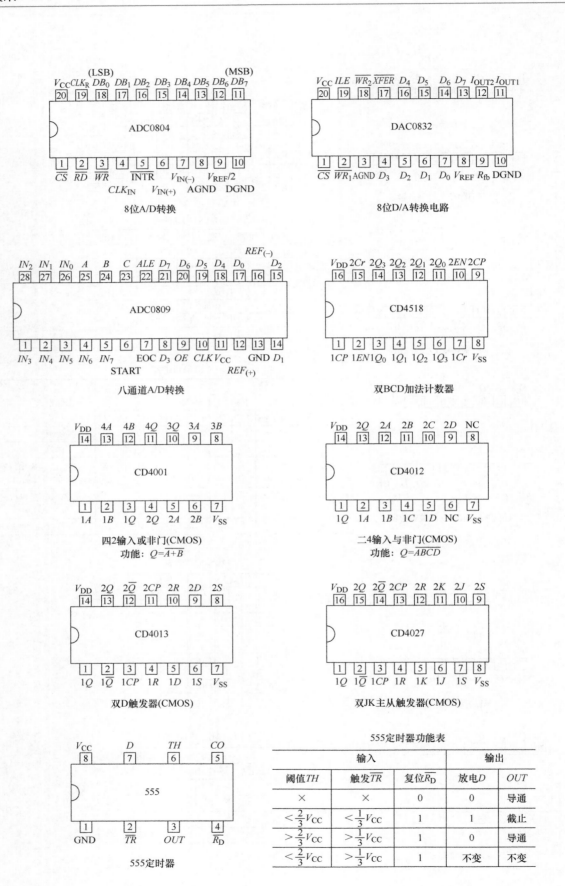

8位A/D转换

8位D/A转换电路

八通道A/D转换

双BCD加法计数器

四2输入或非门(CMOS)
功能：$Q=\overline{A+B}$

二4输入与非门(CMOS)
功能：$Q=\overline{ABCD}$

双D触发器(CMOS)

双JK主从触发器(CMOS)

555定时器

555定时器功能表

	输入			输出	
阈值TH	触发$\overline{TR}$	复位$\overline{R}_D$	放电D	OUT	
$\times$	$\times$	0	0	导通	
$<\frac{2}{3}V_{CC}$	$<\frac{1}{3}V_{CC}$	1	1	截止	
$>\frac{2}{3}V_{CC}$	$>\frac{1}{3}V_{CC}$	1	0	导通	
$<\frac{2}{3}V_{CC}$	$>\frac{1}{3}V_{CC}$	1	不变	不变	

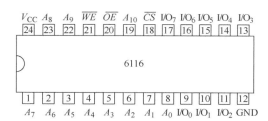

2K×8bit CMOS随机存储器

6116功能表

$\overline{CS}$	$\overline{OE}$	$\overline{WE}$	$I/O_0 \sim I/O_7$
0	0	1	读　出
0	1	0	写　入
1	×	×	高　阻

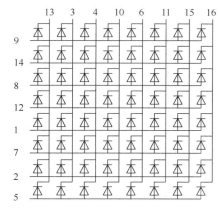

D03881-N点阵块

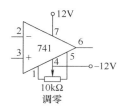

运算放大器

参 考 文 献

[1] 闵锐 . 模拟电子技术 [M]. 北京：机械工业出版社，2021.

[2] 吴元亮 . 数字电子技术 [M]. 北京：机械工业出版社，2021.

[3] 董艳雯，宋高博，李中潭 . 电子技术实训教程 [M]. 北京：电子工业出版社，2020.

[4] 付植桐，张永飞 . 电子技术 [M]. 6 版 . 北京：高等教育出版社，2021.

[5] 徐超明，李珍 . 电子技术 [M]. 北京：人民邮电出版社，2021.